滚动轴承内部缺陷动力学建模与数值仿真

刘 静 著

西北工业大学出版社
西 安

【内容简介】 本书从滚动轴承内部缺陷的非线性动力学问题与仿真出发，系统地论述了滚动轴承内部缺陷非线性激励机理及其典型算法和振动非线性特性及其建模方法，揭示了滚动轴承振动产生的根本原因及其振动特征。全书共9章，系统地阐述了滚动轴承内部元件的几何结构特征、接触关系与相对运动规律及其计算方法、摩擦动力学建模方法、波纹度激励算法与动力学建模方法、复合误差动力学建模方法、局部缺陷及其扩展过程中的动力学建模方法及滚动轴承声-振耦合建模方法等内容。

本书可作为高等学校“滚动轴承动力学”课程的教材，也可供从事机械、舰船、航空航天、电机、动力或化工机械等方面工作的工程技术人员参考。

图书在版编目(CIP)数据

滚动轴承内部缺陷动力学建模与数值仿真/刘静著.—西安：西北工业大学出版社，2022.9

ISBN 978-7-5612-8133-8

Ⅰ.①滚… Ⅱ.①刘… Ⅲ.①滚动轴承-动力学-系统建模-计算机仿真 Ⅳ.①TH133.33-39

中国版本图书馆CIP数据核字(2022)第052681号

GUNDONG ZHOUCHENG NEIBU QUEXIAN DONGLIXUE JIANMO YU SHUZHI FANGZHEN

滚动轴承内部缺陷动力学建模与数值仿真

刘静 著

责任编辑：朱晓娟　　**策划编辑：**李阿盟

责任校对：高茸茸　　**装帧设计：**李 飞

出版发行：西北工业大学出版社

通信地址：西安市友谊西路127号　　邮编：710072

电　　话：(029)88493844，88491757

网　　址：www.nwpup.com

印 刷 者：兴平市博闻印务有限公司

开　　本：787 mm×1 092 mm　　1/16

印　　张：11.25

字　　数：295千字

版　　次：2022年9月第1版　　2022年9月第1次印刷

书　　号：ISBN 978-7-5612-8133-8

定　　价：68.00元

前　言

据统计，30%的旋转机械故障和44%的大型异步电机故障是由缺陷轴承引起的。滚动体在通过缺陷位置时会产生冲击脉冲，其冲击脉冲的幅度和波形与缺陷的形状和尺寸直接相关，对缺陷形状和尺寸与其冲击脉冲波形之间的关系和冲击脉冲响应特征的认识程度将直接影响轴承运行状态判断的正确性与可靠性。因此，要准确预测和识别轴承早期缺陷，防止因轴承突发缺陷造成的重大经济损失和人员伤亡，需要解决滚动轴承内部缺陷诱发的非线性激励机理及其振动响应特征这两个基础性的关键科学问题。

然而，轴承内部接触的非线性、轴和轴承座的耦合作用等因素的存在，以及滚动轴承经常处于变速和变载工况等因素的影响，对滚动轴承缺陷，尤其是早期局部缺陷的形状和尺寸与其冲击响应特征之间的关系尚未明了，制约了早期缺陷诊断的准确性和可靠性。因此，开展滚动轴承早期缺陷非线性激励机理及建模方法的研究，具有重要的理论意义和实际工程应用价值。

本书针对滚动轴承缺陷非线性激励机理与建模问题，开展波纹度和局部缺陷激励机理，时变位移激励和时变接触刚度激励耦合的滚动轴承缺陷动力学建模，滚动轴承缺陷边缘形貌特征演变的内部激励机理及动力学建模，滚动轴承声振耦合建模等研究工作。本书主要内容如下：

(1)针对滚动轴承内部元件之间接触关系和相对运动规律诱发的轴承性能演变的问题，对滚动轴承内部元件的主要几何特征、轴承元件运动规律及其计算方法进行了着重阐述，为滚动轴承动力学建模及性能优化奠定基础。

(2)针对滚动轴承内部打滑运动机理及润滑特性不清等问题，以角接触球轴承为例，提出角接触球轴承摩擦振动动力学模型，研究轴承滚道表面粗糙度、轴向载荷对滚动体运动状态和接触处润滑特性的影响规律，为滚动体与滚道接触处打滑抑制方法提供理论支撑。

(3)针对目前时变位移激励均匀波纹度模型难以准确描述均匀和非均匀波纹度诱发的滚动体与波纹度滚道之间时变接触刚度激励的问题，提出了时变位移激励和时变接触刚度激励耦合的滚动轴承波纹度动力学模型，分析了波纹度波数、幅值和非均匀分布形式对滚动体与内、外圈滚道波纹度表面之间的接触刚度和振动响应特征的影响规律，揭示了波纹度与滚动轴承通过频率及边频之间的关系。

(4)针对角接触轴承滚道表面波纹诱发的异常振动问题，提出了考虑摩擦和圆度/波纹度复合误差耦合激励的角接触球轴承动力学模型，研究了滚动体公转角速度波动、波纹度幅值、轴向载荷和圆度阶次等因素对轴承内圈振动加速度频谱特性、时域统计特征和滚动体运动状态的影响规律。

(5)针对目前基于单一函数的时变位移激励局部缺陷动力学模型不能准确描述实际局部缺陷表面轮廓诱发的振动响应特征问题，提出了滚动轴承滚道表面局部缺陷表面轮廓特征的简化表征模型及其冲击波形基本表征模型；基于分段函数，提出了时变位移激励和时变接触刚度激励耦合的滚动轴承局部缺陷动力学模型，克服了基于单一函数的时不变和时变位移激励局部缺陷模型无法描述局部缺陷边缘的弹性变形与局部缺陷深度对轴承振动响应特征影响的不足，创新了目前基于单一函数的局部缺陷模型，解决了不同类型局部缺陷的内部激励表征与动力学建模难题。

(6)基于滚动体与局部缺陷形貌特征及接触内在关系表征的思想，构建了局部缺陷边缘形貌特征演变诱发时变位移激励、时变接触刚度激励与局部缺陷尺寸之间关系的表达式，并基于Hertz接触理论建立了滚动轴承局部缺陷边缘形貌特征演变动力学模型，克服了基于尖锐边缘假设的滚动轴承局部缺陷动力学模型无法准确描述缺陷边缘形貌特征演变对滚动体与缺陷边缘之间的接触刚度及振动响应特征的缺点，创新了滚动轴承局部缺陷动力学模型，为滚动轴承局部缺陷边缘形貌特征随机演变动力学的建模奠定了基础。

(7)针对角接触球轴承振动与噪声之间的耦合难题，提出了角接触球轴承声-振耦合模型，研究了载荷、转速等工况参数对轴承噪声的影响规律；基于含局部缺陷和波纹度缺陷的耦合声-振耦合模型，研究了局部缺陷尺寸、波纹度幅值等参数对轴承噪声的影响规律。

本书是笔者根据在重庆大学和西北工业大学从事滚动轴承动力学的科学研究和教学经验，并参考国内外有关文献著作而撰写的。感谢笔者的博士导师邵毅敏教授以及笔者的研究生师志峰、吴昊、许亚军、徐子旦、王林峰、唐昌柯、李鑫斌、庞瑞坤、丁士钊等对本书的贡献。在本书的写作过程中，曾参阅了相关文献资料，在此谨对其作者表示感谢。

由于水平和经验有限，书中难免有疏漏与不足之处，敬请读者给予指正。

著　者

2022 年 5 月

目　录

第1章 绪　　论

1.1 引　　言

滚动轴承作为一种极其重要的关键基础部件，在航空航天、大型风电设备、武器装备、高速铁路客车、汽车工业、工业设备、精密机床等重要领域得到广泛应用，其全球年产值高达约500亿美元。它的运行状态对整个机械系统的精度、可靠性和寿命等性能有着重要影响。随着机械设备朝着智能化、大型化和高速化方向发展，滚动轴承的工作条件更为复杂，出现缺陷的概率更大。滚动轴承出现缺陷时，不仅使整个机械系统产生异常振动，还会严重影响设备的工作性能，甚至导致设备失效而不能正常工作，最终造成巨大的经济损失或人员伤亡。例如，1991年，兰州铁路局货运列车因轴承失效导致的脱轨事故；1992年，日本关西电力公司因轴承失效导致的毁机事故；2009年，美军在伊拉克Ali空军基地附近的"捕食者"无人机因螺旋桨轴承失效引起的坠毁事件等。因此，如何有效地提高滚动轴承早期故障诊断的准确性和可靠性已成为机械系统故障诊断领域的热点研究问题。

据统计，30％的旋转机械故障和44％的大型异步电机故障是由缺陷轴承引起的，而其中90％的轴承故障是由其内圈和外圈缺陷引起的。波纹度和局部缺陷，作为滚动轴承缺陷故障的主要表现形式之一，是影响滚动轴承振动性能的极为重要，也是极为危险的因素之一。滚动体在通过缺陷位置时会产生冲击脉冲，其冲击脉冲的幅度和波形与缺陷的形状和尺寸直接相关，对其激励机理和响应特征的认识程度将直接影响轴承运行状态判断的正确性与可靠性。因此，要准确预测和识别轴承早期缺陷故障，防止因轴承突发故障造成的重大经济损失和人员伤亡，需要解决滚动轴承内部早期缺陷故障诱发的非线性激励机理及其响应特征等基础性的关键科学问题。

我国《国家中长期规划（2006—2020年）》和《机械工程学科发展战略报告（2011—2020年）》均将重大产品和设施运行可靠性、完全性和可维护性等关键技术列为重点研究方向。国家自然科学基金委员会也将机械故障诊断领域列入重点培育和资助对象，1986—2011年机械故障诊断领域的面上项目、青年科学基金和地区科学基金项目达440项，资助经费高达16 170.4万元，尤其是2009年开始，其资助数量和经费增长较大，仅2011年就共计资助91项，资助经费为6 154万元。此外，机械工程学科在"十五"至"十二五"期间，资助与机械故障诊断直接相关的重点项目总计6项，资助经费总计1 330万元。

滚动轴承缺陷非线性激励机理及其振动传递特性，作为机械故障诊断研究领域的基础性关键科学问题之一，已被国内外学者广泛关注。然而，轴承内部接触的非线性、轴和轴承座的耦合作用等因素的存在，以及滚动轴承经常处于变速和变载工况等因素的影响，对滚动轴承缺陷，尤其是早期局部缺陷故障的形状和尺寸与其冲击响应特征之间的关系尚未解明，制约了机械系统早期故障诊断的准确性和可靠性。其主要原因是传统方法将振动传感器安装在轴承座或者机械设备的外壳表面，获得的轴承缺陷信号为通过轴-轴承-轴承座等多接触界面传递衰减后的信号，与真实轴承缺陷特征信号存在一定差异。

综上所述，建立滚动轴承缺陷非线性激励机理动力学模型，从内部激励机理分析缺陷引起的滚动轴承的振动响应特征，揭示缺陷形状、尺寸及其形貌特征演变规律与轴承振动响应特征之间的关系，以及缺陷诱发的冲击振动在轴-轴承-轴承座系统中的振动传递规律，攻克这些基础性关键科学问题不仅能解决轴承振动响应特征与缺陷形状、尺寸及其形貌特征演变之间的映射关系的理论问题，而且还可预测机械系统运行的动态性能及工作的可靠性，对提高轴承早期故障诊断的正确性和可靠性，具有重要的理论意义与实际工程价值。

1.2 滚动轴承内部缺陷简述

滚动轴承滚道表面缺陷分为分布式缺陷和局部缺陷。其中，分布式缺陷包括表面波纹度、滚动体尺寸偏差、表面粗糙度及滚道不对中等，如图 1.1 所示。分布式缺陷主要由制造误差、不合理安装和研磨磨损等因素引起。局部缺陷包括裂纹、凹坑、划痕、剥落、碎片及润滑油杂质等，如图 1.2 所示。局部缺陷产生的主要原因包括腐蚀、磨损、塑性变形、疲劳、润滑失效、电损伤、裂纹和设计缺陷等。

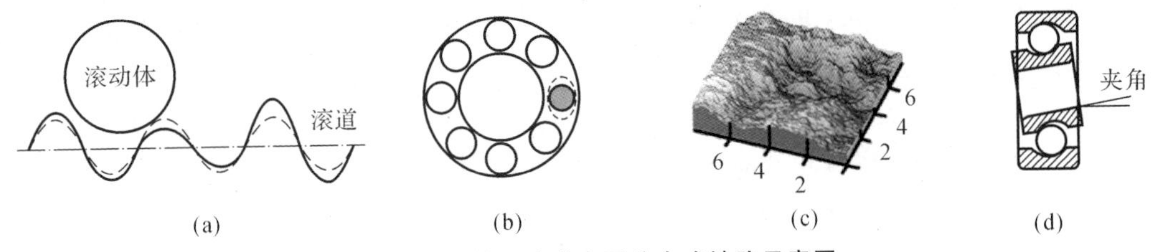

图 1.1 滚动轴承滚道表面分布式缺陷示意图

(a)表面波纹度；(b)滚动体尺寸偏差；(c)表面粗糙度；(d)滚道不对中

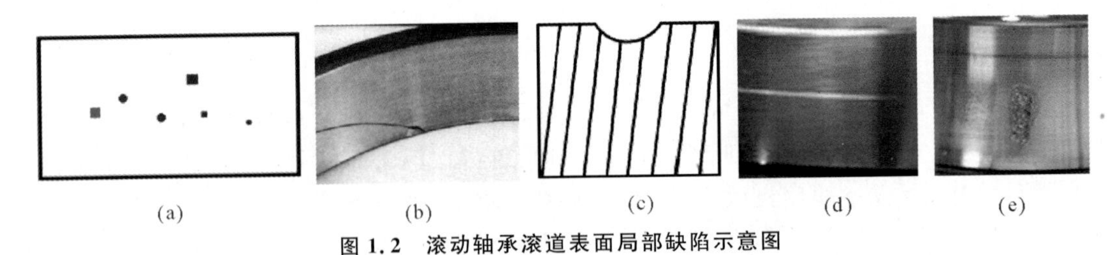

图 1.2 滚动轴承滚道表面局部缺陷示意图

(a)碎片及润滑油杂质；(b)裂纹；(c)凹坑；(d)划痕；(e)剥落

滚动轴承滚道或者滚动体表面存在分布式缺陷时，将导致滚动体与滚道之间的接触力随滚道表面的形貌特征变化而变化，从而产生冲击激励，导致滚动轴承的振动水平升高，加速轴承失效。滚动轴承滚道或滚动体表面存在局部缺陷时，局部缺陷与其接触部件发生作用，接触面之间的接触应力急剧变化,进而产生冲击脉冲。分布式缺陷和局部缺陷诱发的冲击激励的幅值和波形与缺陷的形状和尺寸直接相关,对缺陷形状和尺寸与其冲击脉冲波形之间的关系及其冲击脉冲响应特征的认识程度将直接影响轴承运行状态判定的正确性与可靠性。

1.3 滚动轴承分布式缺陷激励机理与动力学建模研究现状

1.3.1 表面粗糙度内部激励机理研究现状

伴随旋转机械的发展,轴承常被应用于高速重载等严苛环境,为了减缓轴承磨损并延长轴承寿命,润滑剂被引入轴承当中。由于材料特性以及加工水平的限制,轴承滚动体和滚道表面不可避免地存在粗糙度,因此,为了获得更加符合实际状态的润滑条件下滚动体运动状态,大量学者针对润滑状态下的粗糙界面接触问题开展了相应的理论研究。Hamrock 等人基于 Gauss-Seidel 迭代方法,研究了椭圆度参数、无量纲速度、载荷和材料参数对点接触最小薄膜厚度的影响,并通过提出 Hamrock-Dowson 公式对 EHL(弹性流体动力润滑)油膜厚度与其在点接触中的影响因素之间的关系进行了描述。Kaneta 等人基于光学干涉量度法,通过实验观测了粗糙凸起对弹性流体动力润滑的影响。Evans 等人针对重载点接触计算不收敛问题,进一步改进了 Hamrock 和 Dowson 等人提出的方法,并扩展了之前计算方法可以计算的条件范围,使得重载条件下的润滑特性研究能够开展。Chang 等人基于 Patir 和 Cheng 等人研究的瞬态 EHD(电流体动力学)模型,利用小波长的正弦函数对表面粗糙度进行了建模,探究了线接触中滚动-滑动比对油膜厚度、粗糙度的微变形,以及由于接触内粗糙峰的相互作用和运动引起的润滑液压力扰动等的影响。Wijnant 基于多层多重网格积分算法,利用隐式非线性公式对瞬态 EHD 椭圆接触问题的无量纲结果进行拟合,提出了球轴承中滚动体与滚道间的润滑椭圆接触模型,并得出了大量不同载荷和润滑参数工况下的油膜刚度和阻尼结果。Buczkowski 等人提出单一变量的 Weierstrass-Mandelbrot 函数,利用分形理论获得了两个相互挤压的光滑和粗糙平面的法向接触刚度。Zou 等人研究了轴承工作过程中,滚道和滚动体间接触刚度由于摩擦和磨损的影响。肖会芳等人研究了粗糙接触面的混合润滑,并提出了计算相应法向接触刚度的方法;分析了接触界面特征对粗糙接触面法向接触刚度的影响规律。Nonato等人考虑了润滑油膜的非线性特性,将 EHD 接触等效替换为一系列非线性弹簧和阻尼机构,建立了 EHD 完全润滑条件下的深沟球轴承集成参数模型,对比分析了干接触和 EHD 完全润滑接触条件下转子系统集中参数模型的振动响应结果。Bizarre 等人在 Nonato 的研究基础之上,以角接触轴承为研究对象,提出了一种 5 自由度的轴承平衡- EHD 润滑接触耦合计算模型。Wang 等人针对润滑条件下的滚动体打滑行为开展了一系列研究。Wang 以角接触球轴承为研究对象,考虑了滚动体与滚道间赫兹接触力和油膜切向拖动力、力矩,滚动体与保持架间弹性接触力,建立了包含轴承内圈平动、滚动体公转运动、滚动体绕三轴自转运动和保持架公转运动等 10 自由度动力学模型,研究了轴向载荷对滚动体公、自转运动,滚动体与滚道间相对滑移速度、自旋角速度的影响规律，提出增大轴向载荷对严重的打滑行为具有抑制作用。Wang 在之前动力学模型的基础上，考虑了粗糙度对滚动体与滚道间接触处润滑特性以及摩擦力、力矩的影响，提出了混合润滑状态下的角接触球轴承动力学模型，研究了粗糙度幅值对滚动体运动状态、接触处油膜厚度与粗糙度幅值比值和接触处粗糙微凸体承载比例等参数的影响规律。

Christensen 建立了粗糙度随机模型，研究了粗糙度对滑动轴承性能影响的规律。Christensen 和 Tonder 通过相关文献的随机模型，研究了横向和纵向粗糙表面对有限宽度滑动轴承性能影响的规律。Patir 和 Cheng 基于压力和剪切流动因子，建立了粗糙表面平均流量模型，研究了粗糙度对轴承振动特性影响的规律。Andre 研究了表面粗糙度和流体惯性对滑动轴承性能影响的规律，即粗糙度高度从径向间隙的 0.1%～10%变化时，轴承动态性能将提高 27%。Raj 和 Sinha 基于相关文献的随机理论，假设表面粗糙度和最小油膜厚度的阶次一致，采用近似多项式替代高斯方法表示粗糙度高度，研究了表面粗糙度对动载短轴承性能影响的规律，并与相关文献的试验结果进行对比验证。结果表明，纵向粗糙度的载荷超过横向粗糙度；载荷方向反向时，纵向粗糙度比横向的影响更加明显。Li 等人采用 Green 函数摄动法，改进了非牛顿流体润滑中 Patir 和 Cheng 流动因子，利用改进后的模型，研究了表面粗糙度和非牛顿流体共同作用下滑动轴承的静态性能。Turaga 等人研究了表面粗糙度形态对不同宽度与轴颈直径比例的滑动轴承静态和动态性能影响的规律。Nagaraju 等人研究了表面粗糙度对小孔式动静压滑动轴承系统静态和动态特性影响的规律。Nagaraju 等人改进了相关文献的模型，考虑了非牛顿流体润滑的影响。Satish 在相关文献研究的基础上，考虑了轴承不对中和热的影响。Wang 等人基于油膜截面黏度相等的假设，改进了平均雷诺方程，研究了动态载荷作用下，不同粗糙度形态、空化现象和非牛顿流体润滑对椭圆滑动轴承性能影响的规律。Nagaraju 等人在相关文献的模型基础上，研究了横向形态的随机表面粗糙度、非牛顿流体润滑和热对小孔式动静压滑动轴承系统性能的影响，发现非牛顿流体润滑和热将使轴承系统的承载能力下降。

Ramesh 和 Majumdar 通过非线性瞬态方法，研究了表面粗糙度对滑动轴承稳定性影响的规律。Guha 研究了各向同性粗糙度对定位失调滑动轴承稳定性影响的规律。Turaga 等人将粗糙度考虑为随机变量且各态历经均值为 0，采用有限元方法，研究了一维和二维粗糙表面对滑动轴承稳定性影响的规律，发现横向粗糙度会增加轴承系统的稳定性，而各向同性粗糙度会降低系统的稳定性，纵向粗糙度对粗糙表面滑动轴承稳定性的影响较小。

Kazama 和 Yamaguchi 考虑表面粗糙度的影响，对静压推力轴承混合润滑的问题进行了研究。Ramesh，Shi 和 Wang 等人基于油膜截面润滑黏度相同的假设，研究了表面粗糙度和热对滑动轴承系统性能影响的规律，发现在油膜截面厚度上，润滑剂黏度受到非牛顿流体行为和润滑油膜温度升高的影响，导致轴承工作性能受到非牛顿流体润滑和热载荷的影响。Zhang 等人基于相关文献的假设，在雷诺方程中考虑了一维横向、各向同性和纵向粗糙形态对滑动轴承润滑性能的影响。Lin 研究了表面粗糙度对静压推力轴承动态刚度和阻尼特性影响的规律。Lin 等人基于相关文献的随机理论，研究了表面粗糙度对滑动轴承油膜摆动挤压特性影响的规律。Naduvinamani 等人采用随机方法，分析了横向和纵向表面粗糙度对应力偶流体润滑的静态转子-轴承系统静态性能影响的规律，发现应力偶流体可以增加轴承载荷承载能力，但降低了摩擦因数；纵向粗糙形态的影响较横向粗糙形态明显。Sun 等人同时考虑表面粗糙度、轴承表面变形以及热的影响，根据雷诺方程、能量方程和固体热传导方程，研究了定位失调轴承的润滑特性，认为大偏心率条件下，表面粗糙度对定位失调滑动轴承的润滑特性有明显影响，即偏心率和失调角度都较大的情况下，热的影响才会明显。

综上所述，目前关于表面粗糙度激励机理的研究以滑动轴承为主，主要采用实验方法和理论建模方法研究表面粗糙度对滑动轴承的静态性能、动态性能、稳定性和润滑特性的影响规律。但是，针对滚动轴承表面粗糙度激励机理的研究及相关成果较少。

1.3.2　表面波纹度的内部激励机理研究现状

Tallian 和 Gustafsson 建立了滚动轴承线性动力学模型，研究了表面波纹度对滚动轴承振动特性影响的规律，发现表面波纹度阶次将对滚动轴承在通过频率处的振动幅值造成影响。Yhland 通过实验方法，研究了波纹度阶次变化对轴承轴向和径向振动频率影响的规律。Wardle 和 Poon 研究了球的个数与波纹度阶次对球轴承振动特性影响的规律，发现球的个数与波纹度阶次一致时，轴承的振动水平将明显增加。Wardle 建立了球轴承分析模型，通过预测由载荷与变形之间非线性特性引起的振动频率，解释了波纹度幅值和激励力之间的关系。Choudhury 和 Tandom 建立了考虑套圈自由模态和弯曲振动的 2 自由度动力学模型，研究了径向力作用下滚动轴承滚道表面波纹度和滚动体尺寸偏差对轴承振动频率影响的规律，发现外圈存在波纹度时，滚动轴承频谱中含有外圈故障频率及其谐频成分；内圈存在波纹度时，波纹度的阶次等于滚动体个数及其倍数的情况下，滚动轴承频谱包含内圈故障频率及其倍频成分，而其他阶次的波纹度将在轴的转频及其倍频处产生旁瓣。Aktürk 等人提出了 3 自由度球轴承动力学模型，研究了球的个数、预载荷以及波纹度对球轴承振动特性影响的规律。Harsha 根据 Lagrange 方程，建立了滚动轴承动力学模型，将表面波纹度描述为与其尺寸相关的正弦函数，研究了滚道表面波纹度阶次对轴承振动特性影响的规律。

Yhland 建立了转子动力学模型，根据线性理论，提出了波纹度球轴承的刚度矩阵。Jang 和 Jeong 建立了考虑球轴承表面波纹度的 5 自由度非线性刚性转子动力学模型，研究了非线性载荷和变形引起的振动频率。Jang 和 Jeong 改进了相关文献的模型，建立了考虑球的离心力和陀螺力矩的球轴承分析模型，研究了表面波纹度对球轴承振动特性影响的规律。在相关文献模型的基础上，Jang 和 Jeong 建立了由 2 个或者 2 个以上球轴承支承的转子系统动力学模型，研究了表面波纹度对转子系统振动特性影响的规律。基于相关文献的模型，Jang 和 Jeong 建立了考虑波纹度的转子系统动力学模型，对转子系统的稳定性进行了研究。Bai 和 Xu 考虑球的离心力、陀螺力矩、游隙、波纹度以及保持架时变速度的影响，建立了 5 自由度转子系统动力学模型，研究了高速工况下，发现游隙、表面波纹度、预载荷和径向力对转子系统的非线性稳定性和振动特性影响的规律，发现游隙、轴向预载荷和径向载荷对系统的稳定性有重要影响。Wang 等人考虑了圆柱滚子轴承的滚子偏斜和弯曲的影响，提出了 4 自由度转子系统动力学模型，研究了轴承内部游隙、表面波纹度、阻尼、径向力及不平衡力对圆柱滚子轴承转子系统振动特性影响的规律。Kankar 等人将球轴承考虑为对称安装方式，基于正弦函数，建立了 2 自由度转子-轴承系统动力学模型，研究了内、外圈滚道表面波纹度对转子-轴承系统动力学特性影响的规律。Sopanen 等人建立了深沟球轴承滚道波纹度缺陷模型，研究了滚道局部缺陷和波纹度缺陷对轴承动力学特性的影响规律。Liu 等人考虑了径向力、滚道缺陷大小和滚子滚道接触形式等因素对轴承动力学特性的影响，提出了考虑滚道缺陷的圆柱滚子轴承振动动力学模型。Liu 等人提出了考虑滚道波纹度误差的球轴承振动动力学模型。刘静等人提出了考虑时变激励的圆锥滚子轴承挡边表面波纹度动力学模型，研究了内圈挡边表面波纹度时变激励下的圆锥滚子轴承振动特性。

综上所述，目前虽然已有大量关于滚动轴承表面波纹度激励机理的研究，但是大多数是针对图 1.1(a)中的虚线所示的均匀分布形式的表面波纹度开展的研究，关注波纹度诱发的时变位移激励对滚动轴承振动响应特征的影响规律，但是，图 1.1(a)虚线所示均匀分布表面波纹度的时变接触刚度激励，以及图 1.1(b)实线所示非均匀分布表面波纹度的时变位移激励和时变接触刚度激励的研究尚未开展，其对滚动轴承振动响应特征有着怎样的影响，以及如何影响的问题尚需进行研究。

1.3.3 滚动体尺寸偏差激励机理研究现状

Tamura 通过实验方法，发现了在承载区球个数相同的情况下，球轴承的轴向刚度随保持架位置变化而变化；球的直径不一致，且保持架速度的倍数接近系统固有频率时，转子在轴向会出现共振现象；球直径一致时，这种共振现象便会消失。Meyer 等人的研究也得到了与相关文献一致的结论，即由滚动体尺寸偏差引起的振动速度为保持架速度的倍数，并激发轴承在通过频率处的振动，导致轴承的振动幅值增大。Yamamoto 等人通过实验方法，发现存在滚动体尺寸偏差的轴承的频谱在保持架转频与 2 倍转频处存在峰值。Barish 研究了滚动体尺寸偏差对球速度变化影响的规律，发现球轴承中某个球的直径大于其余球的直径时，球的速度会滞后直到达到更小的接触角和更低的转速，导致轴承出现异常振动。

Gupta 的研究结果表明，随着滚动体的尺寸偏差增大，球轴承的部分性能参数会恶化；保持架旋转轨道会随着球尺寸的偏差量增大，由圆形变为其他多边形。Gupta 推断这可能是球的速度出现变化的原因，与相关文献的结果一致。Franco 等人和 Aktürk 等人分别以径向球轴承和角接触球轴承为研究对象，研究了单个球的直径尺寸出现偏差对轴承振动频率影响的规律，发现单个球的直径尺寸出现偏差时，轴承的振动速度与保持架速度一致；超出标准尺寸的球引起的轴承振动特性与保持架速度相关。Aktürk 等人研究了滚动体尺寸偏差对由 2 个角接触球轴承支承的刚性转子的振动特性影响的规律，发现滚动尺寸偏差会引起与保持架转速一致的振动及其谐振，并与轴承的安装形式密切相关；轴承为对称形式时，振动速度为保持架速度的倍数；其他安装形式时，振动速度与保持架转速相等；滚动体尺寸偏差引起的最大径向振动速度等于球的个数与保持架转速乘积的一半。Harsha 利用 Lagrange 方程，建立了转子-轴承系统动力学模型，研究了球尺寸变化对转子-轴承系统振动特性影响的规律，得到了与相关文献一致的结论。Chen 等人和周夕维等人分别研究了滚动体尺寸偏差对圆柱滚子轴承和球轴承载荷分布的影响。

综上所述,目前关于滚动体尺寸偏差激励机理的研究,主要采用实验方法和理论建模方法对滚动体尺寸偏差引起的滚动轴承的共振现象、滚动体和保持架转速波动、轴承载荷分布变化等问题进行研究。实际中,滚动体尺寸存在偏差时,滚动体形貌特征也将发生变化,如图1.1(b)中的虚线所示,引起滚动体与滚道之间接触面曲率变化,导致滚动体与滚道之间的接触刚度发生变化。目前的研究,考虑了滚动体尺寸变化引起的滚动体与滚道之间的接触力变化,但尚未对滚动体形貌特征发生变化诱发的滚动体与滚道之间的接触刚度的变化进行详细分析。

1.3.4 不对中激励机理研究现状

Mckee 和 Mckee 研究了滑动轴承不对中对其轴向流体压力分布影响的规律。Dubois 等人通过实验方法,研究了轴颈不对中对轴承流体压力分布影响的规律,构建了流体油膜峰值压力与轴承游隙、长径比之间的关系表达式。Ausman 采用摄动理论,研究了气体润滑滑动轴承不对中引起的力矩。Smalley 和 McCallion 研究了长径比为 0.5～0.75 的滑动轴承在稳态工况下,轴颈不对中对压力分布、摩擦力矩、流量和载荷参数影响的规律。

Pinkus 和 Bupara 研究了等温条件下,不同大小和方向的不对中对有限宽度双沟道滑动轴承的振动特性影响的规律。Meye 等人考虑内圈弯曲振动的影响,建立了承受轴向力作用的球轴承线性数学模型,研究了外圈滚道不对中、外圈滚道偏心、滚动体尺寸偏差和外圈滚道表面波纹度等分布式缺陷对轴承振动响应特征影响的规律。Lahmar 等人通过 Booker 导纳法,研究了静态不对中对曲轴主轴轴承振动特性影响的规律。Pierre 等人考虑了热和气穴现象的影响,建立了不对中滑动轴承三维热流体动力润滑模型,研究了不对中对滑动轴承振动特性影响的规律。Boedo 和 Booker 研究了无滚道的不对中轴承的稳态和瞬态行为。Vijayaraghavan 和 Keith 采用 Elord 气穴算法,研究了不同条件下不对中对单沟道滑动轴承性能影响的规律。Bou 和 Nicolas 研究了层流和紊流条件下,几何参数不对中对动静压轴承静态和动态性能影响的规律。Qiu 和 Tieu 通过理论和试验方法,研究了不对中滑动轴承的静态和动态特性。Arumugam 等人提出了计算不对中滑动轴承刚度和阻尼系数的算法,研究了不对中对轴承性能影响的规律。Banwait 等人分析了热流体动力润滑对不对中滑动轴承动态性能影响的规律。Guha 分析了各向同性、偏心率和角度不对中对滑动轴承稳态性能影响的规律。

Asanable 等人采用实验方法和理论建模方法,研究了不对中双沟道滑动轴承在垂直平面内的最小油膜厚度和摩擦力。Mokhtar 等人提出了不对中滑动轴承存在轴向进给量时的绝热解决方案,但该方案只考虑了牛顿流体润滑的影响。Buckholz 和 Lin 研究了不对中对非牛顿流体润滑滑动轴承载荷和气穴现象影响的规律。Jiang 和 Chang 考虑服从幂律流体流动模型的非牛顿流体润滑,研究了不对中滑动轴承的绝热解决方案。Bouyer 和 Fillon 通过实验方法,研究了不对中对滑动轴承性能影响的规律,发现不对中将会对油膜最小厚度和轴颈中心轨迹造成严重影响。Sun 等人考虑了润滑油的温度-压力关系、表面粗糙度、轴承表面变形和热的综合影响,分析了不对中滑动轴承的润滑特性。Jiang 和 Khonsari 通过三维热流体动力润滑模型,研究了不对中对滑动轴承性能影响的规律。

综上所述,目前关于不对中激励机理的研究集中在滑动轴承,主要采用实验方法和理论建模方法分析不对中对滑动轴承的压力分布、静态和动态性能、稳定性和润滑特性影响的规律。但是,针对滚动轴承不对中激励机理的研究及相关成果较少。

1.4 滚动轴承局部缺陷激励机理与动力学建模研究现状

1.4.1 碎片和杂质激励机理研究现状

Tallian 通过理论分析方法和实验方法,研究了润滑油杂质对轴承疲劳寿命影响的规律。Ville 和 Nélias 通过实验方法,研究了润滑油杂质尺寸、浓度以及凹痕形状对轴承早期疲劳失效影响的规律。Xu 和 Sadeghi 研究了碎片形成的凹痕对弹性流体动力润滑压力分布影响的规律。Kang 建立了考虑碎片的弹性流体动力润滑模型,研究了碎片运动及其对弹性流体动力润滑接触压力影响的规律,发现碎片高度小于回流区高度时,碎片不会往接触区运动。同时,Kang 采用有限元和干接触模型相结合的方法,研究了凹痕在弹性动力润滑条件下的形成过程,发现润滑油中的碎片使接触面出现应力集中,从而导致接触面失效并形成凹痕。Ashtekar 等人基于相关文献的模型,建立了深沟球轴承和角接触球轴承的动力学模型,分别采用干接触弹性模型和叠加原理,研究了凹痕、凸块和碎片对轴承滚子与内圈之间、滚子与保持架之间接触力影响的规律。

综上所述,目前关于碎片和杂质激励机理研究方面,主要采用实验方法、理论建模方法、有限元方法和离散单元法分析碎片和杂质对轴承疲劳寿命、弹性流体动力润滑压力分布、轴承滚子与内圈之间的接触力以及滚子与保持架之间的接触力的影响规律。然而,这些研究方法将碎片、杂质及其形成的凹痕的表面轮廓描述为球形形状,与碎片和杂质的实际的复杂形貌特征存在一定的差异,尚不能完整地描述不同形貌特征的碎片、杂质及其形成的凹痕的激励机理。

1.4.2 凹痕和剥落激励机理研究现状

McFadden 和 Smith 建立了滚动轴承单点和多点局部缺陷模型,研究了单点和多点局部缺陷对滚动轴承振动特性的影响规律。模型将点缺陷引起的冲击激励考虑为一系列的周期性脉冲函数。多点局部缺陷模型,假设每个点缺陷对轴承的作用是独立的且具有相同的周期成分。结果表明,单点缺陷滚动轴承产生的周期性脉冲与缺陷位置相关,且每个脉冲表现出周期性指数式衰减;多点缺陷滚动轴承的频谱幅值与缺陷损坏程度相关,且其相位取决于缺陷位置分布。Tandon 和 Choudhury 提出了用于预测滚动轴承在承受径向和轴向载荷作用下的振动频率的分析模型,模型采用三角形、矩形和半正弦函数描述不同轮廓形态的局部缺陷引起的冲击激励,研究了滚动轴承滚道表面局部缺陷对轴承振动频率及其特征分量的影响规律。Choudhury 和 Tandon 改进了相关文献的动力学模型,考虑了轴和轴承座质量的影响,研究了滚动轴承内、外圈表面单个局部缺陷对轴承振动特性的影响规律。Krial 和 Karagulle 采用动态激励力描述滚动体通过局部缺陷时的冲击激励,研究了单个和多个局部缺陷对滚动轴承系统振动特性的影响规律。Sassi 等人建立了滚动轴承局部缺陷动力学模型，研究了局部缺陷对滚动轴承振动特性的影响规律，模型采用脉冲激励力和正弦函数激励力描述不同类型的局部缺陷产生的冲击激励。Behzad 等人将局部缺陷引起的冲击激励描述为随机动态激励力，研究了局部缺陷对滚动轴承振动响应特征的影响规律。

Ashtekar 等人构造了用于描述球与滚道凹痕之间接触力与变形的关系表达式，并基于相关文献的滚动轴承动力学模型和干接触弹性模型，建立了考虑凹痕影响的滚动轴承动力学模型，分析了凹痕尺寸、凹痕位置、内圈转速以及凹痕分布形式对球与滚道之间、球与保持架之间接触力的影响规律，发现滚道表面的凹痕缺陷会对轴承各部件之间接触力的大小和方向产生明显影响；凹痕尺寸和内圈转速对轴承的振动特性也存在明显影响，且凹痕位置和凹痕的扩展将会使这种影响增大。针对干接触弹性模型描述轴承滚道缺陷所需参数难以确定的问题，Ashtekar 等人又提出了基于 Hertz 接触理论的新方法，构造了轴承滚道的缺陷（如凹痕、凸块和碎片）尺寸参数与滚子和缺陷之间接触压力的关系表达式。由于将凹痕和凸块假设为球形，因此滚子和缺陷之间的接触压力只与缺陷的尺寸参数（如凹痕的直径和高度尺寸）相关。同时，考虑凹痕、凸块和碎片影响，建立了基于 Hertz 接触理论的滚动轴承动力学模型，分析了凹痕、凸块和碎片缺陷对轴承滚子与内圈之间、滚子与保持架之间接触力的影响规律。

Sopanen 和 Mikola 考虑了轴承内部径向游隙和系统不平衡激励的影响，建立了包括分布式缺陷和局部缺陷的深沟球轴承动力学模型。模型假设局部缺陷的冲击激励只与其长度和高度有关，且将局部缺陷模型考虑为正切和阶跃函数，并通过多体动力学分析软件对含有分布式缺陷和局部缺陷的球轴承的振动特性进行了研究。Cao 和 Xiao 建立了双列球面滚子轴承动力学模型，考虑了内圈和外圈滚道表面分布式缺陷和局部缺陷的影响，将局部缺陷模型定义为与局部缺陷的角度位置、径向高度及切向尺寸有关的矩形函数。Sawalhi 和 Randall 将基于矩形函数的局部缺陷模型改进为与球角位置相关的时变函数，并采用局部缺陷的高度尺寸描述时变函数的最大幅值。Rafsanjani 等人提出了滚动轴承局部缺陷动力学模型，研究了内圈、外圈和滚动体表面局部缺陷对滚动轴承振动特性的影响规律。该模型将局部缺陷引起的冲击激励考虑为一系列的周期性位移激励函数。Patil 等人将滚动轴承内圈和外圈表面局部缺陷产生的冲击激励定义为半正弦位移激励函数，建立了滚动轴承局部缺陷动力学模型，研究了不同角度位置和不同尺寸的局部缺陷对球轴承振动特性的影响规律。Arshan 和 Aktürk 提出了轴-轴承动力学模型，研究了内圈、外圈和滚动体表面单个局部缺陷对角接触球轴承振动特性的影响规律。该模型将局部缺陷的冲击激励描述为周期性的矩形函数。Patel 等人建立了局部缺陷深沟球轴承动力学模型，研究了内圈和外圈滚道表面单个和多个缺陷对轴承振动特性的影响规律。该模型将局部缺陷激励函数考虑为矩形函数。Nakhaeinejad 和 Bryant 考虑了陀螺力、离心力、接触弹性变形、接触力、接触滑移、接触分离和局部缺陷等因素的影响，基于局部缺陷的表面轮廓形状，建立了多自由度滚动轴承局部缺陷多体动力学模型，研究了滚动轴承内圈和外圈滚道表面压痕和凹坑对滚动轴承振动特性的影响规律，并与实验结果进行了对比验证。Liu 等人建立了考虑滚道凹痕的球轴承动力学模型，研究了滚道凹痕对球轴承振动特性的影响规律。

张中民等人、曹冲锋等人、杨将新等人、张乐乐等人、陈於学等人、张根源等人、张耀强等人、张亚洲等人、张建军等人、徐东等人、袁幸等人、周俭基和朱永生等人也对滚动轴承局部缺陷所引起的振动问题进行了大量的数值仿真和实验研究，为滚动轴承局部缺陷建模奠定了良好基础。

综上所述，国内外学者在滚动轴承局部凹坑和剥落缺陷激励机理与建模研究方面已开展了大量研究工作，研究主要将凹坑和剥落缺陷诱发的冲击激励描述为基于单一函数的力激励和位移激励。单点缺陷方面研究，主要采用单位脉冲函数描述单点缺陷诱发的力激励；凹坑和剥落缺陷方面研究，主要采用单一的矩形函数、三角形函数、半正弦函数描述凹坑和剥落缺陷诱发的力激励和位移激励，且将凹坑和剥落缺陷的表面轮廓形态假设为正方形和圆形形状。但是，凹坑和剥落缺陷的实际表面轮廓特征复杂，且滚动体通过缺陷位置时产生的冲击脉冲的幅值和波形与缺陷的形状和尺寸直接相关。因此，目前基于单一函数的正方形和圆形形状局部缺陷模型不能完全解释不同表面轮廓形态的凹坑和剥落缺陷的激励机理，也不能完整描述不同类型的凹坑和剥落缺陷引起的冲击激励的波形特征，有必要研究能够完整描述不同类型的凹坑和剥落缺陷表面轮廓形态特征及其冲击激励波形特征的凹坑和剥落缺陷动力学模型。

1.4.3 局部剥落缺陷演变规律研究现状

Lundburg 和 Palmgren 对滚动轴承剥落缺陷的扩展现象进行了探讨。Kotzalas 和 Harris 研究了球和滚道表面剥落缺陷的扩展规律，改进了 Ioannides 和 Harris 的轴承疲劳寿命预测方法并对球轴承的使用寿命进行了预测。Xu 和 Sadeghi 提出了预测剥落缺陷形成和扩展的理论模型，分析了润滑条件下凹痕对剥落缺陷形成和扩展过程的影响规律。Hoeprich 通过实验方法，对圆锥滚子轴承表面剥落缺陷的随机性扩展及其力学特性进行了研究。Rosada 等人、Arakere等人和 Forster 等人采用一系列的实验方法和理论建模方法对轴承材料剥落缺陷的形成和扩展阶段进行了研究。Branch 等人采用有限元方法对相关文献提出的剥落缺陷的形成和扩展阶段进行了仿真研究。Li 等人提出了预测圆锥滚子轴承滚道表面剥落缺陷扩展率的经验方法。Liu 等人采用了一系列的有限元方法和理论建模方法研究了球轴承和圆柱滚子轴承局部缺陷边缘形貌特征演变过程中对轴承振动特征的演变规律。

综上所述，目前对滚动轴承局部缺陷演变规律的研究，国内外学者主要采用经验公式法、理论建模方法、离散单元法和有限元方法对局部缺陷的产生及演变过程进行研究，但尚未研究局部缺陷边缘形貌特征演变对滚动轴承振动响应特征的影响规律。同时，关于局部缺陷边缘形貌特征演变规律与滚动轴承振动响应特征之间的映射关系的研究仍不够深入，尚待进一步研究。

1.5 滚动轴承动力学建模研究现状

Stribeck，Sjoväll，Palmgren 及 Harris 等人基于 Hertz 接触理论和牛顿定律对滚动轴承的静力学特性进行了研究。Jones 在静力学研究的基础上，提出了滚动轴承拟静力学分析方法，运用 Coulomb 摩擦定律，分析了轴向载荷作用下，角接触球轴承接触界面间的滑移、滚动体的运动与滑动摩擦。Jones提出了套圈控制理论，并建立了考虑滚动体离心力和陀螺力矩的滚动轴承拟静力学分析模型，研究了滚动轴承的接触刚度、滚动体载荷分布以及疲劳寿命。Harris，Poplawski和Rumbarger在滚动轴承拟静力学分析理论中引入了润滑油膜的影响。

Sunersjo提出了2自由度滚动轴承动力学模型，对滚动轴承的变柔性振动进行了研究。Tandon和Choudhury基于Lagrange方程，建立了滚动轴承动力学分析模型，研究了滚动轴承内、外圈和滚动体表面局部缺陷对轴承振动特性的影响规律。Afshari和Loparo提出了线性时不变状态空间的滚动轴承动力学模型。Sopanen和Mikkola建立了深沟球轴承动力学模型，考虑了局部缺陷、分布式缺陷、Hertz接触变形和弹性流体润滑的影响，忽略了离心力以及部件之间滑移的影响。Harsha采用Lagrange方法，建立了滚动轴承动力学模型，研究了保持架跳动和滚动体数目对滚动轴承振动特性的影响规律。Choudhury和Tandon建立了3自由度的滚动轴承动力学模型，考虑了轴与轴承座的影响，研究了局部缺陷对滚动轴承振动特性的影响规律。Sassi等人建立了3自由度的球轴承动力学模型，研究了局部缺陷对球轴承振动特性的影响规律。Lim和Singh提出5自由度的滚动轴承动力学模型，研究了滚动轴承的振动传递特性。

Walters提出了4自由度滚动体和6自由度保持架的滚动轴承动力学分析模型，分析了高速球轴承的振动特性。Kannel等人提出了角接触球轴承的保持架动力学模型，对弹性润滑条件下的角接触球轴承的保持架运动特性进行了研究。研究发现，保持架与球之间的摩擦、滚道与球之间的润滑以及润滑油黏度将对保持架的稳定性有较大影响。Gupta对滚动轴承振动特性进行了一系列研究，考虑了滚动体运动状态和受力状态、轴承各部件速度和惯性力的影响，且考虑了轴承各部件具有6个自由度。Meeks简化了Gupta的模型，建立了6自由度的保持架动力学模型，研究了保持架的动力学特性。结果显示，保持架的工作间隙和摩擦力对保持架与球之间的碰撞有较大影响。Meeks和Tran在Harris和Jones模型的基础上，改进了球轴承的动力学模型，对球轴承的保持架运动、疲劳寿命、磨损寿命、保持架与球的作用力和噪声等方面进行了研究。

Cretu等人提出6自由度的圆锥滚子轴承拟动力学模型，考虑了热弹流和粗糙度表面效应的影响，研究了圆锥滚子轴承内部摩擦力矩、载荷分布、保持架滑移、滑动速度和润滑剂的摩擦因数等因素对轴承振动特性的影响规律。Liew等人考虑了离心力、轴向刚度和倾斜刚度的影响，提出了5自由度的角接触球轴承动力学模型。Jang和Jeong建立了5自由度的球轴承动力学模型，考虑了球的离心力和陀螺力矩的影响，研究了波纹度对球轴承振动特性的影响规律。Bai和Xu建立了5自由度的球轴承动力学模型，研究了内部游隙和波纹度对球轴承振动特性的影响规律。Nakhaeinejad和Bryant提出了多自由度的滚动轴承多体动力学模型，考虑了陀螺力、离心力、接触弹性变形、接触力、接触滑移、接触分离和局部缺陷等因素的影响。

Ashtekar等人采用干接触弹性模型改进了球与滚道表面局部缺陷的Hertz接触关系，分析了凹痕尺寸、凹痕位置、内圈转速以及凹痕分布对球与滚道之间、球与保持架之间的接触力的影响规律。Ashtekar等人运用叠加原理描述滚道表面缺陷(如凹痕、凸块和碎片)的尺寸参数与滚子和缺陷之间的接触压力的关系，分析了缺陷对轴承滚子与内圈之间、滚子与保持架之间接触力的影响规律。Patil等人建立了2自由度的滚动轴承动力学模型，研究了滚道表面局部缺陷对轴承动态性能的影响规律。

林国昌等人、李锦标等人、袁茹等人、罗祝三等人、张铁成等人、胡绚等人、王黎钦等人、邓四二等人、薛峥等人、孙红原等人及张占立等人在滚动轴承动力学模型的研究方面也做了大量工作。

综上所述，目前关于滚动轴承动力学模型建模方法和静力学分析模型研究方面，分析了滚动轴承的载荷分布和接触刚度等静力学特性，但未能考虑滚动轴承的时变接触振动特性；拟静力学分析模型研究方面，虽然提出了考虑滚动体离心力和陀螺力矩的滚动轴承拟静力学分析模型，研究了滚动轴承的接触刚度、滚动体载荷分布以及疲劳寿命，但该模型没有考虑保持架的影响，不能完整地分析滚动轴承内部滑动和滚动轴承性能随时间变化的特性；动力学分析模型研究方面，建立了较为完善的滚动轴承动力学模型，能够较完整地分析滚动轴承的振动特性，但尚不能准确描述非均匀波纹度缺陷和长宽比大于 1 的局部缺陷引起的时变冲击响应特征，以及轴承外圈与轴承座弹性界面等因素对滚动轴承振动响应特征的影响。

1.6 滚动轴承噪声计算方法研究现状

针对轴承噪声问题，学者开展了众多的相关研究。早在 20 世纪 70—90 年代，Yoshioka 和 Tandon 等人针对声发射方法在轴承缺陷诊断方面的效力问题开展了一系列实验，他们通过监测声发射参数包括幅值、均方根值，能量等参数，验证了声发射方法应用于轴承故障诊断的可行性。2006 年，Al-Ghamd 等人使用金刚石尖端触针，在轴承外圈内表面上加工了两种类型的缺陷，建立了表面粗糙度、缺陷尺寸和噪声水平的关系。经实验探究得出噪声主要来源是两接触表面粗糙凸起部位的摩擦作用和挤压释放作用，并且噪声水平会随着轴承转速、所受载荷和缺陷尺寸的增加而提高。2010 年，Fan 等人基于赫兹接触理论，将平面接触过程中粗糙凸起形变产生的弹性势能和噪声能量建立联系，建立了引入载荷、接触表面的相对滑动速度和表面形貌特征等参数影响的噪声模型。2015 年，Miettinen 和 Oh 等人通过实验发现，润滑对于声发射特性具有重大影响。2017 年，Sharma 等人在 Fan 的研究基础之上，以深沟球轴承为研究对象，考虑了润滑的影响，建立了含局部缺陷的轴承系统噪声模型，用于预测轴承内部滚动体与滚道间接触产生的噪声水平。对比发现，该噪声模型成功预测了Al - Ghamd和 Morhain 等人实验数据中轴承所受载荷、轴承转速与噪声能量的关系，验证了模型的正确性。多数学者只是考虑了轴承系统的内部运动学关系和载荷区内力分布变化对轴承系统声发射特性的影响，而较少考虑轴承系统振动对轴承系统声发射特性的影响。2020 年，Patil 等人考虑了滚动体与滚道接触处赫兹变形、弹性流体润滑和接触处粗糙微凸体弹性变形的影响，耦合了深沟球轴承动力学模型和声发射计算模型。该模型由深沟球轴承动力学模型计算接触处动态接触力、润滑油膜厚度等参数并输入声发射模型中，最终获得了轴承声发射仿真计算值。

在国内，付刚等人将滚动轴承考虑为点声源结构，建立了滚动轴承振动-声压耦合计算模型，并通过实验验证了模型的可行性。2008 年，李常有等人采集了含局部缺陷轴承噪声信号，并利用一系列包络分析方法提取获得缺陷特征频率，证明了利用噪声信号诊断轴承缺陷的可行性。2012 年，王培基于赫兹接触理论，建立了滚动轴承-轴承座系统 6 自由度动力学模型；

基于有限元方法，建立了滚动轴承声场仿真计算模型；利用动力学模型计算获得了轴承内、外圈振动特性，并将结果作为有限元模型边界条件，仿真得到了波纹度幅值、波数等参数对轴承振动特性和噪声水平的影响关系。同年，涂文兵基于动力学和有限元方法，考虑了滚动体打滑的影响，建立了轴承-轴承座声-振耦合模型，研究了滚动体进入承载区打滑状态下轴承的噪声特征。2019年，张琦涛考虑了滚动体尺寸误差及保持架的影响，建立了深沟球轴承动力学模型，并将动力学模型与经典噪声模型耦合，研究了转速、载荷和波纹度等因素对轴承噪声声压值的影响规律。

综上所述，针对角接触球轴承动力学建模问题，大量研究都是通过拟动力学方法获得滚动体与滚道间接触载荷的，这种方法求解迭代过程复杂、不易收敛，对初值设置要求较高，且无法准确获得轴承振动状态下的瞬时接触载荷。虽然王云龙对该问题进行了研究，建立了包含轴承内圈平动、滚动体公转运动、滚动体绕三轴自转运动和保持架公转运动等8自由度动力学模型，但他的模型仅考虑了润滑油和粗糙度对滚动体滑动摩擦力的影响，忽略了弹流润滑滚动摩擦力矩、弹性迟滞摩擦力矩和差动滑动摩擦力矩的影响；且王云龙仅对滚动体运动状态进行了研究，而未对轴承振动状态开展相关研究。针对局部缺陷建模问题，大量学者利用位移激励的方法对各类局部缺陷进行了模拟，研究了局部缺陷分布位置、尺寸和形状等对轴承振动特性的影响，但对偏斜、偏置局部缺陷的研究较少。针对轴承噪声计算问题，大量学者利用轴承动力学模型获得轴承内部载荷、振动特性，将计算结果作为边界条件，利用数学计算和有限元方法获得了轴承噪声特性，但其使用的动力学模型常较简单，且未考虑轴承内、外圈滚道表面实际粗糙度对润滑特性的影响，无法获得较为准确的内部载荷和振动特征，从而无法获得较为准确的轴承噪声特征。因此，亟待开展角接触球轴承摩擦振动动力学建模研究，偏置、偏斜局部缺陷建模研究和基于摩擦振动动力学模型的声-振耦合建模研究。

1.7　本章小结

本章论述了滚动轴承内部缺陷的类型及其产生的原因、分布式缺陷（包括表面粗糙度、表面波纹度、滚子尺寸偏差、不对中等）激励机理及其动力学建模方法的研究现状、局部缺陷（包括碎片、杂质、凹痕、剥落等）激励机理及其动力学建模方法的研究现状、无缺陷滚动轴承动力学建模方法研究现状、滚动轴承噪声计算方法研究现状；总结了当前研究工作的优势和不足之处，并对滚动轴承内部缺陷动力学建模及其噪声计算方法有待进一步研究的方向进行了探讨。

参考文献

[1] 雷源忠. 我国机械工程研究进展与展望[J]. 机械工程学报，2009，45(5)：1－11.

[2] TANDON N，CHOUDHURY A. A review of vibration and acoustic measurement methods for the detection of defects in rolling element bearings [J]. Tribology International，

1999,32(8):469-480.

[3] RAFSANJANI A,ABBASION S,FARSHIDIANFAR A. Nolinear dynamic modeling of surface defects in rolling element bearing systems [J]. Journal of Sound and Vibration, 2009,319(3/4/5):1150-1174.

[4] RUBINI R. Application of the envelope and wavelet transform analyses for the diagnosis of incipient faults in ball bearing [J]. Mechanical Systems and Signal Processing,2001,15(2):287-302.

[5] ZHANG P,DU Y,HABETLER T G,et al. A survey of condition monitoring and protection methods for medium voltage induction motors [J]. IEEE Trans. Energy Convers, 2011,47(1):34-46.

[6] 唐云冰.航空发动机高速滚动轴承力学特性研究[D].南京:南京航空航天大学,2005.

[7] KANKAR P K,SHARMA S C,HARSHA S P. Rolling element bearing fault diagnosis using wavelettransform [J]. Neurocomputing,2011,74(10):1638-1645.

[8] 王国彪,何正嘉,陈雪峰,等.机械故障诊断基础研究"何去何从"[J].机械工程学报,2013,49(1):63-72.

[9] 肖会芳.界面接触非线性振动机理与能量耗散研究[D].重庆:重庆大学,2012.

[10] 陈於学.基于接触力学的圆柱滚子轴承振动研究[D].武汉:华中科技大学,2005.

[11] CHRISTENSEN H. Stochastic models for hydrodynamic lubrication of rough surfaces [J]. Proceedings of the Institution of Mechanical Engineers,1969,184(1):1013-1026.

[12] CHRISTENSEN H,TONDER K. The hydrodynamic lubrication of rough journal bearings [J]. Journal of Lubrication Technology,1973,95(2):166-170.

[13] PATIR N,CHENG H S. An average flow model for determining effect of three-dimensional on partial hydrodynamic lubrication [J]. Journal of Lubrication Technology, 1978,100(1):12-17.

[14] PATIR N,CHENG H S. Application of average flow model to lubrication between rough sliding surfaces [J]. Journal of Lubrication and Technology ,1979,101(2):220-230.

[15] ANDRES L S. Turbulent hybrid bearings with fluid inertia effects [J]. Journal of Tribology, 1990,112(4):699-707.

[16] RAJ A,SINHA P. Surface roughness effects in dynamically loaded short bearings [J]. Acta Mechanica,1993,101(1/2/3/4):199-213.

[17] LI W L,WENG C I,HWANG C C. An average Reynolds equation for non-Newtonian fluid with application to the lubrication of the magnetic head - disk interface [J]. Tribology Transactions ,1997,40(1):111-119.

[18] LI W L,WENG C I,LÜE J I. Surface roughness effects in journal bearings with non-Newtonian lubricants [J]. Tribology Transactions,1996,39(4):819-826.

[19] TURAGA R,SEKHAR A S,MAJUMDAR B C. The effect of roughness parameter on the performance of hydrodynamic journal bearings with rough surface [J]. Tribology

International,1999,32(5):231-236.

[20] NAGARAJU T,SHARMA S C,JAIN S C. Influence of surface roughness effects on the performance of non-recessed hybrid journal bearings [J]. Tribology International,2002,35(7):467-487.

[21] NAGARAJU T,SATISH C S,JAIN S C. The stability margin of a roughened hole-entry hybrid journal bearing system[J]. Tribology Transactions,2005,48(1):140-146.

[22] NAGARAJU T,SATISH C S,JAIN S C. Performance of externally pressurized non-recessed roughened journal bearing system operating with non-Newtonian lubrication [J]. Tribology Transactions,2003,46(3):404-413.

[23] SATISH C S,NAGARAJU T,JAIN C S. Combined influence of journal misalignment and surface roughness on the performance of an orifice compensated non-recessed hybrid journal bearing [J]. Tribology Transactions,2002,45(4):457-463.

[24] SATISH C S,NAGARAJU T,JAIN C S. Performance of orifice compensated hole-entry hybrid journal bearing system considering surface roughness and thermal effects [J]. Tribology Transactions,2004,47(4):557-566.

[25] WANG P,KEITH T G,VAIDYANATHAN K. Combined surface roughness pattern and non-Newtonian effects on the performance of dynamically loaded journal bearings [J]. Tribology Transactions,2002,45(1):1-10.

[26] NAGARAJU T,SATISH C S,JAIN S C. Influence of surface roughness on non-Newtonian thermohydrostatic performance of a hole-entry hybrid journal bearing [J]. Journal of Tribology,2007,129(3):595-602.

[27] RAMESH J,MAJUMDAR B C. Stability of rough journal bearings using nonlinear transient method [J]. Journal of Tribology,1995,117(4):691-695.

[28] GUHA S K. Analysis of steady-state characteristics of misaligned hydrodynamic journal bearings with isotropic roughness effect [J]. Tribology International,2000,33(1):1-12.

[29] TURAGA R,SEKHAR A S,MAJUMDAR B C. Stochastic FEM analysis of finite hydrodynamic bearings with rough surfaces [J]. Tribology Transactions,1997,40(4):605-612.

[30] TURAGA R,SEKHAR A S,MAJUMDAR B C. Stability analysis of a rigid rotor support on hydrodynamic journal bearings with rough surfaces using the stochastic finite element method [J]. Journal of Engineering Tribology,1998,212(2):121-130.

[31] TURAGA R,SEKHAR A S,MAJUMDAR B C. Unbalance response and stability analysis of a rotor supported on hydrodynamic journal bearings with rough surfaces [J]. Journal of Engineering Tribology,1999,213(1):31-34.

[32] KAZAMA T,YAMAGUCHI A. Application of a mixed lubrication model for hydrostatic thrust bearings of hydraulic equipment [J]. Journal of Tribology,1993,115(4):686-691.

[33] RAMESH J,MAJUMDAR B C,RAO N S. Thermohydrodynamic analysis of submerged

oil journal bearing considering surface roughness effects [J]. Journal of Tribology, 1997,119(1):100-106.

[34] SHI F, WANG Q. A mixed-TEHD model for journal-bearing conformal contacts-Part Ⅰ:Model formulation and approximation of heat transfer considering asperity contact [J]. Journal of Tribology,1998,120(2):198-205.

[35] ZHANG C,QIU Z. Effect of surface texture on hydrodynamic lubrication of dynamically loaded journal bearings [J]. Tribology Transactions,1998,41(1):43-48.

[36] ZHANG C,CHENG H S. Transient non-Newtonian thermohydrodynamic mixed lubrication of dynamically loaded journal bearings [J]. Journal of Tribology,2000,122(1):156-161.

[37] LIN J R. Surface roughness effect on the dynamic stiffness and damping characteristics of compensated hydrostatic thrust bearings [J]. International Journal of Machine Tools and Manufacture,2000,40(11):1671-1689.

[38] LIN J R, HSU C H, LAI C. Surface roughness effects on the oscillating squeeze-film behavior of long partial journal bearings [J]. Computers and Structures,2002,80(3/4):297-303.

[39] NADUVINAMANI N B, HIREMATH P S, GURUBASAVARAJ G. Effect of surface roughness on the static characteristics of rotor bearings with couple stress fluids [J]. Computers and Structures,2002,80(14/15):1243-1253.

[40] SUN J,DENG M,FU Y H,et al. Thermohydrodynamic lubrication analysis of misaligned plain journal bearing with rough surface [J]. Journal of Tribology,2010,132(1):011704.

[41] TALLIAN T E,GUSTAFSSON O G. Progress in rolling bearing vibration research and control [J]. ASLE Transactions,1965,8(3):195-207.

[42] YHLAND E M. Waviness measurement-an instrument for quality control in rolling bearing industry [J]. Proceedings of the Institution of Mechanical Engineering, 1967, 182(11):438-445.

[43] WARDLE F P, POON S Y. Rolling bearings noise, cause and cure [J]. Chartered Mechanical Engineering,1983(7/8):36-40.

[44] WARDLE F P. Vibration force produced by waviness of the rolling surface of thrust loaded ball bearing, Part 1: Theory [J]. Proceedings of the Institution of Mechanical Engineers,1988,202(C5):305-312.

[45] WARDLE F P. Vibration force produced by waviness of the rolling surface of thrust loaded ball bearing, Part 2: Experimental validation [J]. Proceedings of the Institution of Mechanical Engineers,1988,202(C5):313-319.

[46] CHOUDHURY A, TANDON N. A theoretical model to predict vibration response of rolling bearings to distributed defects under radial load [J]. Journal of Vibration and Acoustics,1998,120(1):214-220.

[47] TANDONN,CHOUDHURY A. A theoretical model to predict the vibration response of rolling bearings in a rotor bearing system to distributed defects under radial load [J]. Journal of Tribology,2000,122(3):609 - 615.

[48] AKTURK N,UNEEB M,GOHAR R. The effect of number of balls and preload on vibrations associated with ball bearings [J]. Journal of Tribology,1997,119(4):747 - 753.

[49] AKTURK N,GOHAR R. The effect of ball size variation on vibrations associated with ball-bearings [J]. Journal of Engineering Tribology,1998,212(2):101 - 110.

[50] AKTURK N. The effect of waviness on vibrations associated with ball bearings [J]. ASME Journal of Tribology,1999,121(4):667 - 677.

[51] HARSHA S P,SANDEEP K,PRAKASH R. Non-linear dynamic behaviors of rolling element bearings due to surface waviness [J]. Journal of Sound and Vibration,2004,272 (3/4/5):557 - 580.

[52] HARSHA S P. Nonlinear dynamic analysis of high-speed rotor supported by rolling element bearings [J]. Journal of Sound and Vibration,2006,290(1/2):65 - 100.

[53] YHLAND E. A linear theory of vibrations caused by ball bearings with form errors operating at moderate speed [J]. Journal of Tribology,1992,114(2):348 - 359.

[54] JANG G H,JEONG S W. Nonlinear excitation model of ball bearing waviness in a rigid rotor supported by two or more ball bearings:considering five degrees of freedom [J]. Journal of Tribology,2002,124(1):82 - 90.

[55] JANG G H,JEONG S W. Analysis of a ball bearing with waviness considering the centrifugal force and gyroscopic moment of the ball [J]. Journal of Tribology,2003,125 (3):487 - 498.

[56] JANG G H,JEONG S W. Vibration analysis of a rotating system due to the effect of ball bearing waviness [J]. Journal of Sound and Vibration,2004,269(3/4/5):709 - 726.

[57] JANG G H,JEONG S W. Stability analysis of a rotating system due to the effect of ball bearing waviness [J]. Journal of Tribology,2003,125(1):91 - 101.

[58] BAI C Q,XU Q Y. Dynamic model of ball bearings with internal clearance and waviness [J]. Journal of Sound and Vibration,2006,294(1/2):23 - 48.

[59] WANG L Q,CUI L,ZHENG D Z,et al. Nonliear dynamics behaviors of a rotor roller bearing system with radial clearances and waviness considered [J]. Chinese Journal of Aeronautics,2008,21(1):86 - 96.

[60] KANKAR P K,SHARMA S C,Harsha S P. Nonlinear vibration signature analysis of a high speed rotor bearing system due to race imperfection [J]. Journal of Computational and Nonlinear Dynamics,2012,7(1):011014.

[61] SOPANEN J,MIKKOLA A. Dynamic model of a deep-groove ball bearing including localized and distributed defects. Part 1:theory[J]. Journal of Multi Body Dynamics, 2003,217(3):201 - 211.

[62] SOPANEN J,MIKKOLA A. Dynamic model of a deep-groove ball bearing including localized and distributed defects. Part 2: implementation and results[J]. Journal of Multi-body Dynamics,2003,217(3):213 - 223.

[63] LIU J,SHAO Y. Vibration modelling of nonuniform surface waviness in a lubricated rollerbearing[J]. Journal of Vibration and Control,2017,23(7):1115 - 1132.

[64] LIU J,WU H,SHAO Y,et al. A comparative study of surface waviness models for predicting vibrations of a ball bearing[J]. Science China-technological Sciences,2017,60(12):1841 - 1852.

[65] 刘静,吴昊,邵毅敏,等. 考虑内圈挡边表面波纹度的圆锥滚子轴承振动特征研究[J]. 机械工程学报,2018 (8):26 - 34.

[66] TAMURA A. On the vibrations caused by ball diameter differences in a ball bearing [J]. Bulletin of the Japan Society of Mechanical Engineers,1968,11(44):229 - 234.

[67] MEYER L D,AHLGREN F F,WEICHBRODT B. An analytical model for ball bearing vibrations to predict vibration response to distribute defects [J]. Journal of Mechanical Design,1980,102(2):205 - 210.

[68] YAMAMOTO T,ISHIDA Y,IKEDA T,et al. Subharmonic and summed and differential harmonic oscillations in an unsymmetrical rotor [J]. Bulletin of the Japan Society of Mechanical Engineers,1981,24(187):192 - 199.

[69] BARISH T. Ball speed variation in ball bearings and its effect on cage design [J]. Lubrication Engineering,1969,25(3):110 - 116.

[70] GUPTA P K. Frictional instabilities in ball bearings [J]. Tribology Transactions,1988,31(2):258 - 268.

[71] AKTURK N,UNEEB M,GOHAR R. Vibration of shaft supported by angular contact ball bearings [J]. In ESDA Joint Conference on Engineering Systems Design and Analysis, Istanbul,Turkey,ASME paper PD,1992,47(5):95 - 101.

[72] AKTURK N,GOHAR R. The effect of ball size variation on vibrations associated with ball-bearings [J]. Journal of Engineering Tribology,1998,212(2):101 - 110.

[73] HARSHA S P. The effect of ball size variation on nonlinear vibrations associated with ball bearings [J]. Journal of Multi - Body Dynamics,2004,218(4):191 - 210.

[74] CHEN G C,MAO F H,WANG B K. Effects of off-sized cylindrical roller on the static load distribution in a cylinder roller bearing [J]. Journal of Engineering Tribology, 2012,226(8):687 - 696.

[75] 周夕维,徐华,熊显智,等. 球尺寸偏差对深沟球轴承载荷分别的影响[J]. 轴承,2013,9:6 - 10,13.

[76] MCKEE S A,MCKEE T R. Pressure distribution in oil film of journal bearings [J]. Transactions of the ASME,1932,54:149 - 165.

[77] DUBOIS G B,OCVIRK F W,WEHE R L. Properties of misaligned journal bearing [J].

Transactions of the ASME,1957,79:1205 - 1212.

[78] AUSMAN J S. Torque produced by misalignment of hydrodynamic gas-lubricated journal bearings [J]. Journal of Basic Engineering,1960,82(2):335 - 341.

[79] SMALLEY A J,MCCALLION H. The effect of journal misalignment on the performance of a journal bearing under steady running conditions [J]. Proceedings of Institution of Mechanical Engineers,1966,181(3B):45 - 54.

[80] PINKUS O,BUPARA S S. Analysis of misaligned grooved journal bearings [J]. Journal of Lubrication Technology,1979,101(4):503 - 509.

[81] LAHMAR M,FRIHI D,NICOLAS D. The effect of misalignment on performance characteristics of engine main crankshaft bearing [J]. European Journal of Mechanics A: Solids,2002,21(4):703 - 714.

[82] PIERRE I,BOUYER J,FILLON M. Thermohydrodynamic behavior of misaligned plain journal bearings:theoretical and experimental approaches [J]. Tribology Transactions, 2004,47(4):594 - 604.

[83] BOEDO S,BOOKER J F. Classic bearing misalignment and edge loading:a numerical study of limiting cases [J]. Journal of Tribology,2004,126(3):535 - 541.

[84] VIJAYARAGHAVAN D,KEITH T G. Effect of cavitation on the performance of a grooved misaligned journal bearing [J]. Wear,1989,134(2):377 - 397.

[85] VIJAYARAGHAVAN D,KEITH T G. Analysis of a finite misaligned journal bearing considering cavitation an starvation effects [J]. Journal of Tribology,1990,112(1):60 - 67.

[86] BOU S B,NICOLAS D. Effects of misalignment on static and dynamic characteristic of hybrid bearings [J]. Tribology Transactions,1992,35(2):325 - 331.

[87] QIU Z L,TIEU A K. Misalignment effect on the static and dynamic characteristics of hydrodynamic journal bearings [J]. Journal of Tribology,1995,117(4):717 - 723.

[88] QIU Z L,TIEU A K. Experimental study of freely alignable journal bearings-part 2: dynamic characteristics [J]. Journal of Tribology,1995,117(4):717 - 723.

[89] ARUMUGAM P,SWARNAMANI S,PRABHU B S. Effects of journal misalignment on the performance characteristics of three-lobe bearings [J]. Wear,1997,206(1/2):122 - 129.

[90] MOKHTAR M O A,SAFAR Z S,ABD-EI-RAHMAN M A M. An adiabatic solution of misalignment journal bearings [J]. Journal of Lubrication Technology,1985,107(2): 263 - 267.

[91] BUCKHOLZ R H,LIN J F. The effect of journal bearing misalignment on load and cavitation for non-Newton lubrications [J]. Journal of Tribology,1986,108(4):645 - 654.

[92] JANG J Y,CHENG C C. Adiabatic solution for a misaligned journal bearing with non-Newtonian lubrication [J]. Tribology International,1987,20(5):267 - 275.

[93] BOUYER J,FILLON M. An experimental analysis of misalignment effects on hydrodynamic plain journal bearing performances [J]. Journal of Tribology,2002,124(2):313 - 319.

[94] JANG J Y, KHONSARI M M. On the behavior of misaligned journal bearings based on mass-conservative thermohydrodynamic analysis [J]. Journal of Tribology, 2010, 132 (1): 1 - 13.
[95] TALLIAN T E. Prediction of rolling contact fatigue life in contaminated lubricant: Part Ⅰ: mathematical model [J]. Journal of Lubrication Technology, 1976, 98(2): 251 - 257.
[96] TALLIAN T E. Prediction of rolling contact fatigue life in contaminated lubricant: Part Ⅱ: Experimental [J]. Journal of Lubrication Technology, 1976, 98(3): 384 - 392.
[97] VILLE F, NELIAS D. Early fatigue failure due to dents in EHL contacts [J]. Tribology Transactions, 1999, 40(4): 795 - 800.
[98] VILLE F, NELIAS D. An experimental study on the concentration and shape of dents caused by spherical metallic particles in EHL contacts [J]. Tribology Transactions, 1999, 42(1): 231 - 240.
[99] XU G, SADEGHI F. Spall initiation and propagation due to debris denting [J]. Wear, 1996, 201(1/2): 106 - 116.
[100] XU G, SADEGHI F, COGDELL J D. Debris denting effects on elastohydrodynamic lubricated contacts [J]. Journal of Tribology, 1997, 119(3): 579 - 587.
[101] XU G, SADEGHI F, HOEPRICH M R. Residual stress due to debris effects in EHL contacts [J]. Tribology Transactions, 1997, 40(4): 613 - 620.
[102] XU G, SADEGHI F, HOEPRICH M R. Dent initiated spall formation in EHL rolling/sliding contacts [J]. Journal of Tribology, 1998, 120(3): 453 - 462.
[103] KANG Y S. Debris effects and denting process on lubricated contacts [D]. West Lafayette: Purdue University, 2004.
[104] ASHTEKAR A, SADEGHI F, STACKE L E. A new approach to modeling surface defects in bearing dynamics simulations [J]. Journal of Tribology, 2008, 130 (4): 041103.
[105] ASHTEKAR A, SADEGHI F, STACKE L E. Surface defects effects on bearing dynamics [J]. Journal of Engineering Tribology, 2010, 224(1): 25 - 35.
[106] SAHETA V. Dynamics of rolling element bearings using discrete element method [D]. West Lafayette: Purdue University, 2001.
[107] GHAISAS N, WASSGREN C, SADEGHI F. Cage instabilities in cylindrical roller bearings [J]. Journal of Tribology, 2004, 126(4): 681 - 689.
[108] MCFADDEN P D, SMITH J D. Model for the vibration produced by a single point defect in a rolling element bearing [J]. Journal of Sound and Vibration, 1984, 96(1): 69 - 82.
[109] MCFADDEN P D, SMITH J D. Model for the vibration produced by multiple point defects in a rolling element bearing [J]. Journal of Sound and Vibration, 1985, 98(2): 263 - 273.
[110] TANDON N, CHOUDHURY A. An analytical model for the prediction of the vibration response of rolling element bearings due to a localized defect [J]. Journal of Sound and Vibration, 1997, 205(3): 275 - 292.

[111] CHOUDHURY A, TANDON N. Vibration response of rolling element bearings in a rotor bearing system to a local defect under radial load [J]. Journal of Tribology, 2006, 128(2): 252 - 261.

[112] KIRAL Z, KARAGULLE H. Simulation and analysis of vibration signals generated by rolling element bearing with defects [J]. Journal of Sound and Vibration, 2003, 36(9): 667 - 678.

[113] KIRAL Z, KARAGULLE H. Vibration analysis of rolling element bearings with various defects under the action of an unbalanced force [J]. Mechanical Systemsand Signal Processing, 2006, 20(8): 1967 - 1991.

[114] SASSI S, BADRI B, THOMAS M. A numerical model to predict damaged bearing vibrations [J]. Journal of Vibration and Control, 2007, 13(11): 1603 - 1628.

[115] BEHZAD M, BASTAMI A R, MBA D. A new model for estimating vibrations generated in the defective rolling element bearings [J]. Journal of Vibration and Acoustics, 2011, 133(4): 041101.

[116] SOPANEN J, MIKOLA A. Dynamic model of a deep-groove ball bearing including localized and distributed defects-part 1: theory [J]. Journal of Multi-body Dynamics, 2003, 217(3): 201 - 211.

[117] SOPANEN J, MIKOLA A. Dynamic model of a deep-groove ball bearing including localized and distributed defects-part 2: implementation and results [J]. Journal of Multi-body Dynamics, 2003, 217(3): 213 - 223.

[118] CAO M, XIAO J. A comprehensive dynamic model of double - row spherical roller bearing-modeling development and case studies on surface defects, preloads, and radial clearance [J]. Mechanical Systems and Signal Processing, 2007, 22(2): 467 - 489.

[119] SAWALHI N, RANDALL R B. Simulating gear and bearing interactions in the presence of faults Part Ⅰ: The combined gear bearing dynamic model and the simulation of localized bearing faults [J]. Mechanical Systems and Signal Processing, 2008, 22(8): 1924 - 1951.

[120] PATIL M S, MATHEW J, RAJENDRAKUMAR P K, et al. A theoretical model to predict the effect of the localized defect on vibrations associated with ball bearing [J]. International Journal of Mechanical Sciences, 2010, 52(9): 1193-1201.

[121] ARSLAN H, AKTURK N. An investigation of rolling element vibrations caused by local defects [J]. Journal of Tribology, 2008, 130(4): 041101.

[122] PATEL V N, TANDON N, PANDEY R K. A dynamic model for vibration studies of deep groove ball bearings considering single and multiple defects in races [J]. Journal of Tribology, 2010, 132(4): 041101.

[123] NAKHAEINEJAD M, BRYANT M D. Dynamic modeling of rolling element bearings with surface contact defects using bond graphs [J]. Journal of Tribology, 2011, 133

(1):011102.

[124] LIU J,WU H,SHAO Y. A theoretical study on vibrations of a ball bearing caused by a dent on theraces[J]. Engineering Failure Analysis,2018,83:220 - 229.

[125] 张中民,卢文祥,杨叔子,等. 滚动轴承故障振动模型及其应用研究[J]. 华中理工大学学报,1997,25(3):50 - 53.

[126] 曹冲锋,宋京伟,王秋红. 滚动轴承外圈局部故障的动态特性及计算机仿真[J]. 华东交通大学学报,2005,22(2):123 - 126.

[127] 杨将新,曹冲锋,曹衍龙,等. 内圈局部损伤滚动轴承系统动态特性建模及仿真[J]. 浙江大学学报,2007,41(4):551 - 555.

[128] 张乐乐,谭南林,樊莉. 滚动轴承故障的显式动力学仿真与分析[J]. 上海交通大学学报,2007,41 (9):1497 - 1500.

[129] 陈於学,王冠兵,杨曙年. 滚动轴承早期缺陷振动的简化模型[J]. 轴承,2007,10:18 - 21,34.

[130] 张根源,周泓,常宗瑜. 存在点缺陷的深沟球轴承的动力学响应[J]. 浙江大学学报,2009,43(8):1497 - 1500.

[131] 张耀强,陈建军,唐六丁,等. 考虑外圈局部缺陷的滚动轴承非线性动力特性[J]. 航空学报,2009,30(4):751 - 756.

[132] 张亚洲,石林锁. 滚动轴承局部故障数学模型的建立与应用[J]. 振动与冲击,2010,29(4):73 - 76.

[133] 张建军,王仲生,芦玉华,等. 基于非线性动力学的滚动轴承故障工程建模与分析[J]. 振动与冲击,2010,29(11):30 - 34,251.

[134] 徐东,徐永成,陈循,等. 单表面故障的滚动轴承系统非线性动力学研究[J]. 机械工程学报,2010,46(21):61 - 68.

[135] 袁幸,朱永生,洪军,等. 滚动轴承局部损伤的完备预测模型与 GID 评估[J]. 振动与冲击,2011,30(9):35 - 39.

[136] 周俭基. 圆柱滚子轴承典型故障的动力学建模及仿真研究[D]. 重庆:重庆大学,2012.

[137] 朱永生,袁幸,张优云,等. 滚动轴承复合故障振动建模及 Lempel - Ziv 复杂度评价[J]. 振动与冲击,2013,32(16):23 - 29.

[138] LUNDBERG G,PALMGREN A. Dynamic capacity of rolling bearings:Acta polytechnica[J]. Mechanical engineering series 1:Royal Swedish Academy of Engineering Sciences,1947,1(3):5 - 50.

[139] KOTZALAS M,HARRIS T A. Fatigue failure progression in ball bearing[J]. Journal of Tribology,2000,123(2):238 - 242.

[140] IOANNIDES E,HARRIS T A. A new fatigue life model for rolling bearings[J]. Journal of Tribology,1985,107(3):367 - 377.

[141] XU G,SADEGHI F. Spall initiation and propagation due to debris denting[J]. Wear,

1996,201(1/2):106 - 116.

[142] HOEPRICH M R. Rolling element bearing fatigue damage propagation[J]. Journal of Tribology,1992,114(2):328 - 333.

[143] ROSADO L,FORSTER N,THOMSON K. On the rolling contact fatigue life and spall propagation characteristics of M50,M50 NiL and 52100 bearing materials,Part Ⅰ: Experimental results[J]. STLE Tribology Transactions,2009,53(1):29 - 41.

[144] ARAKERE N K,BRANCH N,LEVESQUE G,et al. On the rolling contact fatigue life and spall propagation characteristics of M50,M50 NiL and 52100 bearing materials, Part Ⅲ:Stress modeling[J]. STLE Tribology Transactions,2009,53(1):42 - 51.

[145] FORSTER N H,OGDEN W P,TRIVEDI H K. On the rolling contact fatigue life and spall propagation characteristics of M50,M50 NiL and 52100 bearing materials,Part Ⅲ:Metallurgical examination[J]. STLE Tribology Transactions,2009,53(1):52 - 59.

[146] BRANCH N A,ARAKERE N K,SVENDSEN V,et al. Stress field evolution in a ball bearing raceway fatigue spall[J]. Journal of ASTM International,2010,7(2):1 - 18.

[147] BRANCH N A,ARAKERE N K,FORSTER N,et al. Critical stresses and strains at the spall edge of a case hardened bearing due to ball impact[J]. International Journal of Fatigue,2013,47:268 - 278.

[148] LI Y,BILLINGTON S,ZHANG C,et al. Dynamic prognostic prediction of defect propagation on rolling element bearings[J]. Tribology Transactions ,1999,42(2):385 - 392.

[149] LIU J,SHAO Y. A numerical investigation of effects of defect edge discontinuities on contact forces and vibrations for a defective rollerbearing[J]. Journal of Multi-body Dynamics,2016,230(4):387 - 400.

[150] 刘静,师志峰,邵毅敏. 考虑局部故障边缘形态的球轴承振动特征 [J]. 振动、测试与诊断,2017,37(4):807 - 813,848.

[151] LIU J,SHAO Y. An improved analytical model for a lubricated roller bearing including a localized defect with different edgeshapes[J]. Journal of Vibration and Control, 2018,24(17):3894 - 3907.

[152] LIU J,SHI Z,SHAO Y,et al. Effects of spall edge profiles on the edge plastic deformation for a rollerbearing[J]. Journal of Materials:Design and Applications,2019,233(5):850 - 861.

[153] LIU J,SHI Z,SHAO Y. A numerical investigation of the plastic deformation at the spall edge for a rollerbearing[J]. Engineering Failure Analysis,2017,80:263 - 271.

[154] STRIBECK R. Ball bearing for various loads [J]. Transactions of the ASME,1907,29: 420 - 463.

[155] PALMGREN A. Ball and roller bearing engineering [M]. Lulea: SKF Industries Inc. ,1959.

[156] HARRIS T A,KOTZALAS M N. Rolling bearing analysis-essential concepts of bearing

technology[M]. 5th ed. New York:Taylor and Francis,2007.

[157] JONES A B. Ball motion and sliding friction in ball bearings [J]. Journal of Basic Engineering,1959(81):1 - 12.

[158] JONES A B. A general theory for elastically constrained ball and radial roller bearings under arbitrary load and speed conditions [J]. Journal of Basic Engineering,1960(82):309 - 320.

[159] POPLAWSKI J V. Slip and cage forces in a high-speed roller bearing [J]. Journal of Lubrication Technology,1972,94(2):143 - 152.

[160] RUMBARGER J H,FILETTI E G,GUBERNICK D. Gas turbine engine mainshaft roller bearing-system analysis [J]. ASME Journal of Lubrication Technology,1973,95(4):401 - 416.

[161] SUNNERSJO C S. Varying compliance vibrations of rolling bearing [J]. Journal of Sound and Vibration,1978,58(3):363 - 373.

[162] LIM T C,SINGH R. Vibration transmission through rolling element bearing,part 1:bearing stiffness formulation [J]. Journal of Sound and Vibration,1990,139(2):179 - 199.

[163] WALTER C T. The dynamics of ball bearings [J]. Journal of Lubrication Technology,1971,93(1):1 - 10.

[164] KANNEL J W,BUPARA S S. A simplified model of cage motion in angular contact bearings operating in the EHD lubrication regime [J]. Journal of Lubrication Technology,1978,100(3):395 - 403.

[165] GUPTA P K. Dynamic of rolling-element bearings, part Ⅰ:Cylindrical roller bearing analysis [J]. Journal of Lubrication Technology,1979,101(3):293 - 302.

[166] GUPTA P K. Dynamic of rolling-element bearings, part Ⅱ:Cylindrical roller bearing results [J]. Journal of Lubrication Technology,1979,101(3):305 - 311.

[167] GUPTA P K. Dynamic of rolling-element bearings, part Ⅲ:Ball bearing analysis [J]. Journal of Lubrication Technology,1979,101(3):312 - 318.

[168] GUPTA P K. Dynamic of rolling-element bearings, part Ⅳ:Ball bearing results [J]. Journal of Lubrication Technology,1979,101(3):319 - 326.

[169] GUPTA P K. Dynamic effects in high-speed solid-lubricated ball bearing [J]. ASLE Transactions,1983,26(3):393 - 400.

[170] GUPTA P K. Advanced dynamics of rolling elements [M]. New York:Springer-Verlag,1984.

[171] GUPTA P K. Cageunbalance and wear in ball bearings [J]. Wear,1991,147:93 - 104.

[172] GUPTA P K. Cageunbalance and wear in roller bearings [J]. Wear,1991,147:105 - 118.

[173] GUPTA P K. Dynamic loads and cage wear in high-speed rolling bearing [J]. Wear,1991,147(1):119 - 134.

[174] MEEKS C R, NG K O. The dynamics of ball separators in ball bearings, part 1: analysis [J]. ASLE Transactions, 1985, 28(3): 277 - 287.

[175] MEEKS C R. The dynamics of ball separators in ball bearings, part 2: results of optimization study [J]. ASLE Transactions, 1985, 28(3): 288 - 295.

[176] MEEKS C R, TRAN L. Ball bearing dynamic analysis using computer methods, part 1: analysis [J]. ASME Journal of Tribology, 1996, 118(1): 52 - 58.

[177] CRETU S, BERCEA I, MITU N. A dynamic analysis of tapered roller bearing under fully flooded conditions, part 1: theoretical formulation [J]. Wear, 1995, 188(1/2): 1 - 10.

[178] CRETU S, BERCEA I, MITU N. A dynamic analysis of tapered roller bearing under fully flooded conditions, part 2: results [J]. Wear, 1995, 188(1/2): 11 - 18.

[179] LIEW A, FENG N, HAHN E J. Transient rotordynamic modeling of rolling element bearing systems [J]. Journal of Engineering for Gas Turbines and Power, 2002, 124(4): 984 - 991.

[180] 林国昌,徐从儒. 滚子轴承准静态计算分析[J]. 航空发动机, 1990, 4: 67 - 77.

[181] 李锦标,吴林丰. 高速滚子轴承的动力学分析[J]. 航空学报, 1992, 13(12): 625 - 632.

[182] 袁茹,李继庆. 高速滚子轴承的拟动态分析计算[J]. 机械科学与技术, 1995, 14(1): 65 - 68.

[183] 罗祝三,吴林丰,孙心德,等. 轴向受载的高速球轴承的拟动力学分析[J]. 航空动力学报, 1996, 11 (3): 257 - 260.

[184] 张铁成,陈国定. 高速滚动轴承的动力学分析[J]. 机械科学与技术, 1997, 16(1): 136 - 139.

[185] 胡绚,罗贵火,高德平. 圆柱滚子中介轴承拟静力学分析[J]. 航空动力学报, 2006, 21(6): 1069 - 1074.

[186] 王黎钦,崔立,郑德志,等. 航空发动机高速球轴承动态特性分析[J]. 航空学报, 2007, 28(6): 1461 - 1467.

[187] 邓四二,郝建军,腾弘飞,等. 角接触球轴承保持架动力学分析[J]. 轴承, 2007(10): 1 - 5.

[188] 薛峥,汪久根, RYMUZA R Z,等. 圆柱滚子轴承的动力学分析[J]. 轴承, 2009(7): 1 - 6.

[189] 孙红原,葛世东,张耀强. 深沟球轴承系统的动力学分析[J]. 轴承, 2010(2): 1 - 4.

[190] 张占立,王燕霜,邓四二,等. 高速圆柱滚子轴承动态特性分析[J]. 航空动力学报, 2011, 26 (2): 397 - 403.

第 2 章　滚动轴承几何学与运动学

2.1 引　　言

滚动轴承元件之间的几何关系十分复杂，其几何结构因素也会严重影响轴承的承载能力、摩擦磨损、精度和刚度等性能。元件设计参数的微小差异将会造成轴承性能出现显著的差异。例如，球轴承沟道曲率半径的较小变化将导致轴承承载能力和摩擦特性出现较大变化，滚子母线形态的微小变化也会使得轴承承载能力出现较大差异等。

滚动轴承内圈及外圈的运动一般为定轴转动，而滚动体的运动则十分复杂，滚动体存在绕轴承轴线公转和绕自身轴线自转运动。轴承结构和运转条件的不同，使得自转轴的方位不同。接触角大于 0°的轴承中，滚动体还存在相对滚道绕其接触点法线方向的自旋转动。圆锥滚子轴承设计合理时，即滚子与内、外滚道的接触线延长后交于轴承轴线上同一点时，可避免自旋转动发生。高速角接触球轴承中由于陀螺力矩的作用，钢球可能发生陀螺旋转。自旋和陀螺旋转均为不利的滑动。高速轻载轴承中还容易发生打滑现象。对于中低速轴承，因为其自旋摩擦影响较小，通常不会发生陀螺旋转和打滑现象，计算分析中仅考虑纯滚动条件下滚动体的公转和自转即可。高速轴承，特别是高速角接触球轴承，运动学计算较为复杂，精确的计算需要和轴承的受力、变形、润滑同时考虑，建立非线性方程组，采用数值方法进行求解。

因此，本章主要介绍影响滚动轴承性能的轴承元件的主要几何特征、轴承元件运动规律及其计算方法。

2.2 滚动轴承类型与结构特点

滚动轴承一般由外圈、滚动体、保持架和内圈组成。滚动轴承的主要作用为支承旋转轴和减小支承摩擦，实现基座与轴的相对旋转、往返直线运动或摆动。相对于滑动轴承，滚动轴承具有摩擦力矩小、润滑与维护简单、生产成本低等优点。滚动轴承种类繁多，根据不同的需求，每种类型具有不同的结构形式。滚动轴承的主要结构类型如图 2.1 所示。

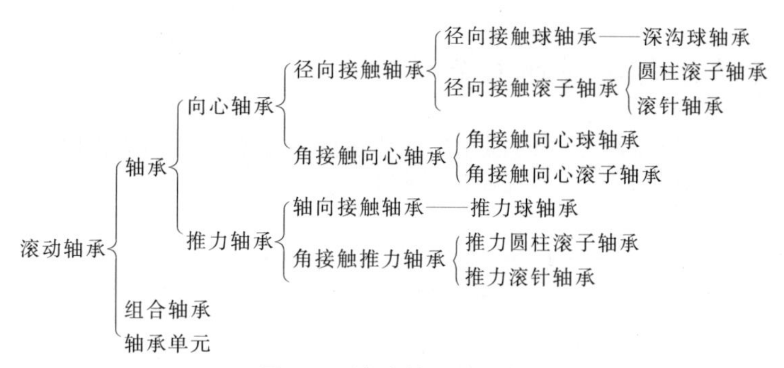

图 2.1　滚动轴承的分类

2.2.1　滚动轴承的分类

2.2.1.1　按结构类型分类

1. 按轴承承受载荷的方向或公称接触角分类

(1)向心轴承，主要承受径向载荷，其公称接触角为0°～45°。按公称接触角又可分为径向接触轴承(公称接触角为0°)和角接触向心轴承(公称接触角大于0°且小于或等于45°)。

(2)推力轴承，主要承受轴向载荷，其公称接触角为45°～90°。按公称接触角又可分为轴向接触轴承(公称接触角为90°)和角接触推力轴承(公称接触角大于45°且小于90°)。

2. 按滚动体的种类分类

(1)球轴承，滚动体为球。

(2)滚子轴承，滚动体为滚子。滚子轴承按滚子种类又可分为圆柱滚子轴承、滚针轴承、圆锥滚子轴承和调心滚子轴承。

3. 按滚动轴承调心功能分类

(1)调心轴承，滚道为球面形状，能适应两滚道轴心线间的角偏差及角运动。

(2)非调心轴承，能阻抗滚道间轴心线角偏移。

4. 按轴承滚动体列数分类

(1)单列轴承，具有一列滚动体。

(2)双列轴承，具有两列滚动体。

(3)多列轴承，具有两列以上的滚动体。

2.2.1.2　按尺寸大小分类

滚动轴承按公称外径尺寸可分为：

(1)微型轴承，公称外径尺寸小于26 mm。

(2)小型轴承，公称外径尺寸为26～60 mm。

(3)中小型轴承，公称外径尺寸为60～120 mm。

(4)中大型轴承，公称外径尺寸为120～200 mm。

(5)大型轴承，公称外径尺寸为200～440 mm。

(6)特大型轴承，公称外径尺寸大于440 mm。

2.2.2 滚动体与滚道的接触形式

滚动轴承的滚动体与滚道之间的接触形式主要分为点接触与线接触两种形式。

1.点接触

无载荷状态下，球面滚子轴承的滚子与滚道只接触于一点，在外载荷作用下接触点扩展为一个封闭的椭圆接触面，如图 2.2(a)所示。因此，轻载荷下球面轴承也属于点接触。

2.线接触

如果滚子与滚道表面的母线为直线，或者滚子与滚道的母线为曲率相等的曲线，则在无载荷状态下，滚子与滚道接触于一条线，在外载荷作用下接触线扩展为近似的矩形面或梯形面(圆锥滚子轴承)，如图 2.2(b)所示。在接触线的两端伴随着较大的边缘集中应力。

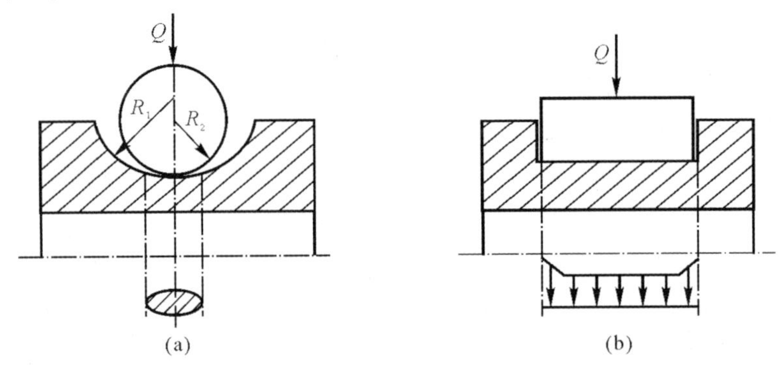

图 2.2 滚动体与滚道的接触形式

(a)点接触；(b)线接触

2.3 滚动轴承接触刚度系数计算方法

球轴承，轴承滚道表面不存在波纹度时，球与滚道之间的接触形式为球-球接触形式。根据球轴承几何结构特点，如图 2.3 所示，采用 Hertz 接触理论，求解球与内、外圈滚道之间的接触刚度。

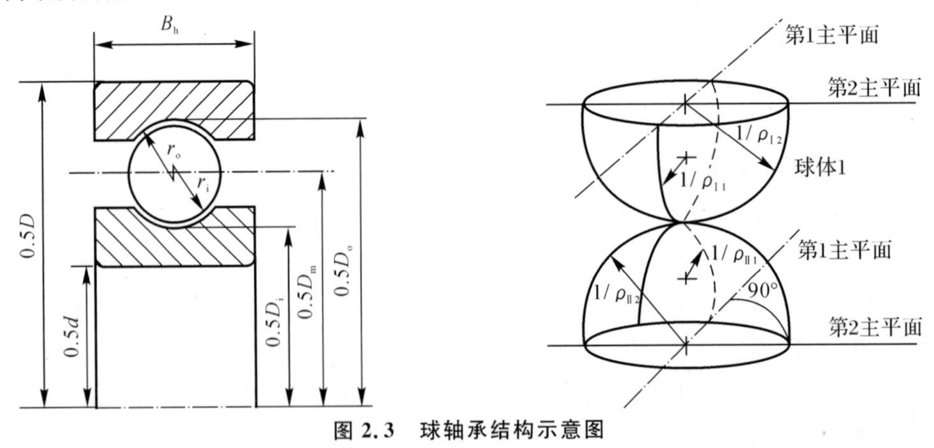

图 2.3 球轴承结构示意图

设球为接触体Ⅰ，内、外圈为接触体Ⅱ；定义凸面为正面，凹面为负面。定义通过球和滚道接触面法线且与轴承径向平面平行的平面为第 1 主平面，定义通过球心的轴向平面为第 2 主平面；以下标 1 标注第 1 主平面，下标 2 标注第 2 主平面，则球与内圈滚道接触副的主曲率分别表示为

$$\rho_{\mathrm{I}1} = \frac{2}{d},\rho_{\mathrm{I}2} = \frac{2}{d},\rho_{\mathrm{II}1} = \frac{2}{D_{\mathrm{i}}},\ \rho_{\mathrm{II}2} = -\frac{1}{r_{\mathrm{i}}} \tag{2.1}$$

同理，球与外圈滚道接触副的主曲率分别表示为

$$\rho_{\mathrm{I}1} = \frac{2}{d},\rho_{\mathrm{I}2} = \frac{2}{d},\rho_{\mathrm{II}1} = -\frac{2}{D_{\mathrm{o}}},\ \rho_{\mathrm{II}2} = -\frac{1}{r_{\mathrm{o}}} \tag{2.2}$$

则接触副的曲率之和定义为

$$\sum\rho = \rho_{\mathrm{I}1} + \rho_{\mathrm{II}1} + \rho_{\mathrm{I}2} + \rho_{\mathrm{II}2} \tag{2.3}$$

$$\sum\rho_1 = \rho_{\mathrm{I}1} + \rho_{\mathrm{II}1},\ \sum\rho_2 = \rho_{\mathrm{I}2} + \rho_{\mathrm{II}2} \tag{2.4}$$

接触副的曲率之差定义为

$$F(\rho) = \frac{\rho_1 - \rho_2}{\sum\rho} \tag{2.5}$$

另外，定义等效弹性模量的表达式为

$$\frac{2}{E^*} = \frac{1-\nu_1^2}{E_1} + \frac{1-\nu_2^2}{E_2} \tag{2.6}$$

式中：E_1 和 E_2 分别为球和滚道材料的弹性模量；ν_1 和 ν_2 分别为球和滚道材料的泊松比。

根据 Hertz 接触理论，将球与轴承滚道考虑为光滑弹性体，只存在弹性接触变形，并服从 Hooke 定理，且接触面的尺寸与接触体表面曲率半径相比很小，则接触椭圆尺寸、接触变形和接触压力的表达式分别为

$$a = \left(\frac{6k^2\Sigma}{\pi E^*\sum\rho}\right)^{1/3} Q^{1/3} \tag{2.7}$$

$$b = \left(\frac{6\Sigma}{\pi k E^*\sum\rho}\right)^{1/3} Q^{1/3} \tag{2.8}$$

$$\delta = \left(\frac{4.5\Gamma^3\sum\rho}{\pi^2 k^2 E^{*2}\Sigma}\right)^{1/3} Q^{2/3} \tag{2.9}$$

式中：k，Γ 和 Σ 分别为椭圆参数、第一类全椭圆积分和第二类全椭圆积分，其表达式分别为

$$k = 1.033\,9\ \ln\left(\frac{\sum\rho_1}{\sum\rho_2}\right)^{0.636\,0} \tag{2.10}$$

$$\Gamma = 1.527\,7 + 0.602\,3\ \ln\left(\frac{\sum\rho_1}{\sum\rho_2}\right) \tag{2.11}$$

$$\Sigma = 1.000\,3 + 0.596\,8\left(\frac{\sum\rho_2}{\sum\rho_1}\right) \tag{2.12}$$

则球与内圈或者外圈滚道之间的接触刚度可以表示为

$$K = \left(\frac{\pi^2 k^2 E^{*2} \Sigma}{4.5\Gamma^3 \sum \rho}\right)^{1/2} \tag{2.13}$$

球与内、外圈滚道之间的总接触刚度的表达式为

$$K = \frac{1}{\left(\frac{1}{K_{\mathrm{i}}^{n}} + \frac{1}{K_{\mathrm{o}}^{n}}\right)^{n}} \tag{2.14}$$

式中：n 为载荷-变形指数（球轴承，$n=1.5$；圆柱滚子轴承，$n=10/9$）；K_{i} 为滚动体与内圈滚道的接触刚度；K_{o} 为滚动体与内圈滚道的接触刚度。

圆柱滚子轴承，轴承滚道表面不存在波纹度时，滚子与滚道之间的接触形式为圆柱体-圆柱接触形式。根据 Hertz 接触理论，滚子与内、外圈滚道之间的接触变形 δ_{rc} 表示为

$$\delta_{\mathrm{rc}} = \frac{2F}{\pi L_{\mathrm{c}}}\left[\frac{1-\nu_{\mathrm{rb}}^2}{E_{\mathrm{rb}}}\left(\ln\frac{2R_{\mathrm{rb}}}{b_{\mathrm{rc}}} + 0.407\right) + \frac{1-\nu_{\mathrm{rr}}^2}{E_{\mathrm{rr}}}\left(\ln\frac{2R_{\mathrm{rr}}}{b_{\mathrm{rc}}} + 0.407\right)\right] \tag{2.15}$$

式中：F 为径向力；L_{c}为滚子与滚道之间的有效接触长度；R_{rb}和 R_{rr}分别为滚子和滚道的半径；E_{rb}和 E_{rr}分别为滚子和滚道材料的弹性模量；ν_{rb}和 ν_{rr}分别为滚子和滚道材料的泊松比；b_{rc}为接触面的宽度尺寸，其表达式为

$$b_{\mathrm{rc}} = \sqrt{\frac{4F}{\pi L_{\mathrm{c}}}\frac{R_{\mathrm{rb}}R_{\mathrm{rr}}}{R_{\mathrm{rb}} + R_{\mathrm{rr}}}\left(\frac{1-\nu_{\mathrm{rb}}^2}{E_{\mathrm{rb}}} + \frac{1-\nu_{\mathrm{rr}}^2}{E_{\mathrm{rr}}}\right)} \tag{2.16}$$

求解式(2.15)和式(2.16)获取滚子与正常滚道之间的接触刚度。

2.4　游隙与接触角

2.4.1　游隙

轴承游隙定义为一个套圈固定，另一个套圈沿径向或轴向从一个极限位置到另一个极限位置的移动量。按其移动的方向相应地称为径向游隙或轴向游隙。游隙是轴承的重要参数之一，对轴承的负荷分布、振动、噪声、摩擦、寿命、精度和刚度均会产生影响。应根据使用条件，合理选取游隙。根据轴承所处状态不同，游隙分为原始游隙、安装游隙和工作游隙。一般情况下，三者各不相同。因此，选用游隙时必须考虑游隙的变化情况。

2.4.1.1　向心轴承原始径向游隙 u_{r}^{0}

轴承装配之后而安装到轴上和座里之前的游隙称为原始游隙。由图 2.4 可知，向心球轴承的原始径向游隙可表示为

$$u_{\mathrm{r}}^{0} = d_{\mathrm{e}} - d_{\mathrm{i}} - 2D_{\mathrm{w}} \tag{2.17}$$

式(2.17)也适用于向心圆柱滚子轴承。

为了满足不同使用条件的需求，原始径向游隙的大小可查相关资料获取。角接触轴承的

游隙大小可以在安装过程中进行调整，不需要给出原始游隙。

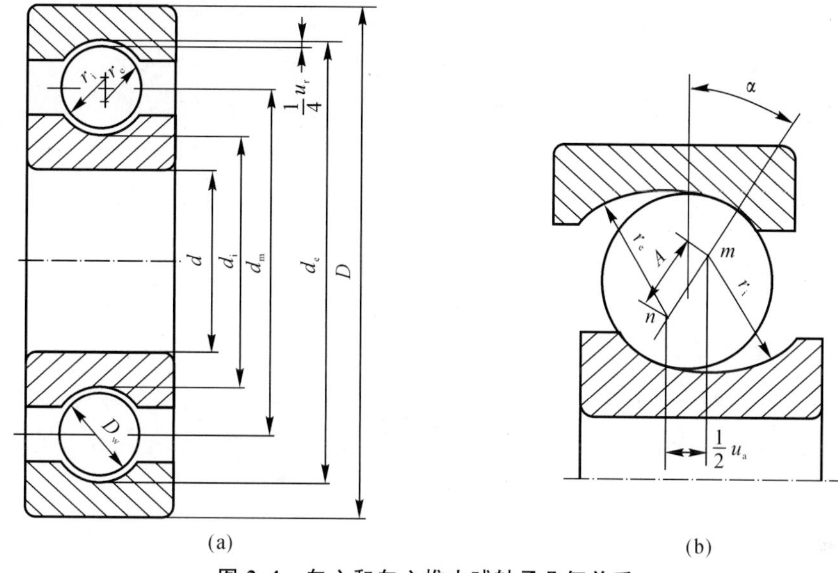

(a)　　　　(b)

图 2.4　向心和向心推力球轴承几何关系

(a)接触前；(b)内、外圈轴向相对移动与钢球接触

2.4.1.2　向心轴承安装径向游隙 u_r'

轴承安装到轴上和座里之后，过盈配合、内圈膨胀和外圈收缩等因素会使轴承径向游隙减小。因此，安装状态下轴承径向游隙可表示为

$$u_r' = u_r^0 - \Delta d_i - \Delta d_e \tag{2.18}$$

式中：Δd_i 为内圈过盈配合引起的内滚道直径的增大量；Δd_e 为外圈过盈配合引起的外滚道直径的减少量。

当轴承、轴和座均为钢制零件，且轴为实心、座的壁厚尺寸远大于轴承外圈尺寸时，滚道直径变化近似计算如下：

$$\Delta d_i = I \times \frac{d}{d_i} \tag{2.19}$$

$$\Delta d_e = I \times \frac{d_e}{D} \tag{2.20}$$

式中：I 为有效过盈量；d 为轴承内径；D 为轴承外径；d_i 和 d_e 分别为内、外圈的滚道直径。

2.4.1.3　工作径向游隙 u_r

轴承在工作状态下，一般是内圈温度高于外圈温度，内圈膨胀会减小游隙。当内圈转速较高时，内圈因离心力作用膨胀也会减小游隙。轴承径负荷产生的轴承径向变形会使游隙增大。工作状态下轴承径向游隙可表示为

$$u_r = u_r' - \Delta u_t - \Delta u_v + \delta_r \tag{2.21}$$

式中：Δu_t 为内圈温度高于外圈温度引起的游隙减小量；Δu_v 为内圈高速旋转引起的游隙减小量；δ_r 为轴承径向变形引起的游隙增大量。

$$\Delta u_t = \Delta t\alpha(d + D)/2 \tag{2.22}$$

式中：Δt 为内外圈温度差；α 为线膨胀系数，对于轴承钢，$\alpha=0.0000125$。

对钢制轴承：

$$\Delta u_v = 1.004\times10^{-14}(r_1^2+r_2^2)r_2\omega^2 + 1.703\times10^{-14}\omega^2 r_1^2 r_2 - 6.054\times10^{-15}\omega^2 r_2^3 (\text{mm}) \tag{2.23}$$

式中：ω 为内圈角速度，$\omega=2\pi n/60$，n 为每分钟的转数；r_1 为轴承内径的一半，$r_1=0.5d$；r_2 为近似取为内滚道直径的一半，$r_2=0.5d_i$；轴承的径向变形量 δ_r 由相关文献的方法进行计算。

2.4.2 接触角

2.4.2.1 接触角定义

滚动体与滚道接触点或接触线中点的公法线与轴承径向平面的夹角称为轴承接触角。图 2.4(b)表示了球轴承的原始接触角。钢球与内、外滚道的接触角可以是不相等的，如图 2.5 所示。圆锥滚子轴承的内、外接触角不相等，如图 2.6 所示，其差为

$$\alpha_e - \alpha_i = 2\beta \tag{2.24}$$

式中：β 为圆锥滚子的半锥角。

当内、外接触角不等时，轴承的名义接触角 α 就是指外接触角 α_e。

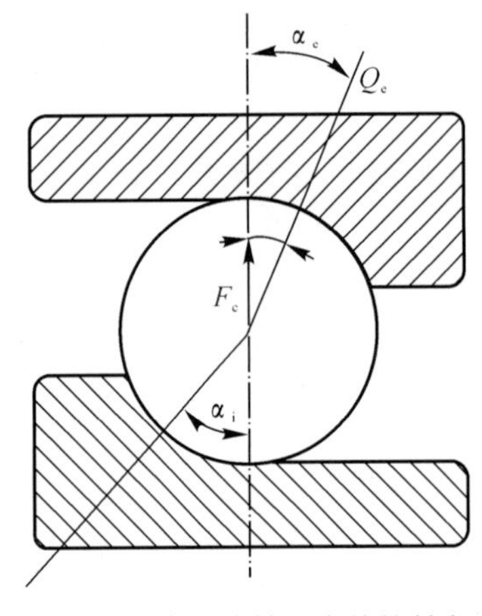

图 2.5　高速球轴承中的接触角

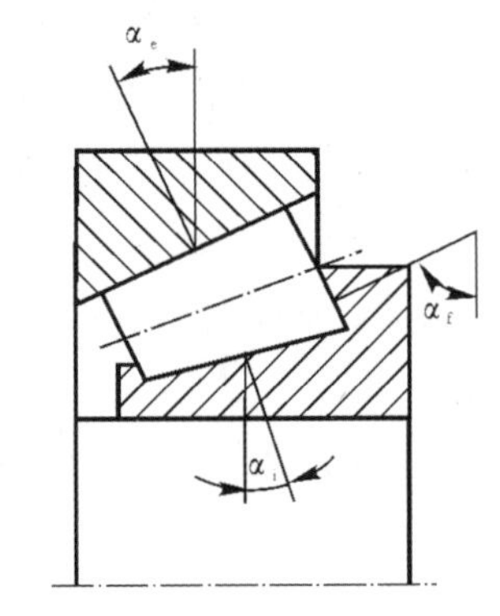

图 2.6　圆锥滚子轴承接触角

2.4.2.2 接触角的力学意义

滚动体与滚道之间力的作用线沿接触点公法线方向，即沿其接触方向，如图 2.7 所示。由力的平衡关系可知，接触角 α 会影响轴承在不同方向的承载能力，具体为：$\alpha=0°$时，只承受径向力 F_r，不承受轴向力 F_a；$0°<\alpha<90°$时，可承受双向负荷 F_r 和 F_a，α 越大，轴向承载能力越强，而径向承载能力越弱；$\alpha=90°$时，只承受轴向力 F_a，不承受径向力 F_r。

假设轴承无制造误差，轴承各滚动体的原始接触角相等，各滚动体与滚道接触点的法线将相交于轴承轴线上同一点，如图 2.8 所示。交点 T 称为负荷中心，在支承设计中，轴承排列方式不同，T 的位置不同，将影响轴的弯曲变形和偏斜及轴承的游隙变化。

接触角是轴承设计的重要结构参数之一。它不仅影响轴承的受力、变形和寿命，还影响滚

动体的动力学和摩擦润滑特性。

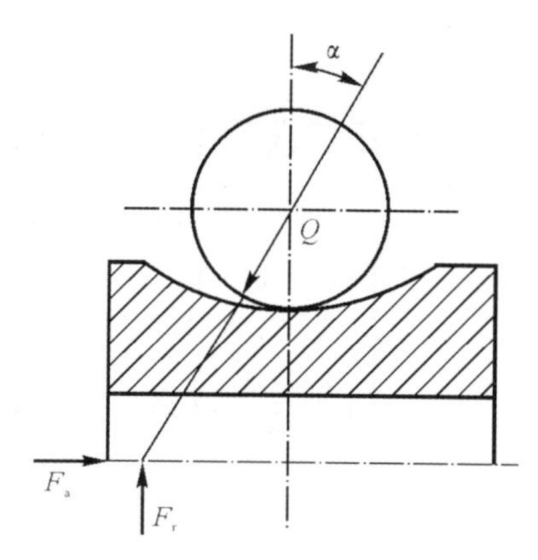

图 2.7　滚动体与滚道之间力的作用

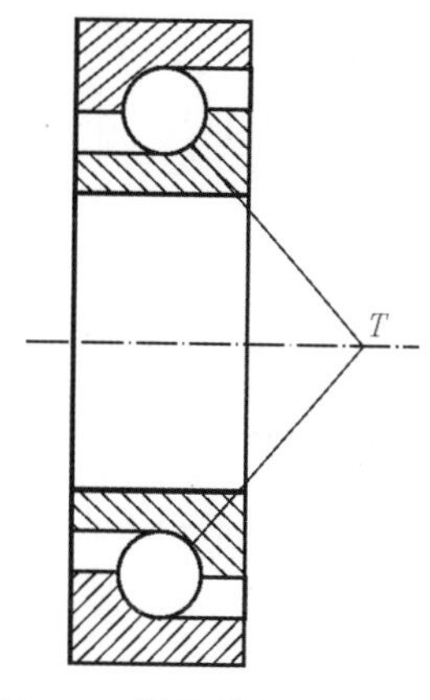

图 2.8　轴承的负荷中心

2.4.2.3　接触角的计算

直母线接触滚子轴承的接触角，取决于轴承设计参数，在安装和工作过程中没有变化。其余各类轴承的接触角在安装和工作过程中一般会发生变化。因此，根据轴承所处状态的不同，接触角分为原始接触角、安装接触角和工作接触角。一般应用中，可以不考虑轴承接触角变化。但在某些应用中则必须考虑和分析计算轴承在不同状态下的接触角。

1. **原始接触角** α^0

轴承安装到轴和轴承座前的接触角称为原始接触角，由轴承结构设计参数和原始游隙决定。

(1)根据图 2.4 所示的几何关系，向心和向心推力球轴承原始接触角的计算公式可表示为

$$\cos\alpha^0 = 1 - \frac{u_r^0}{2D_w(f_i + f_e - 1)} \tag{2.25}$$

式中：u_r^0 为原始径向游隙；f_i 和 f_e 分别为内、外圈的沟曲率半径系数。

由图 2.4 可以看出，无负荷接触状态下，内、外圈沟曲率中心 m 和 n 之间的距离为

$$A = r_i + r_e - D_w = f_iD_w + f_eD_w - D_w = (f_i + f_e - 1)D_w \tag{2.26}$$

令

$$B = f_i + f_e - 1 \tag{2.27}$$

则

$$A = BD_w \tag{2.28}$$

(2)双半内圈向心推力球轴承，如图 2.9 所示，可将双半内圈考虑为向心球轴承的整体内圈去除厚度 h 的垫片而成。垫片角 α_D 是个重要结构参数，由图 2.9 可得

$$\sin\alpha_D = \frac{h}{(2f_i - 1)D_w} \tag{2.29}$$

径向游隙也是轴承的重要结构参数之一。为了保证在工作状态下钢球不在内圈上出现两点接触，以免发生大的滑动摩擦，工作状态实际径向游隙必须大于下式中的临界值：

$$u_{re} = (2r_e - D_w)(1 - \cos\alpha_D) \tag{2.30}$$

因此,需要考虑游隙的变化情况,选择适当的原始径向游隙。

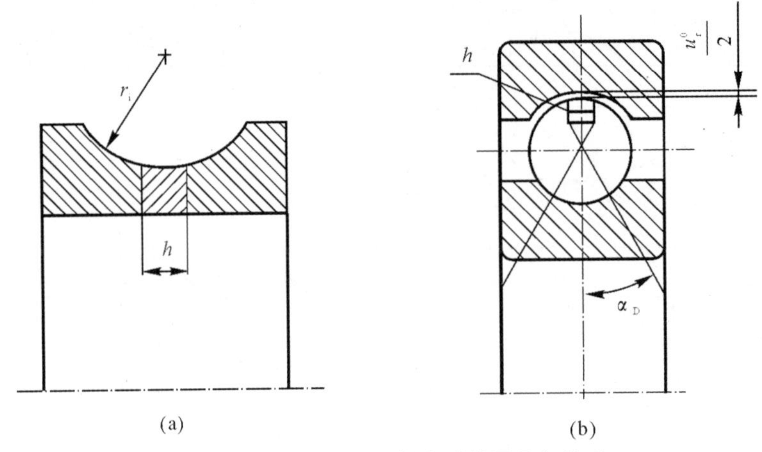

图 2.9 双半内圈向心推力球轴承几何关系

(a)有垫片;(b)无垫片

双半内圈向心推力球轴承的原始接触角与原始径向游隙和垫片角有关。当原始径向游隙大于或等于临界值时,原始接触角的计算公式为

$$\cos\alpha^0 = 1 - \frac{u_r^0}{2(f_i + f_e - 1)D_w} - \frac{(2f - 1)(1 - \cos\alpha_D)}{2(f_i + f_e - 1)} \tag{2.31}$$

(3)双列向心球面轴承和双列向心球面滚子轴承,由于游隙的存在,内外圈轴向相对移动与滚动体接触时的原始接触角一般不等于设计接触角,如图 2.10 和图 2.11 所示。考虑轴向位移时,原始接触角可表示为

$$\cos\alpha^0 = \left(1 - \frac{u_n^0}{2R_e}\right)\cos\alpha_s \tag{2.32}$$

式中:u_n^0 为原始法向游隙,即一个套圈固定,另一个套圈沿外圈接触点法向方向从一个极限位置到另一个极限位置的总移动量;α_s 为设计接触角。

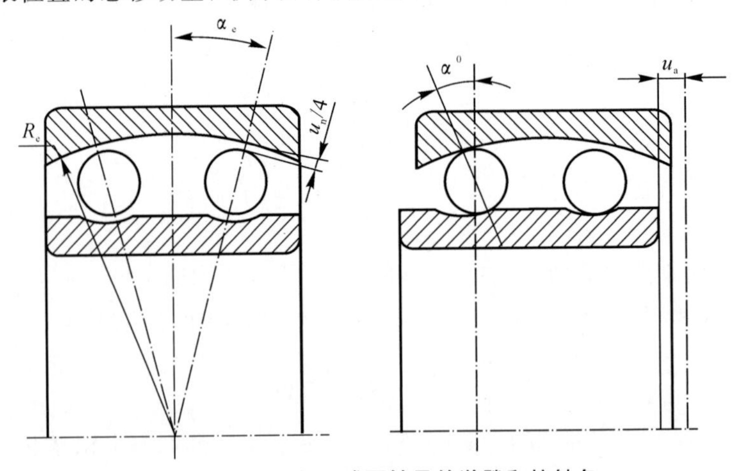

图 2.10 双列向心球面轴承的游隙和接触角

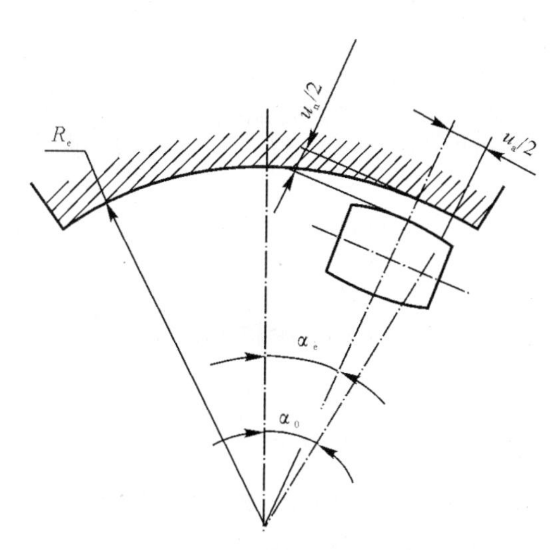

图 2.11　双列向心球面滚子轴承的游隙和接触角

2. **安装接触角** α'

上述几类轴承的接触角与游隙有关，因为轴承游隙在安装状态下会减小，所以这几类轴承在安装状态下的接触角也会出现变化，不同于原始接触角。在上述原始接触角计算公式中，只要采用轴承安装状态的径向游隙 u_r' 代换原始径向游隙 u_r^0，即可获得轴承在安装状态下的接触角 α'。

3. **工作接触角** α

轴承在工作状态下的接触角称为工作接触角。工作状态下，影响轴承接触角变化的因素主要包括以下几点：

（1）工作状态下，轴承游隙的变化影响接触角变化，只要采用工作径向游隙 u_r 代换原始接触角计算公式中的原始径向游隙 u_r^0，即可获得工作状态下因游隙影响的轴承接触角。

（2）在负荷作用下，轴承变形会影响接触角变化。

（3）对于高速球轴承，由于离心力作用，钢球会出现“外抛”趋势，导致外接触角减小，故其内接触角增大，计算方法可参考相关文献。

接触角影响轴承的各种性能。要比较精确地计算轴承性能，必然包括对轴承工作中实际接触角的分析计算。

2.4.3　轴向游隙与接触角关系

向心轴承存在径向游隙时，也必然存在轴向游隙。在无负荷接触的原始状态下，轴向游隙与径向游隙、接触角有一定的关系。

2.4.3.1 向心球轴承原始轴向游隙

由图 2.4 可得

$$u_n^0 = 2A\sin\alpha^0 \tag{2.33}$$

或

$$u_a^0 \approx 2\sqrt{Au_r^0} \tag{2.34}$$

式中:A 为内、外沟曲率中心距。

2.4.3.2 双半内圈向心推力球轴承的原始轴向游隙

由图 2.9 可得

$$u_a^0 = 2(r_i + r_e - D_w)\sin\alpha^0 - (2r_i - D_w)\sin\alpha_D \tag{2.35}$$

2.4.3.3 双列向心球面球轴承和双列向心球面滚子轴承的原始轴向游隙

由图 2.10 和图 2.11 可得

$$u_a^0 = 2R_e(\sin\alpha^0 - \sin\alpha_s) + u_n^0\sin\alpha_s \tag{2.36}$$

2.4.4 原始偏斜角

由于原始径向游隙的存在,向心球轴承在无负荷状态下内、外圈轴线可发生相对偏斜。原始偏斜角定义为一个套圈固定,另一个套圈绕通过轴承中心的某一径向轴线,从一个极限位置转到另一极限位置的总角位移量,如图 2.12 所示,原始偏斜角可表示为

$$\begin{aligned}\theta &= \theta_i + \theta_e \\ &= 2\cos^{-1}\left\{1 - \frac{u}{4d}\left[\frac{(2f_i - 1)D_w - \frac{1}{4}u_r^0}{d_m + (2f_i - 1)D_w - \frac{1}{2}u_r^0} + \frac{(2f_e - 1)D_w - \frac{1}{4}u_r^0}{d_m - (2f_e - 1)D_w + \frac{1}{2}u_r^0}\right]\right\}\end{aligned} \tag{2.37}$$

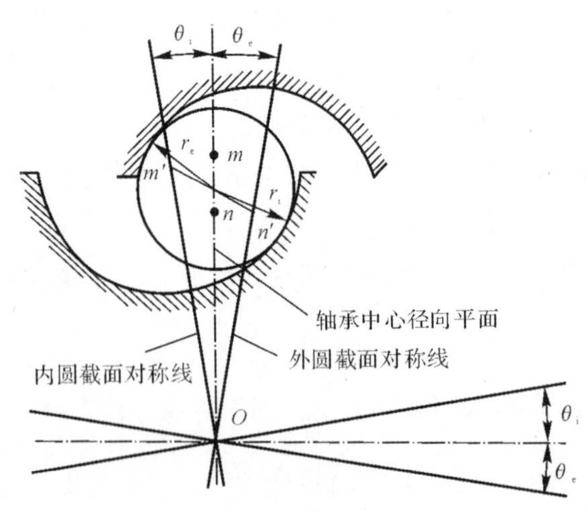

图 2.12 向心球轴承的偏斜角

2.5　滚动轴承运动学

2.5.1　中低速轴承运动学简化计算

2.5.1.1　假设条件

中低速轴承运动学的简化计算方法，采用的假设如下：

(1)滚动体与滚道之间为纯滚动，无滑动，在接触点上两表面的线速度相等。

(2)不考虑润滑油膜的影响。

(3)不考虑惯性力的影响。

(4)轴承零件为刚体，无变形。

(5)钢球的自转轴与两接触点的连线垂直。

尽管以上假设与实际存在一定差异，但工程计算中，中低速轴承的计算结果与实际很符合，具有足够的精度。

2.5.1.2　轴承运动分析

在各类滚动轴承中，角接触球轴承的运动最具有代表性。因此，以角接触球轴承为例进行分析。图 2.13 表示轴承内简化的运动关系。所选坐标系和符号说明如下：$Oxyz$ 为固定坐标系，x 轴沿轴承轴线；$Ox'y'z'$为动坐标系，与保持架固连，x'轴沿轴承轴线；Ω 和 ω 分别为相对定系和动系的角速度，称为绝对角速度和相对角速度，单位为弧度每秒(rad/s)；V 和 v 分别为相对定系和动系的线速度，称为绝对线速度和相对线速度；m 表示保持架的公转；b 和 t 分别表示钢球和滚道；n 为转速，单位为转每分(r/min)。

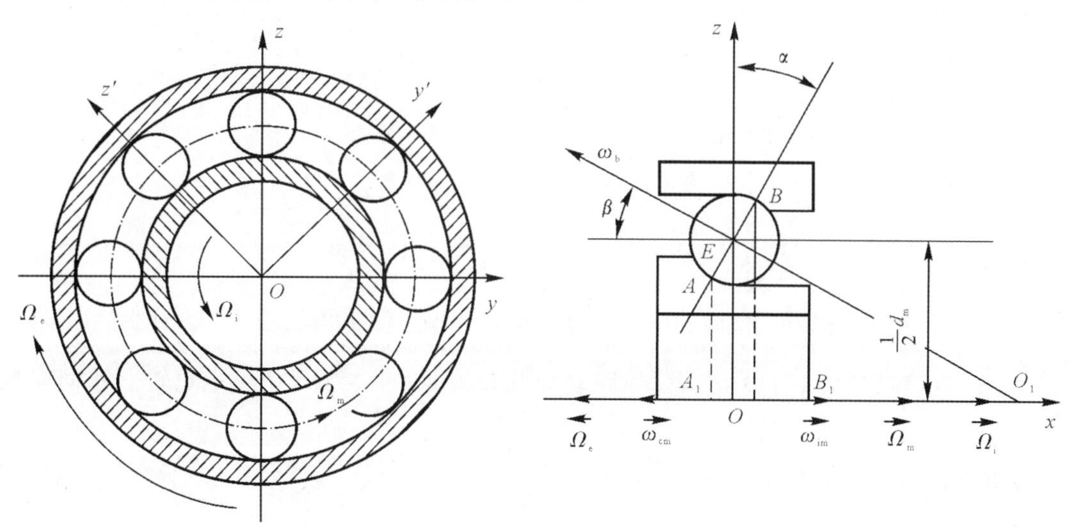

图 2.13　轴承内简化的运动关系

图 2.13 表示的运动关系说明如下：

(1)内、外圈绕 x 轴反向定轴转动，转速分别为 Ω_i 和 Ω_e，Ω_i 指向 x 轴正向。

(2)保持架和钢球组件一起绕着 x 轴定轴转动，转速为 Ω_m。根据内、外圈转速大小不同，Ω_m 可能沿 x 轴正向或负向，此处假设沿正向。

(3)钢球一方面随保持架绕 x 轴转动——公转，转速为 Ω_m；同时钢球还绕自身轴线相对动系(保持架)转动——自转，转速为 ω_b。根据假设条件 ω_b 与接触点连线 AB 垂直，根据内、外圈的转向可确定 ω_b 的指向，如图 2.13 所示，β 称为自转姿态角，简化计算中 $\beta=\alpha$。

(4)内圈相对保持架转动，转速的矢量式为

$$\boldsymbol{\omega}_{im} = \boldsymbol{\Omega}_i - \boldsymbol{\Omega}_m \tag{2.38}$$

其方向与 $\boldsymbol{\Omega}_i$ 相同。

外圈相对保持架转动，转速的矢量式为

$$\boldsymbol{\omega}_{em} = \boldsymbol{\Omega}_e - \boldsymbol{\Omega}_m \tag{2.39}$$

其方向与 $\boldsymbol{\Omega}_e$ 相同。

2.5.1.3 滚动体的公转速度和自转速度

1. 公转速度 Ω_m

根据无滑动条件，在接触点钢球和滚道表面线速度相同。图 2.13 显示，A 点的绝对线速度为

$$V_A = V_A^b = V_A^t = \Omega\left(\frac{1}{2}d_m - \frac{D_w}{2}\cos\alpha\right) = \frac{1}{2}d_m\Omega_i(1-\gamma) \tag{2.40}$$

根据钢球直径 AB 上的速度分布可得球心的绝对速度为

$$V_E = \frac{1}{2}(V_A - V_B) = \frac{1}{4}d_m[\Omega_i(1-\gamma) - \Omega_e(1+\gamma)] \tag{2.41}$$

球心的速度又可以表示为

$$V_E = \frac{1}{2}d_m\Omega_m \tag{2.42}$$

由上面两式求得钢球公转速度为

$$\Omega_m = \frac{1}{2}[\Omega_i(1-\gamma) \pm \Omega_e(1+\gamma)]\ (\mathrm{rad/s}) \tag{2.43}$$

也可以表示为

$$n_m = \frac{1}{2}[n_i(1-\gamma) \pm n_e(1+\gamma)]\ (\mathrm{r/min}) \tag{2.44}$$

式(2.43)和式(2.44)中，当内、外圈转向相反时取“+”号，当内、外圈转向相同时取“—”号。

Ω 和 n 的换算关系为

$$\Omega = \frac{2\pi n}{60} \tag{2.45}$$

2. **自转速度** ω_b

滚道和钢球表面在 A 点相对动系的相对线速度分别为

$$v_A^t = \frac{1}{2}d_m\omega_{im}(1-\gamma) \tag{2.46}$$

$$v_A^b = \frac{1}{2}D_w\omega_b \tag{2.47}$$

根据无滑动条件有

$$v_A^t = v_A^b \tag{2.48}$$

由此得

$$\omega_b = \frac{d_m}{D_w}\omega_{im}(1-\gamma) = \frac{d_m}{D_w}(\Omega_i - \Omega_m)(1-\gamma) \tag{2.49}$$

将式(2.43)代入上式得自转速度为

$$\omega_b = \frac{d_m}{2D_w}(\Omega_i \pm \Omega_e)(1-\gamma^2)\ (\mathrm{rad/s}) \tag{2.50}$$

或

$$n_b = \frac{d_m}{2D_w}(n_i \pm n_e)(1-\gamma^2)\ (\mathrm{r/min}) \tag{2.51}$$

上面两式中，内、外圈转向相反时取“＋”号，内、外圈转向相同时取“－”号。

本节的分析方法和计算公式也适用于滚子轴承。对圆锥滚子轴承运动进行简化计算时，应该用平均接触角代入公式，即取

$$\alpha = \frac{1}{2}(\alpha_i + \alpha_e) \tag{2.52}$$

2.5.2　高速轴承运动学

2.5.2.1　高速轴承运动学的特征

一般认为轴承内径 d 和转速 n 之积 $dn > 0.6\times10^6$[mm·(r/min)]，或轴承节圆直径 d_m 和转速 n 之积 $d_m n > 1\times10^6$[mm·(r/min)]时，该轴承为高速轴承。从运动学计算的观点出发，凡是由于转速的影响，滚动体的动力学特性与中低速情况下有显著不同时，就应该按高速轴承考虑。高速轴承的运动学有以下特征应该予以考虑。

1. **离心力作用引起的接触角变化**

由于离心力作用，钢球“外抛”，轴承节圆直径扩大，接触角发生变化。对向心推力球轴承，如图 2.9 所示，其内接触角增大，外接触角减小。对推力球轴承，接触角将小于 90°，钢球压向滚道和兜孔的侧面，接触力增大，摩擦增大，如图 2.14 所示。

2. **陀螺力矩对运动的影响**

对于接触角大于零的轴承，当滚动体绕两相交的公转和自转轴线旋转时，滚动体要受到惯性力矩的作用。该惯性力矩称为陀螺力矩，其大小和方向用下面的矢量式表示为

$$\boldsymbol{M}_g = J\boldsymbol{\omega}_e \times \boldsymbol{\Omega}_m \tag{2.53}$$

式中：J 为钢球的转动惯量。

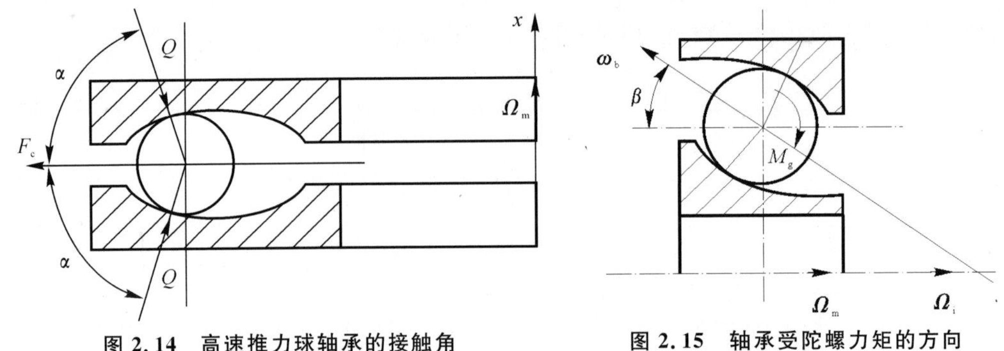

图 2.14　高速推力球轴承的接触角　　**图 2.15　轴承受陀螺力矩的方向**

图 2.15 表示作用于钢球的陀螺力矩的方向。钢球在陀螺力矩的作用下，存在绕自身轴线在轴向平面内转动的趋势，该转动称为陀螺旋转或陀螺自转。陀螺旋转是钢球相对滚道的滑动运动，会加剧摩擦发热，轴承在正常工作下是不允许这种情况发生的。通过结构设计减小陀螺力矩，或者通过轴向预负荷增大接触负荷，或者通过加大接触区的摩擦因数等，可以防止陀螺旋转的发生。

无陀螺旋转发生时，钢球的自转轴位于轴向平面内，如图 2.15 所示。如果发生陀螺旋转，自转轴则偏离轴向平面，自转角速度 $\boldsymbol{\omega}_b$ 在 x'，y' 和 z' 三个方向的分量均大于零，即所谓的三维自转，如图 2.16 所示。三个分量分别表示为

$$\omega_{bx'} = \omega_b \cos\beta\cos\beta' \tag{2.54}$$

$$\omega_{by'} = \omega_b \cos\beta\sin\beta' \tag{2.55}$$

$$\omega_{bz'} = \omega_b \sin\beta \tag{2.56}$$

式中：β 为自转轴空间姿态角。显然，$\omega_{by'}$ 就是由陀螺力矩引起的自转分量，即陀螺旋转角速度。当 $\omega_{by'} = 0$，$\omega_{bx'} > 0$，$\omega_{bz'} > 0$ 时，称为二维自转，如图 2.15 所示。向心轴承的自转轴与轴承轴线平行，$\omega_b = \omega_{bx'}$，是一维自转，向心轴承中显然不存在陀螺力矩。

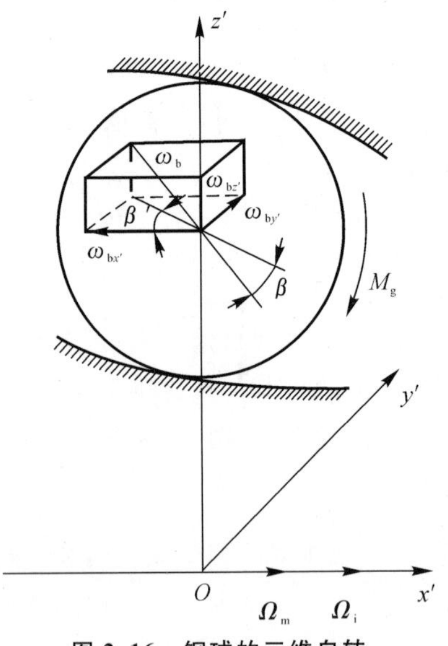

图 2.16　钢球的三维自转

3. 高速下滚动方向易打滑

轴承一般为内圈旋转，通过内滚道对滚动体的摩擦拖动，使滚动体在内、外滚道之间滚动。在高速下，由于离心力作用，滚动体存在“外抛”趋势，滚动体与内滚道的接触力小于滚动体与外滚道的接触力，导致内滚道对滚动体的拖动力不足，会使滚动体公转速度减小，造成内滚道相对滚动体发生滑动，该现象称为公转打滑。发生打滑时轴承的摩擦磨损加剧，温度升高，易烧伤。公转打滑是高速轻载轴承存在的主要问题之一。

防止高速打滑的措施有以下几种：

(1)加预负荷，增加接触负荷和拖动力。

(2)采用空心滚动体，减小离心力。

(3)减少滚动体数目，增加接触负荷。

(4)采用椭圆滚道的圆柱滚子轴承，扩大滚动体受载区。

4. 角接触轴承中的自旋滑动

两接触弹性体之间存在相对转动时，角速度矢量可以分解为沿接触点切线方向的分量 ω^R 和法线方向的分量 ω^S，如图 2.17 所示。切向分量 ω^R 称为滚动分量，其运动形式为滚动。法向分量 ω^S 称为自旋分量，其运动形式为自旋滑动。除接触中心两表面相对线速度为零外，接触面各点均有相对滑动，离中心越远滑动速度越大。图 2.17 表示了接触面上的滑动线，其为一组同心圆。

角接触轴承中，除设计合理的圆锥滚子轴承外，滚动体相对滚道的转速在接触点法线方向的分量一般不为零，即存在与上述情况相似的自旋滑动。在中低速轴承中，因自旋滑动产生的摩擦对轴承影响较小，故可忽略不计。但在高速角接触轴承中，自旋滑动是轴承产生摩擦和发热的重要因素，必须予以考虑和控制。另外，如推力圆柱滚子轴承，工作转速不高，但因为接触角是 90°，自旋分量很大，为减少自旋滑动摩擦，在一个兜孔中安装多个短滚子代替一个长滚子，可以减小滚子两端的自旋滑动线速度。

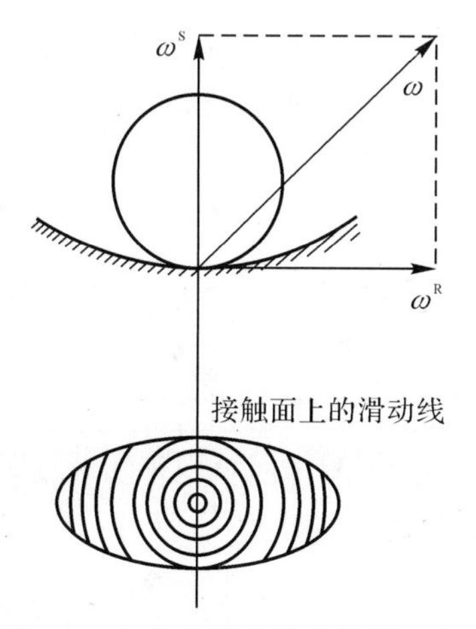

图 2.17　自旋分量和滚动分量示意图

2.5.2.2 高速轴承运动学分析

本节中高速球轴承的分析计算假设不发生陀螺旋转。忽略陀螺旋转可简化高速运动学的计算方法,其主要原因为:轴承在正常工作时不允许发生陀螺旋转,需预先采用正确的设计参数和使用条件防止轴承发生陀螺旋转,所以这种简化的计算符合轴承正常工作时的实际情况,其计算结果具有实际意义。本节以向心推力球轴承为例进行分析。

图 2.18 为高速向心推力球轴承各零件相对运动的角速度矢量图,图中表示的运动关系如下:

(1)内、外圈绕 x 轴(轴承轴线)反向定轴转动,转速分别为 $\boldsymbol{\Omega}_i$ 和 $\boldsymbol{\Omega}_e$,$\boldsymbol{\Omega}_i$ 指向 x 轴正向。

(2)保持架和钢球组件一起绕 x 轴定轴转动,转速为 $\boldsymbol{\Omega}_m$ 。根据内、外圈转速的大小不同,$\boldsymbol{\Omega}_m$ 可能指向 x 轴正向,也可能指向 x 轴负向,此处指向 x 轴正向。

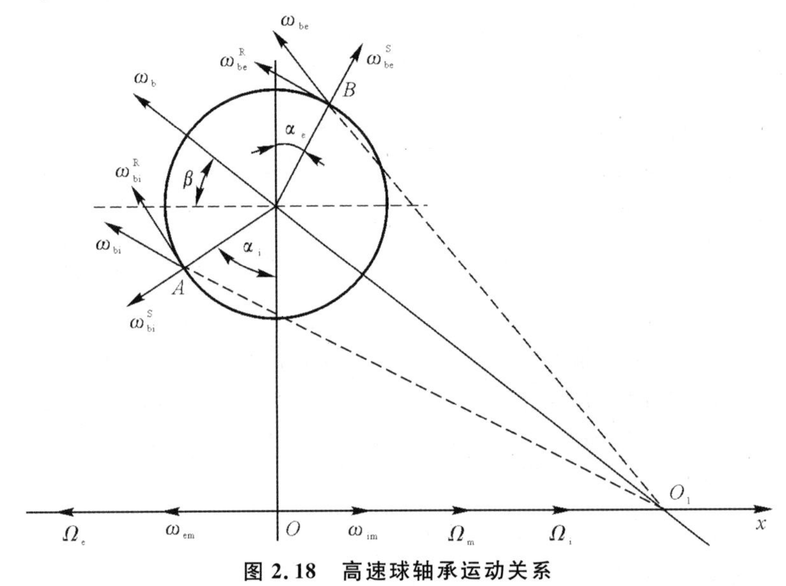

图 2.18 高速球轴承运动关系

(3)钢球一方面随同保持架绕 x 轴转动——公转,转速为 $\boldsymbol{\Omega}_m$,同时钢球还绕自身几何轴线相对保持架转动——自转,转速为 $\boldsymbol{\omega}_b$ 。根据内、外圈的转向可判定 $\boldsymbol{\omega}_b$ 的指向。因为假设无陀螺旋转发生,那么位于轴向平面内,自转轴和公转轴的交点 O 是钢球定点转动的定点。β 为自转姿态角,可根据滚道控制理论求出。

(4)钢球相对内圈转动的转轴通过接触点 A 和定点 O_1,转速为 $\boldsymbol{\omega}_{bi}$ 。$\boldsymbol{\omega}_{bi}$ 在接触点法向和切向的两分量分别为 $\boldsymbol{\omega}^S{}_{bi}$ 和 $\boldsymbol{\omega}^R{}_{bi}$,前者为相对内滚道的自旋分量,后者为相对内滚道的滚动分量,$\boldsymbol{\omega}_{bi}$ 的指向可根据角速度矢量的合成法则确定。

(5)钢球相对外圈转动的转轴通过接触点 B 和定点 O_1,转速为 $\boldsymbol{\omega}_{be}$,相对外滚道的自旋分量和滚动分量分别为 $\boldsymbol{\omega}^S{}_{be}$ 和 $\boldsymbol{\omega}^R{}_{be}$,$\boldsymbol{\omega}_{be}$ 的指向可根据角速度矢量的合成法则确定。

(6)内圈相对保持架转动,转速的矢量式为

$$\boldsymbol{\omega}_{im} = \boldsymbol{\Omega}_i - \boldsymbol{\Omega}_m \tag{2.57}$$

且方向与 $\boldsymbol{\Omega}_i$ 相同。

外圈相对保持架转动,转速的矢量式为

$$\boldsymbol{\omega}_{\mathrm{em}} = \boldsymbol{\Omega}_{\mathrm{e}} - \boldsymbol{\Omega}_{\mathrm{m}} \tag{2.58}$$

且方向与 $\boldsymbol{\Omega}_{\mathrm{e}}$ 相同。

2.5.2.3　钢球的公转和自转角速度

计算公转和自转时，假设无公转打滑和自转打滑发生。如果考虑打滑，需要同时考虑受力、变形和润滑的影响，详细计算方法可参考相关文献。

图 2.18 中，在接触点 A，钢球和滚道表面相对保持架的线速度分别表示为

$$v_A^{\mathrm{b}} = \frac{1}{2}\omega_{\mathrm{b}} D_{\mathrm{w}} \cos(\alpha_1 - \beta) \tag{2.59}$$

$$v_A^{\mathrm{t}} = \frac{1}{2}\omega_{\mathrm{im}} d_{\mathrm{m}} (1 - \gamma_i) \tag{2.60}$$

无打滑时，有

$$v_A^{\mathrm{b}} = v_A^{\mathrm{t}} \tag{2.61}$$

所以得

$$\omega_{\mathrm{b}} = \omega_{\mathrm{im}} \frac{d_{\mathrm{m}} (1 - \gamma_{\mathrm{i}})}{D_{\mathrm{w}} \cos(\alpha_{\mathrm{i}} - \beta)} \tag{2.62}$$

同样，对 B 点可得

$$\omega_{\mathrm{b}} = \omega_{\mathrm{em}} \frac{d_{\mathrm{m}} (1 + \gamma_{\mathrm{e}})}{D_{\mathrm{w}} \cos(\alpha_{\mathrm{e}} - \beta)} \tag{2.63}$$

其中

$$\gamma_{\mathrm{i}} = \frac{D_{\mathrm{w}} \cos\alpha_{\mathrm{i}}}{d_{\mathrm{m}}} \tag{2.64}$$

$$\gamma_{\mathrm{e}} = \frac{D_{\mathrm{w}} \cos\alpha_{\mathrm{e}}}{d_{\mathrm{m}}} \tag{2.65}$$

角速度矢量之间的关系可表示为

$$\boldsymbol{\omega}_{\mathrm{im}} = \boldsymbol{\Omega}_{\mathrm{i}} - \boldsymbol{\Omega}_{\mathrm{m}} = (\boldsymbol{\Omega}_{\mathrm{i}} - \boldsymbol{\Omega}_{\mathrm{e}}) + (\boldsymbol{\Omega}_{\mathrm{e}} - \boldsymbol{\Omega}_{\mathrm{m}}) = (\boldsymbol{\Omega}_{\mathrm{i}} - \boldsymbol{\Omega}_{\mathrm{e}}) + \boldsymbol{\omega}_{\mathrm{em}} \tag{2.66}$$

因 $\boldsymbol{\Omega}_{\mathrm{e}}$ 和 $\boldsymbol{\omega}_{\mathrm{em}}$ 指向 x 轴负向，所以上述矢量在 x 轴上的投影即 ω_{im} 的大小为

$$\boldsymbol{\omega}_{\mathrm{im}} = (\boldsymbol{\Omega}_{\mathrm{i}} + \boldsymbol{\Omega}_{\mathrm{e}}) - \boldsymbol{\omega}_{\mathrm{em}} \tag{2.67}$$

将式(2.67)代入式(2.62)中得

$$\boldsymbol{\omega}_{\mathrm{b}} = (\boldsymbol{\Omega}_{\mathrm{i}} + \boldsymbol{\Omega}_{\mathrm{e}} - \boldsymbol{\omega}_{\mathrm{em}}) \frac{d_{\mathrm{m}} (1 - \gamma_{\mathrm{i}})}{D_{\mathrm{w}} \cos(\alpha_{\mathrm{i}} - \beta)} \tag{2.68}$$

由式(2.63)得

$$\boldsymbol{\omega}_{\mathrm{em}} = \boldsymbol{\omega}_{\mathrm{b}} \frac{D_{\mathrm{w}} \cos(\alpha_{\mathrm{e}} - \beta)}{d_{\mathrm{m}} (1 + \gamma_{\mathrm{e}})} \tag{2.69}$$

将式(2.69)代入式(2.68)中，整理后得到钢球自转角速度为

$$\omega_{\mathrm{b}} = \frac{d_{\mathrm{m}}}{D_{\mathrm{w}}} (\Omega_{\mathrm{i}} \pm \Omega_{\mathrm{e}}) \frac{(1 - \gamma_{\mathrm{i}})(1 + \gamma_{\mathrm{e}})}{(1 - \gamma_{\mathrm{i}}) \cos(\alpha_{\mathrm{e}} - \beta) + (1 + \gamma_{\mathrm{e}}) \cos(\alpha_{\mathrm{i}} - \beta)} \tag{2.70a}$$

$$n_{\mathrm{b}} = \frac{d_{\mathrm{m}}}{D_{\mathrm{w}}} (n_{\mathrm{i}} \pm n_{\mathrm{e}}) \frac{(1 - \gamma_{\mathrm{i}})(1 + \gamma_{\mathrm{e}})}{(1 - \gamma_{\mathrm{i}}) \cos(\alpha_{\mathrm{e}} - \beta) + (1 + \gamma_{\mathrm{e}}) \cos(\alpha_{\mathrm{i}} - \beta)} \tag{2.70b}$$

式中：内、外圈转向相反时取“＋”号，内外圈转向相同时取“－”号。

由式(2.62)和式(2.63)得

$$\omega_{im}\frac{d_m(1-\gamma_i)}{D_w\cos(\alpha_i-\beta)}=\omega_{em}\frac{d_m(1+\gamma_e)}{D_w\cos(\alpha_e-\beta)} \tag{2.71}$$

角速度矢量之间的关系可表示为

$$\boldsymbol{\omega}_{im}=\boldsymbol{\Omega}_i-\boldsymbol{\Omega}_m \tag{2.72}$$

$$\boldsymbol{\omega}_{em}=\boldsymbol{\Omega}_e-\boldsymbol{\Omega}_m \tag{2.73}$$

因 $\boldsymbol{\Omega}_m$ 和 $\boldsymbol{\Omega}_e$ 反向,所以上面两矢量在 x 轴上的投影即大小为

$$\boldsymbol{\omega}_{im}=\boldsymbol{\Omega}_i-\boldsymbol{\Omega}_m \tag{2.74}$$

$$\boldsymbol{\omega}_{em}=\boldsymbol{\Omega}_e-\boldsymbol{\Omega}_m \tag{2.75}$$

将上述两式代入式(2.71)中,整理后可得钢球公转角速度为

$$\Omega_m=\frac{\Omega_i(1-\gamma_i)\cos(\alpha_e-\beta)\pm\Omega_e(1+\gamma_e)\cos(\alpha_i-\beta)}{(1+\gamma_e)\cos(\alpha_i-\beta)+(1-\gamma_i)\cos(\alpha_e-\beta)} \tag{2.76a}$$

$$n_m=\frac{n_i(1-\gamma_i)\cos(\alpha_e-\beta)\pm n_e(1+\gamma_e)\cos(\alpha_i-\beta)}{(1+\gamma_e)\cos(\alpha_i-\beta)+(1-\gamma_i)\cos(\alpha_e-\beta)} \tag{2.76b}$$

式中:内、外圈转向相反时取上面的符号,内、外圈转向相同时取下面的符号。

2.5.2.4 钢球相对滚道的滚动分量和自旋分量

自转是钢球相对保持架的转动,它等于钢球的绝对角速度 $\boldsymbol{\Omega}_b$ 和保持架转速 $\boldsymbol{\Omega}_m$ 的矢量之差。同样,钢球相对内、外圈转动的角速度等于钢球的绝对角速度与套圈转速的矢量之差。因此存在以下矢量关系:

$$\boldsymbol{\omega}_b=\boldsymbol{\Omega}_b-\boldsymbol{\Omega}_m=(\boldsymbol{\Omega}_b-\boldsymbol{\Omega}_i)+(\boldsymbol{\Omega}_i-\boldsymbol{\Omega}_m)=\boldsymbol{\omega}_{bi}+\boldsymbol{\omega}_{im} \tag{2.77}$$

$$\boldsymbol{\omega}_b=\boldsymbol{\Omega}_b-\boldsymbol{\Omega}_m=(\boldsymbol{\Omega}_b-\boldsymbol{\Omega}_e)+(\boldsymbol{\Omega}_e-\boldsymbol{\Omega}_m)=\boldsymbol{\omega}_{be}+\boldsymbol{\omega}_{em} \tag{2.78}$$

由上述关系可得到钢球相对内、外滚道的角速度矢量的表达式为

$$\boldsymbol{\omega}_{bi}=\boldsymbol{\omega}_b-\boldsymbol{\omega}_{im} \tag{2.79}$$

$$\boldsymbol{\omega}_{be}=\boldsymbol{\omega}_b-\boldsymbol{\omega}_{em} \tag{2.80}$$

将 $\boldsymbol{\omega}_{bi}$ 和 $\boldsymbol{\omega}_{be}$ 沿接触点法向和切向分解,可以表示为

$$\boldsymbol{\omega}_{bi}=\boldsymbol{\omega}_{bi}^S-\boldsymbol{\omega}_{bi}^R \tag{2.81}$$

$$\boldsymbol{\omega}_{be}=\boldsymbol{\omega}_{be}^S-\boldsymbol{\omega}_{be}^R \tag{2.82}$$

根据图 2.18 表示的矢量方向,将式(2.81)和式(2.82)两矢量沿接触点的法向和切向投影,便得到钢球相对滚道的自旋分量和滚动分量如下:

$$\omega_{bi}^S=\omega_{im}\sin\alpha_i+\omega_b\sin(\alpha_i-\beta) \tag{2.83}$$

$$\omega_{bi}^R=\omega_{im}\cos\alpha_i+\omega_b\cos(\alpha_i-\beta) \tag{2.84}$$

$$\omega_{be}^S=\omega_{em}\sin\alpha_e-\omega_b\sin(\alpha_e-\beta) \tag{2.85}$$

$$\omega_{be}^R=-\omega_{em}\cos\alpha_e+\omega_b\cos(\alpha_e-\beta) \tag{2.86}$$

显然,钢球相对某一滚道不发生自旋时,须使相对该滚道的自旋分量为零,即钢球相对该套圈瞬时转轴应沿着接触点的切线方向。图 2.18 显示,角接触球轴承至少在一个滚道上存在自旋。各类向心轴承中显然不存在自旋。

2.5.2.5 滚道控制理论和姿态角

滚道控制理论假定：与钢球之间摩擦力较大的滚道不发生自旋，实现纯滚动；与钢球之间摩擦力较小的滚道发生自旋。如果内滚道无自旋，称钢球为“内滚道控制”；如果外滚道无自旋，称钢球为“外滚道控制”。

用下面的不等式判断滚道控制的类型：

若满足不等式：

$$Q_e a_e L_e(K)\cos(\alpha_i - \alpha_e) > Q_i a_i L_i(K) \tag{2.87}$$

则为外滚道控制。

若满足不等式：

$$Q_i a_i L_i(K)\cos(\alpha_i - \alpha_e) > Q_e a_e L_e(K) \tag{2.88}$$

则为内滚道控制。

式中：Q_i 和 Q_e 分别为钢球与内、外滚道的法向接触负荷；α_i 和α_e 分别为钢球与内、外滚道的法向接触负荷；$L(K)$为钢球与内、外滚道的法向接触负荷，其表达式为

$$L(K) = \int_0^{\frac{\pi}{2}} [1 - (1 - K^2)\sin^2\phi]^{1/2} d\phi \tag{2.89}$$

式中：K 为椭圆偏心率，其表达式为

$$K = \frac{b}{a} \tag{2.90}$$

在高速角接触轴承中，由于离心力作用，多为外滚道控制。计算和实验结果表明，滚道控制理论是近似的和实用的，可用于分析高速角接触轴承性能和指导设计。

根据滚道控制理论，如果是内滚道控制，由式(2.83)可求出姿态角为

$$\beta = \arctan\frac{\cos\alpha_i \sin\alpha_i}{\cos^2\alpha_i - \gamma_i} \tag{2.91}$$

如果是外滚道控制，由式(2.85)可求出姿态角为

$$\beta = \arctan\frac{\cos\alpha_e \sin\alpha_e}{\cos^2\alpha_e - \gamma_e} \tag{2.92}$$

2.5.2.6 旋滚比

钢球相对滚道的自旋分量与滚动分量之比简称旋滚比，由式(2.83)～式(2.86)可得内外滚道的旋滚比分别为

$$\frac{\omega_{bi}^{S}}{\omega_{bi}^{R}} = |\gamma_i \tan\alpha_i + (1 - \gamma_i)\tan(\alpha_i - \beta)| \tag{2.93}$$

$$\frac{\omega_{be}^{S}}{\omega_{be}^{R}} = |\gamma_e \tan\alpha_e + (1 + \gamma_e)\tan(\alpha_e - \beta)| \tag{2.94}$$

旋滚比愈大，表明自旋滑动摩擦愈大。在高速角接触球轴承中，自旋是轴承摩擦和发热的重要原因，应通过合理的结构设计和适当的轴向预负荷减小旋滚比。按照滚道控制理论，一个滚道上旋滚比为零，则另一滚道上旋滚比大于零。

2.5.2.7 计算步骤

(1)首先考虑接触角 α_i 和 α_e 精确的计算必须建立非常复杂的非线性方程组，求数值解；把

本节的运动学方程与相关文献中高速球轴承负荷分布的有关方程联立，采用牛顿-拉弗松迭代法可求得运动学参数和每个滚动体接触负荷的数值解；也可以用近似方法先确定 α_i 和 α_e。

(2)判断滚道控制类型：需先计算接触椭圆和接触负荷。作为近似计算，高速球轴承由于离心力作用，可认为为外滚道控制，其计算过程将大为简化。

(3)根据滚道控制类型计算姿态角。

(4)计算公转和自转角速度。

(5)计算旋滚比。

2.6 本章小结

本章介绍了滚动轴承类型与结构特点、滚动轴承接触刚度系数计算方法、滚动轴承接触角和游隙及其计算方法、滚动轴承元件之间的相对运动关系及其计算方法，为后续滚动轴承滚动体与缺陷表面之间的激励关系分析及其动力学建模奠定了基础。

参考文献

[1] HARRIS T A, KOTZALAS M N. Rolling bearing analysis-essential concepts of bearing technology[M]. 5th ed. New York: Taylor and Francis, 2007.

[2] BREWE D, HAMROCK B. Simplified solution for elliptical-contact deformation between two elastic solids[J]. Journal of Lubrication Technology, 1977, 101(2): 231 - 239.

[3] 赵联春. 球轴承振动的研究[D]. 杭州：浙江大学，2003.

[4] 邓四二，贾群义. 滚动轴承设计原理[M]. 北京：中国标准出版社，2008.

第3章 滚动轴承摩擦动力学建模与数值仿真

3.1 引 言

滚动轴承运行过程中，轴承内部接触元件之间存在相互作用力，使接触元件之间存在摩擦力，会改变元件的运动状态和受力状态，从而影响轴承的振动响应特征；同时，润滑油的作用也会改变元件之间的相互作用关系，导致轴承元件之间的摩擦力及其振动响应特征出现变化。因此，研究滚动轴承内部元件之间摩擦力对其振动响应特征的影响规律可为轴承和转子系统振动特征优化设计提供有益的参考。本章以角接触球轴承为例，对滚动轴承摩擦动力学建模方法进行介绍。

3.2 轴承元件载荷分析

3.2.1 滚动体-滚道弹性趋近量及接触载荷计算方法

典型的角接触球轴承几何结构如图 3.1 所示。轴承接触角为 α，滚动体节圆直径为 d_m，内、外圈滚道曲率半径分别为 r_i 和 r_o。直角坐标系 $OXYZ$ 为固结于空间的轴承整体坐标系，其 Z 轴为轴承轴线；而坐标系 $Ox_jy_jz_j$ 是固结于钢球中心的局部坐标系，随钢球公转而以角速度 ω_{cj} 绕 Z 轴转动，z_j 与 Z 轴平行且相距 $d_m/2$，y_j 轴指向滚动体所在位置的径向。ϕ_{c_j} 为第 j 个滚动体的位置角。滚动体除了围绕轴承轴线公转之外，还围绕 x_j，y_j 和 z_j 轴以角速度 ω_{xj}，ω_{yj} 和 ω_{zj} 自转。

当轴承所受外部载荷为零时，滚动体仅与内、外圈滚道接触，且内、外圈滚道曲率中心与滚动体几何中心处于同一直线上，此时滚动体与内、外圈滚道的接触角相等，如图 3.2 中虚线所示。假设轴承外圈固定，即轴承外圈滚道曲率中心固定不动。伴随轴承外部轴、径向载荷施加，轴承内圈滚道曲率中心及滚动体几何中心相应运动一段距离至平衡位置，此时内、外圈滚道曲率中心与滚动体几何中心位置如图 3.2 中实线所示。可见，此时滚动体与内、外圈接触角不相等，这是由于滚动体离心力影响所致，并且在高速工况下，离心力的作用更加明显。

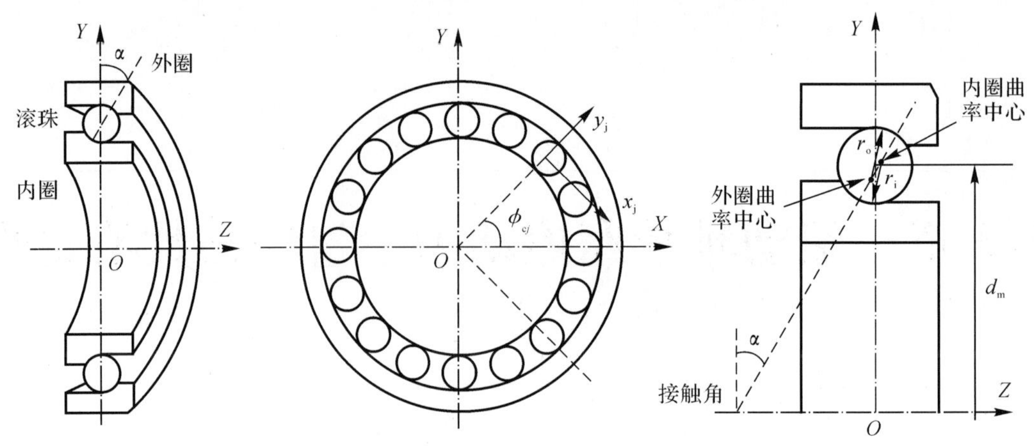

图 3.1　角接触球轴承几何结构

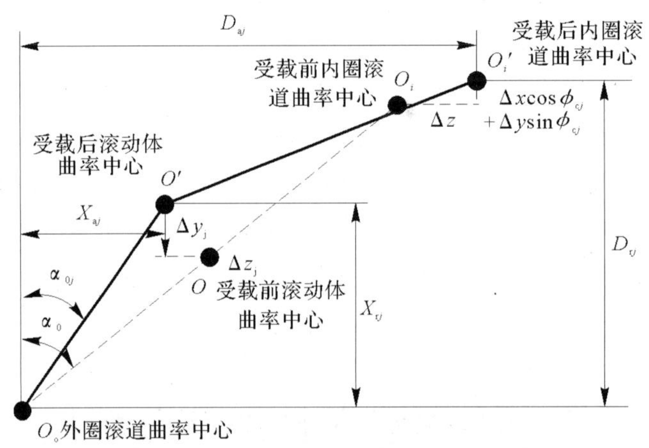

图 3.2　角接触球轴承受载前后几何关系

规定轴承内圈在外载荷作用下产生的位移表示为$(\Delta x,\Delta y,\Delta z)$，滚动体的位移表示为$(\Delta y_j,\Delta z_j)$。因此，图示在轴承内位置角$\phi_{c_j}$处内、外圈滚道曲率中心轴向和径向距离表示为

$$\left.\begin{aligned}D_{aj} &= (r_i + r_o - d_b)\sin\alpha_0 + \Delta z\\ D_{rj} &= (r_i + r_o - d_b)\cos\alpha_0 + \Delta x\cos\phi_{cj} + \Delta y\sin\phi_{cj}\end{aligned}\right\}\tag{3.1}$$

式中：r_i和r_o分别表示轴承内圈及外圈滚道曲率半径；d_b表示角接触球轴承公称直径；α_0表示滚动体与内、外圈滚道初始接触角。

滚动体与外圈滚道曲率中心轴向和径向距离表示为

$$\left.\begin{aligned}X_{aj} &= (r_o - 0.5d_b)\sin\alpha_0 + \Delta z_j\\ X_{rj} &= (r_o - 0.5d_b)\cos\alpha_0 + \Delta y_j\end{aligned}\right\}\tag{3.2}$$

滚动体与内、外圈弹性趋近量表示为

$$\left.\begin{aligned}\delta_{ij} &= \sqrt{(D_{aj} - X_{aj})^2 + (D_{rj} - X_{rj})^2} - (r_i - 0.5d_b)\\ \delta_{oj} &= \sqrt{X_{aj}{}^2 + X_{rj}{}^2} - (r_o - 0.5d_b)\end{aligned}\right\}\tag{3.3}$$

滚动体与内、外圈滚道之间的接触角表示为

$$\left.\begin{aligned}\alpha_{ij} &= \arctan\frac{D_{aj}-X_{aj}}{D_{rj}-X_{rj}}\\ \alpha_{oj} &= \arctan\frac{X_{aj}}{X_{rj}}\end{aligned}\right\}\tag{3.4}$$

滚动体与内、外圈接触载荷表示为

$$\left.\begin{aligned}Q_{ij} &= \chi_{ij}K_{i}\delta_{ij}^{1.5}\\ Q_{oj} &= \chi_{oj}K_{o}\delta_{oj}^{1.5}\end{aligned}\right\}\tag{3.5}$$

式中：χ_{ij} 和 χ_{oj} 分别为接触判定系数，其与弹性趋近量的关系为

$$\left.\begin{aligned}\delta_{ij}>0,\chi_{ij}=1\\ \delta_{oj}>0,\chi_{oj}=1\end{aligned}\right\}\quad\text{否则}\quad\left.\begin{aligned}\chi_{ij}=0\\ \chi_{oj}=0\end{aligned}\right\}\tag{3.6}$$

3.2.2　滚动体-保持架接触载荷计算方法

滚动体与保持架接触时的位置关系如图3.3所示。第 j 个滚动体绕 Z 轴以角速度 ω_{cj} 进行公转，在 t 时刻保持架角位移为 ϕ_{cage}。

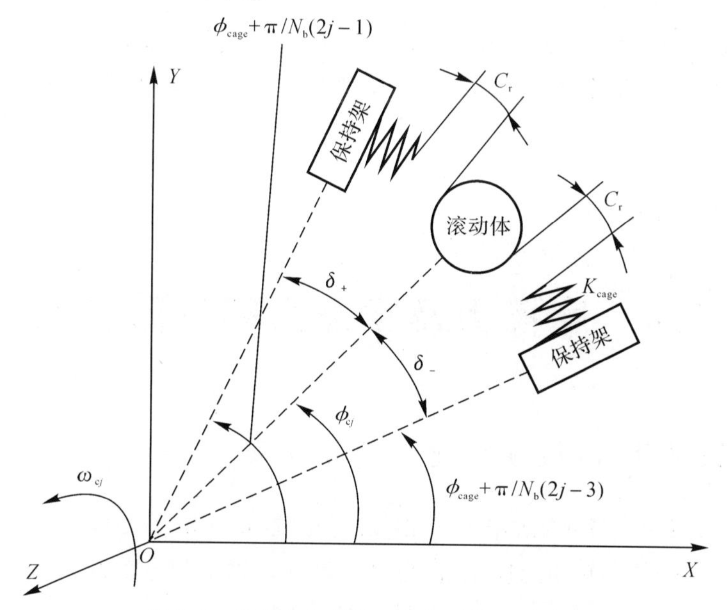

图3.3　滚动体与保持架接触时的位置关系

根据几何关系可知保持架对应第 j 个滚动体的兜孔两侧对应角位移分别为 $\phi_{cage}+\dfrac{\pi}{N_b(2j-1)}$ 和 $\phi_{cage}+\dfrac{\pi}{N_b(2j-3)}$，考虑到滚动体两侧与保持架兜孔的游隙均为 C_r，则滚动体与保持架兜孔两侧的位移 δ_+ 和 δ_- 分别表示为

$$\delta_+=\frac{d_m}{2}\sqrt{2-2\cos\left[\phi_{cj}-\phi_{cage}-\frac{\pi}{N_b}(2j-1)\right]}-\frac{d_m}{2}\sin\frac{\pi}{N_b}+C_r\tag{3.7}$$

$$\delta_-=\frac{d_m}{2}\sqrt{2-2\cos\left[\phi_{cj}-\phi_{cage}-\frac{\pi}{N_b}(2j-3)\right]}-\frac{d_m}{2}\sin\frac{\pi}{N_b}+C_r\tag{3.8}$$

式中：ϕ_{cj}和ϕ_{cage}分别表示滚动体和保持架的角位移。

此处假设保持架与滚动体接触刚度恒定为K_{cage}，则保持架对第j个滚动体施加的接触力可表示为

$$f_{cage,j}=K_{cage}(\chi_{-}\delta_{-}-\chi_{+}\delta_{+}) \tag{3.9}$$

式中：χ_{-}和χ_{+}分别表示滚动体与保持架兜孔负侧和正侧的接触判定系数，当$\delta_{-}<0$时，滚动体与保持架负侧接触，$\chi_{-}=1$；当$\delta_{+}<0$时，滚动体与保持架正侧接触，$\chi_{+}=1$；当δ_{+}和δ_{-}均大于或等于0时，$\chi_{-}=\chi_{+}=0$。

3.3 润滑剂的扰流阻力计算方法

由于角接触球轴承中轴承空腔内存在润滑油和气体构成的油气混合物，因此，润滑剂绕流阻力对滚动体公转运动的影响不可忽略，Harris等人提出的润滑剂绕流阻力计算方法为

$$f_{v}=\frac{c_{v}\pi\rho_{v}d_{b}^{2}(d_{m}\omega_{c})^{1.95}}{32g} \tag{3.10}$$

式中：c_{v}表示扰流阻力系数；ρ_{v}表示润滑剂油气混合物的等效密度；d_{m}表示轴承公称直径；g表示重力加速度；ω_{c}表示滚动体在纯滚动条件下的公转角速度，其表达式为

$$\omega_{c}=0.5\left(1-\frac{d_{b}\cos\beta_{0}}{d_{e}}\right)\omega_{i}$$

式中，ω_{i}表示轴承内圈角速度。

3.4 摩擦力及摩擦力矩计算方法

3.4.1 滚动体-滚道相对速度计算方法

图3.4所示为滚动体与内滚道接触的相关几何参数以及相互之间的运动关系。从图3.4中可以看出，由于滚动体自转角速度ω_{b}在坐标y轴和z轴上的分量分别为ω_{yj}和ω_{zj}，两分量在平行于y''轴（接触椭圆长轴）方向上的分量分别为$\omega_{yj}\sin\alpha_{ij}$和$\omega_{zj}\cos\alpha_{ij}$，以及滚动体公转角速度在这个方向上的分量为$\omega_{cj}\cos\alpha_{ij}$，所以滚动体与内圈滚道表面接触处可能存在速度差。在接触区内任意一点(x_{i},y_{i})处，滚道表面与滚动体表面的沿x''轴（接触椭圆短轴）方向速度分别为

$$\begin{aligned}u_{rx}=&0.5d_{m}(\omega_{i}-\omega_{cj})+\\&(\omega_{i}-\omega_{cj})\cos\alpha_{ij}[(r_{ie}^{2}-x_{i}^{2})^{1/2}-(r_{ie}^{2}-a_{i}^{2})^{1/2}+(d_{b}^{2}/4-a_{i}^{2})^{1/2}]\end{aligned} \tag{3.11}$$

$$u_{bx}=(\omega_{yj}\sin\alpha_{ij}-\omega_{zj}\cos\alpha_{ij})[(r_{ie}^{2}-x_{i}^{2})^{1/2}-(r_{ie}^{2}-a_{i}^{2})^{1/2}+(d_{b}^{2}/4-a_{i}^{2})^{1/2}] \tag{3.12}$$

则在接触椭圆内任意一点(x_{i},y_{i})处，沿x''轴方向上滚动体表面与内圈滚道表面之间的速度差为

$$u_{ix}=-0.5d_{m}(\omega_{i}-\omega_{cj})+[\omega_{yj}\sin\alpha_{ij}-\omega_{zj}\cos\alpha_{ij}+(\omega_{i}-\omega_{cj})\cos\alpha_{ij}]\times$$

$$[(r_{ie}^2-x_i^2)^{1/2}-(r_{ie}^2-a_i^2)^{1/2}+(d_b^2/4-a_i^2)^{1/2}] \tag{3.13}$$

式中：r_{ie}为滚动体与内圈滚道接触点的等效曲率半径，其表达式为

$$r_{ie}=\frac{r_i d_b}{2r_i+d_b} \tag{3.14}$$

而由于滚动体自转角速度 ω_b 在 x 坐标轴上的分量为 ω_{xj}，因此滚动体与内圈滚道在沿 y'' 轴(接触椭圆长轴)方向上的速度差为

$$u_{iy}=-\omega_{xj}[(r_{ie}^2-x_i^2)^{1/2}-(r_{ie}^2-a_i^2)^{1/2}+(d_b^2/4-a_i^2)^{1/2}] \tag{3.15}$$

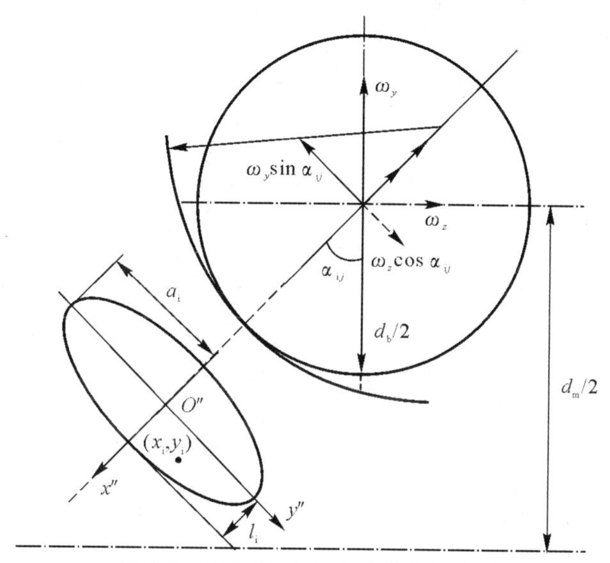

图 3.4 滚动体-内圈接触状态示意图

另外，由于滚动体自转角速度 ω_b 沿 y 轴和 z 轴上的分量 ω_{yj} 和 ω_{zj} 在垂直于接触椭圆表面方向(z''轴)上的分量分别为 $\omega_{yj}\cos\alpha_{ij}$ 和 $\omega_{zj}\sin\alpha_{ij}$，可得滚动体在内圈滚道上的自旋角速度为

$$\omega_{sij}=\omega_{yj}\cos\alpha_{ij}+\omega_{zj}\sin\alpha_{ij} \tag{3.16}$$

与滚动体-内滚道接触类似，滚动体与外滚道接触的相关几何参数以及相互之间的运动关系如图 3.5 所示。经分析可得出沿 x''轴(滚动体滚动)方向上的滚动体表面与外圈滚道表面之间的速度差、沿 y''轴(垂直于滚动体滚动)方向上的滚动体与外圈滚道的速度差和滚动体在外圈滚道上的自旋角速度分别为

$$u_{ox}=0.5d_m\omega_{cj}+(-\omega_{yj}\sin\alpha_{oj}+\omega_{zj}\cos\alpha_{oj}+\omega_{cj}\cos\alpha_{oj})\times$$
$$[(r_{oe}^2-x_o^2)^{1/2}-(r_{oe}^2-a_o^2)^{1/2}+(d_b^2/4-a_o^2)^{1/2}] \tag{3.17}$$

$$u_{oy}=\omega_{xj}[(r_{oe}^2-x_o^2)^{1/2}-(r_{oe}^2-a_o^2)^{1/2}+(d_b^2/4-a_o^2)^{1/2}] \tag{3.18}$$

$$\omega_{soj}=\omega_{yj}\cos\alpha_{oj}+\omega_{zj}\sin\alpha_{oj} \tag{3.19}$$

式中：滚动体与外圈滚道接触点的等效曲率半径 r_{oe} 为

$$r_{oe}=\frac{r_o d_b}{2r_o+d_b} \tag{3.20}$$

由于滚动体与内、外圈滚道之间的椭圆接触区域尺寸相对于滚动体与内、外圈滚道接触点的等效曲率半径可以忽略，因此滚动体表面与内、外圈滚道表面之间的速度差可以简化表示为

$$\Delta u_{ix} = 0.5d_b(\omega_{yj}\sin\alpha_{ij} - \omega_{zj}\cos\alpha_{ij}) - (\omega_i - \omega_{cj})(0.5d_m - 0.5d_b\cos\alpha_{ij}) - \omega_{sij}y \quad (3.21)$$

$$\Delta u_{iy} = -0.5d_b\omega_{xj} + \omega_{sij}x \quad (3.22)$$

$$\Delta u_{ox} = 0.5d_b(-\omega_{yj}\sin\alpha_{oj} + \omega_{zj}\cos\alpha_{oj}) + \omega_{cj}(0.5d_m + 0.5d_b\cos\alpha_{oj}) - \omega_{soj}y \quad (3.23)$$

$$\Delta u_{oy} = 0.5d_b\omega_{xj} + \omega_{soj}x \quad (3.24)$$

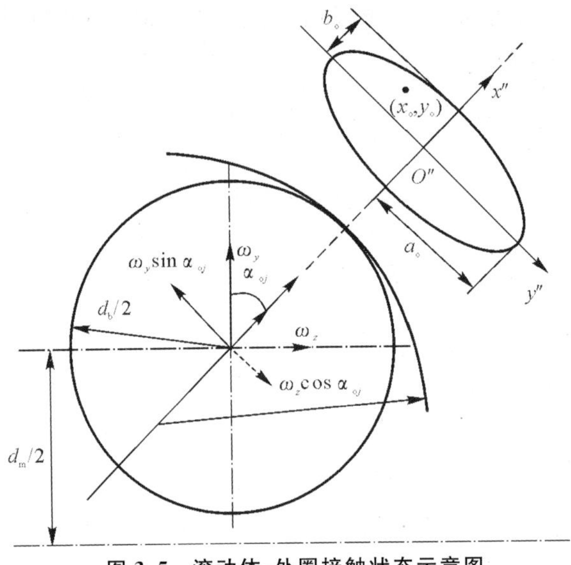

图 3.5　滚动体-外圈接触状态示意图

3.4.2　摩擦力计算方法

运用 Crook 等人提出的润滑油剪切应力关于润滑油黏度、润滑油膜厚度等参数的关系，考虑了油膜切向拖动力；采用 Tong 等人提出的角接触球轴承摩擦力矩模型，考虑了弹流润滑滚动摩擦力矩、弹性迟滞摩擦力矩和差动滑动摩擦力矩对滚动体摩擦力的影响，获得了整体摩擦力 f_{total} 为

$$f_{total} = f + (M_{EHL} + M_h + M_d)/d_b \quad (3.25)$$

式中：f 表示油膜切向拖动力；M_{EHL} 表示弹流润滑滚动摩擦力矩；M_h 表示弹性迟滞摩擦力矩；M_d 表示差动滑动摩擦力矩。

3.4.3　油膜切向拖动力计算方法

角接触球轴承常工作于高速、高温和重载等恶劣工况下，为了减缓轴承寿命衰减，在滚动体及滚道界面之间引入了润滑油。由于滚动体及滚道之间润滑油膜的剪切效应，从而油膜产生了一种切向拖动力。Crook 等人将润滑油假设为牛顿液体，并根据相应理论，形成了润滑油剪切应力与润滑油黏度、润滑油膜厚度等参数的关系为

$$\tau(x', y') = \eta(p_j, T)\frac{\Delta u}{h_c} \quad (3.26)$$

式中：$\tau(x', y')$ 表示滚动体与滚道间椭圆接触区域内任意一点的剪切应力；$\eta(p_j, T)$ 表示在某特定接触应力 p_j 及温度 T 情况下润滑油液的黏度；Δu 表示滚动体与滚道间相对滑动速度；h_c

表示滚动体与滚道间椭圆接触区域中心油膜厚度。

高温、高压工况下，润滑油黏度的变化会愈加明显，为了更加准确地获得接触区域内润滑油液黏度，考虑了接触应力、温度等参数对润滑油液黏度的影响。由于当前的研究显示，经典 Barus 公式应用于高压情况下会产生较大的误差，但对于角接触球轴承，椭圆接触区域内应力常高于 1 GPa，已经属于高压范畴，因此，本章采用了 Bair 等人利用试验方法探究得到的润滑油液黏度与温度和接触应力的关系，表示为

$$\eta(p_{\mathrm{j}},T)=\eta_0\exp\left(B\left\{\frac{R_0[1+\varepsilon_1(T-T_0)]}{V/V_0-R_0[1+\varepsilon_1(T-T_0)]}-\frac{R_0}{1-R_0}\right\}\right)\tag{3.27}$$

式中：η_0 表示标准大气压和室温条件件下的润滑油黏度；B,R_0 和 ε_1 均为润滑油液的 Doolittle-Trait 参数；T_0 表示室温，此处取值为 20℃；T 表示试验环境温度，根据相关文献设定为 30℃。V/V_0 表示与温度和应力相关的中间变量，计算方法为

$$V/V_0=[1+a_{\exp}(T-T_0)]\left\{1-\frac{1}{1+K_0'}\ln\left[1+\frac{p_{\mathrm{j}}}{K_0}(1+K_0')\right]\right\}\tag{3.28}$$

式中：$a_{\exp}$表示热膨胀系数；K_0 表示油液弹性模量参数；K_0'表示一假设常量，$K_0'=K_\infty+\dfrac{K_0}{T}$，其中 K_∞ 表示油液弹性模量参数。

根据 Hertz 接触理论，在滚动体及滚道之间形成的点接触椭圆区域内，接触应力分布 p_{j} 表示为

$$p_{\mathrm{j}}=p_{\max}\sqrt{1-\frac{x'^2}{b^2}-\frac{y'^2}{a^2}}\tag{3.29}$$

式中：$p_{\max}$表示最大接触应力，$p=(2\pi ab)_{\max}$；a,b 分别表示椭圆接触区的长半轴和短半轴。

Harmrock 和 Dowson 等人提出的润滑油膜厚度经验公式为

$$h_{\mathrm{c}}=2.69R_xU^{0.67}G^{0.53}W^{-0.067}(1-0.61\mathrm{e}^{-0.73\kappa})\tag{3.30}$$

式中：R_x 表示滚动体与滚道沿滚动体滚动方向的等效曲率半径；U 表示无量纲速度参数，$U=\eta_0u_{\mathrm{ent}}/(E'R_x)$，其中 u_{ent}表示等效卷吸速度；G 表示无量纲材料参数，$G=c_{\eta\mathrm{p}}E'$，其中 $c_{\eta\mathrm{p}}$ 表示润滑油黏压系数；W 表示无量纲载荷参数，$W=Q/(E'R_x^2)$，其中 Q 表示接触载荷。

根据式(3.27)计算得到了润滑油液黏度，根据式(3.21)～式(3.24)计算得到了滚动体与滚道表面间相对滑动速度，根据式(3.30)计算得到了润滑油膜厚度，将计算结果代入式(3.26)中便可计算滚动体与滚道表面椭圆接触区域内任意一点(x',y')处的剪切应力。通过对接触区域内剪切应力积分便可获得油膜切向拖动力及拖动力矩，拖动力积分表达式为

$$f_{\mathrm{o}xj}=-\int_{-b_{\mathrm{out}}}^{b_{\mathrm{out}}}\int_{-a_{\mathrm{out}}}^{a_{\mathrm{out}}}\eta(p_{\mathrm{j}},T)\frac{\Delta u_{\mathrm{o}x}}{h_{\mathrm{c}}}\mathrm{d}y\mathrm{d}x\tag{3.31}$$

$$f_{\mathrm{o}yj}=-\int_{-b_{\mathrm{out}}}^{b_{\mathrm{out}}}\int_{-a_{\mathrm{out}}}^{a_{\mathrm{out}}}\eta(p_{\mathrm{j}},T)\frac{\Delta u_{\mathrm{o}y}}{h_{\mathrm{c}}}\mathrm{d}y\mathrm{d}x\tag{3.32}$$

$$f_{\mathrm{i}xj}=-\int_{-b_{in}}^{b_{\mathrm{in}}}\int_{-a_{\mathrm{in}}}^{a_{\mathrm{in}}}\eta(p_{\mathrm{j}},T)\frac{\Delta u_{\mathrm{i}x}}{h_{\mathrm{c}}}\mathrm{d}y\mathrm{d}x\tag{3.33}$$

$$f_{\mathrm{i}yj}=-\int_{-b_{\mathrm{in}}}^{b_{\mathrm{in}}}\int_{-a_{\mathrm{in}}}^{a_{\mathrm{in}}}\eta(p_{\mathrm{j}},T)\frac{\Delta u_{\mathrm{i}y}}{h_{\mathrm{c}}}\mathrm{d}y\mathrm{d}x\tag{3.34}$$

拖动力矩积分表达式为

$$m_{oj} = -\int_{-b_{out}}^{b_{out}}\int_{-a_{out}}^{a_{out}} \frac{\eta(p_j, T)}{h_c}(\Delta u_{oy}x - \Delta u_{ox}y)\mathrm{d}y\mathrm{d}x \tag{3.35}$$

$$m_{ij} = -\int_{-b_{in}}^{b_{in}}\int_{-a_{in}}^{a_{in}} \frac{\eta(p_j, T)}{h_c}(\Delta u_{iy}x - \Delta u_{ix}y)\mathrm{d}y\mathrm{d}x \tag{3.36}$$

式中：a_{out}和 b_{out}，a_{in}和 b_{in}分别表示滚动体与外圈、内圈滚道接触椭圆积分区域。

3.4.4 弹流润滑滚动摩擦力矩计算方法

弹流润滑滚动摩擦力矩是角接触球轴承中摩擦力矩的主要组成部分，轴承中润滑油液对各滚动体施加的滚动摩擦力矩表示如下：

$$M_{EHL} = \sum_{j=1}^{N_b}\left[\frac{2}{d_b}(R_i m_{ro}\cos\alpha_{ij} + R_o m_{ro}\cos\alpha_{oj})\right] \tag{3.37}$$

式中：N_b 表示滚动体个数；d_b 表示滚动体直径；R_i 和 R_o 分别表示滚动体与内、外圈接触处半径；m_{ri}和 m_{ro}分别表示滚动体与内、外圈接触处弹流润滑滚动阻力，表示为

$$m_r = F_{EHL}R_x \tag{3.38}$$

式中：R_x 表示滚动体与滚道沿滚动体滚动方向的等效曲率半径；F_{EHL}表示润滑液体切向力，表示为

$$F_{EHL} = f_w f_L \frac{4.38}{c_{\eta p}}(GU)^{0.658}W^{0.0126}R_x(2a) \tag{3.39}$$

式中：f_w 表示负荷修正系数；f_L 表示热载荷系数；$c_{\eta p}$表示润滑油黏压系数；G 表示无量纲材料参数；U 表示无量纲速度参数；W 表示无量纲载荷参数；a 表示接触区域半宽。

负荷修正系数 f_w 和热载荷系数 f_L 分别表示为

$$f_w = (k_b W)^{0.3} \tag{3.40}$$

$$f_L = \frac{1}{1 + 0.29L^p} \tag{3.41}$$

式中：k_b 表示与轴承参数相关的常量，此处取值 20.4；L 表示热负荷参数；p 表示修正指数。

热负荷参数 L 和修正指数 p 分别表示为

$$L = \frac{\eta_0 K_T u_{ent}}{K_c} \tag{3.42}$$

$$p = 0.56\left[1 - \frac{1}{e^{9.953\times10^3\left(\frac{2a}{d}\right)^{3.929}}}\right] \tag{3.43}$$

式中：η_0 表示标准大气压和室温条件下的润滑油黏度；K_T 表示润滑油温度-黏度系数；u_{ent} 表示等效卷吸速度；K_c 表示润滑油导热系数。

3.4.5 弹性迟滞摩擦力矩计算方法

角接触球轴承总弹性迟滞摩擦力矩表示为

$$M_h = \frac{1}{\omega_i}\sum_{j=1}^{N_b}(E_{hij} + E_{hoj}) \tag{3.44}$$

式中：ω_i 表示轴承内圈转动角速度；E_h 表示弹性迟滞引起的单个滚动体与内、外圈接触的能量损失，表示为

$$E_h = 1.5\beta_h L_{\mathrm{II}}\Delta nR\left(\frac{\pi\sum\rho}{2L_{\mathrm{I}}}\right)^{\frac{2}{3}}\frac{1.5^{\frac{1}{3}}}{\kappa}\left(\frac{1}{E_i}+\frac{1}{E_o}\right)^{\frac{1}{3}}Q^{\frac{4}{3}} \tag{3.45}$$

式中：β_h 表示弹性迟滞损失系数，对于轴承常用低碳钢材料，该值约为 0.007；L_{I}和 L_{II} 分别表示第一类和第二类完全椭圆积分；Δn 表示内圈转动角速度与滚动体公转角速度差值；R 表示滚动体与内、外圈接触处半径；$\sum\rho$ 表示滚动体与滚动曲率和；κ 表示滚动体与滚道椭圆接触区域长半轴与短半轴比值；E_i 和 E_o 分别表示滚动体与内、外圈等效弹性模量；Q 表示滚动体与滚道间接触载荷。

3.4.6　差动滑动摩擦力矩计算方法

滚动体在其与滚道椭圆接触区域内各点旋转半径存在差异，导致滚动体仅在椭圆接触区域内距离中心距离为 ca 的两条线上满足纯滚动，而在椭圆接触区域的其他点滚动体则不满足纯滚动运动状态。而由上述现象造成的摩擦力矩称作差动滑动摩擦力矩，计算方法为

$$M_d = \frac{1}{2\pi\omega_i}\sum_{j=1}^{N_b}A_j \tag{3.46}$$

式中：A_j 表示第 j 个滚动体由于差动滑动现象所做的功，表示为

$$A_j = [F_i l_i + F_o l_o]_j \tag{3.47}$$

式中：F_i 和 F_o 分别表示由于滚动体与内、外圈差动滑动产生的摩擦力；l_i 和 l_o 分别表示滚动体与内、外圈滚道接触点移动距离。

摩擦力 F 与接触点移动距离 l 分别表示为

$$F_j = f_c Q_{mj}(c^3 - 3c + 1) \quad (\mathrm{m} = \mathrm{i},\mathrm{o}) \tag{3.48}$$

$$l_m = \frac{\pi\omega_i}{60}d\left[1-\left(\frac{d_b}{d_m}\cos\alpha_{mj}\right)\right] \quad (\mathrm{m} = \mathrm{i},\mathrm{o}) \tag{3.49}$$

式中：f_c 表示滑动摩擦因数；c 表示无量纲系数，滚动体仅在椭圆接触区域内距离中心距离为 ca 的两条线上满足纯滚动，此处取值 0.5；α_{mj} 表示滚动体与内、外圈的接触角。

3.5　混合润滑状态拖动力计算方法

由于金属切削加工的影响，轴承滚道及滚动体表面粗糙微凸体的产生不可避免。经研究表明，表面粗糙度大小会对接触界面的润滑特性产生重大影响，并伴随接触界面处相对滑动速度等参数的影响造成该位置处润滑油液动压特性差异，从而将界面处润滑定义为三种类型：当界面内润滑油液较少时，接触区域内主要为金属-金属表面接触，此时称界面间润滑状态为边界润滑；随着润滑油液动压特性变得显著，润滑油液逐渐进入接触界面内，形成金属-金属表面接触和金属-润滑油接触共存的状态，接触面压力由润滑油和粗糙微凸体共同承担，此时称界

面间润滑状态为混合润滑；随着润滑油液动压特性变得更加显著，接触区域内几乎不存在金属-金属表面接触情况，接触面压力完全由润滑油液承担，此时称界面间润滑状态为液压润滑。

至今，已有大量学者研究了表面粗糙度对润滑特性的影响，并且已经能够采用实际测量的工程表面和计算机模拟生成的粗糙表面进行完全数值求解，但考虑到完全数值求解需要迭代求解雷诺方程、能量方程等来获得，计算量繁重且需要耗费大量计算时间，因此本章采用了由Masjedi等人提出的一种滚动体与滚道表面拖动力估算方法，该方法由笔者对大量计算结果进行了数值拟合计算，在节省了完全数值解庞大工作量的同时保证了较高的准确性。

混合润滑状态下接触表面间的拖动力计算方法表示为

$$f = Q\frac{L_{\mathrm{a}}}{100}f_{\mathrm{c}} + \eta_{\lim}p_{\mathrm{h}}\left(1 - \exp\frac{-\eta_{\mathrm{avg}}u_{\mathrm{s}}}{\tau_{\lim}h_{\mathrm{c}}}\right)\pi ab \tag{3.50}$$

式中：Q 表示接触载荷；L_{a} 表示粗糙微凸体载荷分配系数，由式(3.51)计算获得；f_{c} 表示粗糙体摩擦因数；$\eta_{\lim}$表示极限剪切应力系数；p_{h} 表示接触区内润滑油液承担压力，由式(3.52)计算获得；η_{avg}表示接触区内润滑剂平均黏度，由式(3.53)计算获得；u_{s} 表示两接触界面相对滑动速度的绝对值；$\tau_{\lim}$表示极限剪切应力，由式(3.57)计算获得；h_{c} 表示混合润滑界面中心油膜厚度，由式(3.58)计算获得。

粗糙微凸体载荷分配系数 L_{a} 表示为

$$L_{\mathrm{a}} = 10W^{-0.083}U^{0.143}G^{0.314}\left[\ln(1+\bar{\sigma}^{4.689}V^{0.509}W^{-0.501}U^{-2.9}G^{-2.87})\right] \tag{3.51}$$

式中：负荷参数 W，U 和 G 分别表示无量纲载荷系数、无量纲速度系数和无量纲材料系数，计算方法参照式(3.30)；$\bar{\sigma}$ 表示无量纲粗糙幅值，$\bar{\sigma} = \sigma/R_x$；$V$ 表示无量纲硬度，$V = v/R_x$。

接触区内润滑油液承担压力 p_{h} 和粗糙峰承担压力 p_{a} 表示为

$$\left.\begin{aligned} p_{\mathrm{h}} &= p(1 - L_{\mathrm{a}}/100) \\ p_{\mathrm{a}} &= p(L_{\mathrm{a}}/100) \end{aligned}\right\} \tag{3.52}$$

式中：p 表示接触区内平均压力，$p = Q/(\pi ab)$。

接触区内润滑剂平均黏度 η_{avg}表示为

$$\eta_{\mathrm{avg}} = \eta_0\exp\{(\ln\eta_0 + 9.67)[-1 + (1 + 5.1\times10^{-9}p_{\mathrm{h}})^z] - K_T\Delta T\} \tag{3.53}$$

式中：η_0 表示润滑油初始黏度；z 表示黏度-压力系数；K_T 表示黏温系数；ΔT 表示温度变化，表达式为

$$\Delta T = \frac{2b(q_{\mathrm{a}} + q_{\mathrm{h}})}{\sqrt{\pi}\left(k_{\mathrm{c1}}\sqrt{1+P_{\mathrm{e1}}} + k_{\mathrm{c2}}\sqrt{1+P_{\mathrm{e2}}}\right)} \tag{3.54}$$

式中：b 表示接触椭圆短半宽；q_{a} 和 q_{h} 分别表示表面粗糙峰和润滑剂产生的热流，由式(3.55)计算得到；k_{c1}和 k_{c2}分别表示轴承和润滑油两接触物体表面的热传导系数，此处设定 $k_{\mathrm{c1}}=60.5$ W/MK，$k_{\mathrm{c2}}=0.145$ W/MK；P_{e1}和 P_{e2}分别表示轴承和润滑油两接触物体表面对应的Peclet数，由式(3.56)计算得到。

$$\left.\begin{aligned} q_{\mathrm{a}} &= f_{\mathrm{c}}u_{\mathrm{s}}p_{\mathrm{a}} \\ q_{\mathrm{h}} &= u_{\mathrm{s}}\eta_{\lim}p_{\mathrm{h}} \end{aligned}\right\} \tag{3.55}$$

$$\left.\begin{aligned} P_{\mathrm{e1}} &= u_{\mathrm{s}}b\rho_{\mathrm{v}}c_{\mathrm{p1}}/(2k_{\mathrm{c1}}) \\ P_{\mathrm{e2}} &= u_{\mathrm{s}}b\rho_{\mathrm{v}}c_{\mathrm{p2}}/(2k_{\mathrm{c2}}) \end{aligned}\right\} \tag{3.56}$$

式中：ρ_{v} 表示润滑油液密度；c_{p1}和 c_{p2}分别表示轴承和润滑油两接触物体表面的热性能系数，此

处设定 $c_{p1}=434\ \mathrm{J/(kg \cdot K)}$，$c_{p2}=1\ 880\ \mathrm{J/(kg \cdot K)}$。

极限剪切应力 $\tau_{\lim}$ 表示为

$$\tau_{\lim} = \eta_{\lim} p_{\mathrm{h}} \tag{3.57}$$

混合润滑界面中心油膜厚度 h_{c} 表示为

$$h_{\mathrm{c}} = 3.672 W^{-0.045\kappa^{0.18}} U^{0.663\kappa^{0.025}} G^{0.502\kappa^{0.064}} (1-0.573\mathrm{e}^{-0.74\kappa}) \times \\ (1+0.025\bar{\sigma}^{1.248} V^{0.119} W^{-0.133} U^{-0.884} G^{-0.977} \kappa^{0.081}) R_x \tag{3.58}$$

3.6　摩擦动力学模型

构建角接触球轴承的动力学模型如图 3.6 所示，考虑了轴承内圈沿径向 X，Y 方向的平动、沿轴向 Z 方向的平动；滚动体沿自身旋转坐标系 y_{j} 轴和 z_{j} 轴平动、绕 x_{j}，y_{j} 和 z_{j} 轴自转运动，以及滚动体绕 Z 轴公转运动；保持架绕 Z 轴公转运动。外力沿 X，Y 和 Z 三个方向作用于轴承内圈。由于轴承系统元件较多，接触关系复杂，难以对轴承系统进行完整准确的建模，为了更加准确地描述本章的模型，对动力学模型做出如下假设：

(1)轴承内、外圈均为刚性，忽略了轴承内、外圈受载产生弯曲变形的影响。

(2)忽略了轴承外圈的运动。

(3)忽略了轴承内圈绕 X 轴和 Y 轴的偏转运动。

(4)滚动体与滚道接触处产生的局部变形均为弹性变形且遵守赫兹接触理论。

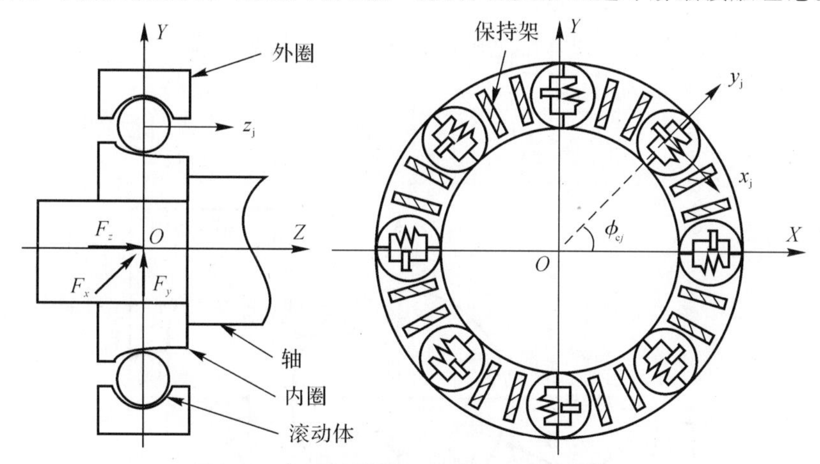

图 3.6　角接触球轴承摩擦振动动力学模型

轴承内圈在外力 F_x，F_y 和 F_z 与滚动体接触力 Q_x，Q_y 和 Q_z 共同作用下，沿整体坐标系 $OXYZ$ 产生的位移表示为 Δx，Δy 和 Δz，根据牛顿第二定律，得到轴承平动的控制方程为

$$M\Delta\ddot{x} = -c\Delta\dot{x} - K_{\mathrm{s}}\Delta x - Q_x \tag{3.59}$$

$$M\Delta\ddot{y} = -c\Delta\dot{y} - K_{\mathrm{s}}\Delta y - Q_y \tag{3.60}$$

$$M\Delta\ddot{z} = -c\Delta\dot{z} - K_{\mathrm{s}}\Delta z - Q_z \tag{3.61}$$

式中：M 表示轴承内圈及轴的总质量；$\Delta\ddot{x}$，$\Delta\ddot{y}$ 和 $\Delta\ddot{z}$ 分别表示内圈沿 X，Y 和 Z 各轴方向的加速

度；$\Delta\dot{x}$，$\Delta\dot{y}$ 和 $\Delta\dot{z}$ 分别表示内圈沿 X,Y 和 Z 各轴方向的速度；c 表示阻尼，此处取值为 200 Ns/m；K_s 表示内圈处轴支撑刚度，此处取值为 10^7 N/m；Q_x，Q_y 和 Q_z 分别表示内圈所受滚动体接触力总和，表示为

$$\left.\begin{aligned} Q_x &= Q_x + \sum_{j=1}^{N_b}(Q_{ij}\cos\alpha_{ij} + f_{iyj}\sin\alpha_{ij})\cos\phi_{cj} \\ Q_y &= Q_y + \sum_{j=1}^{N_b}(Q_{ij}\cos\alpha_{ij} + f_{iyj}\sin\alpha_{ij})\sin\phi_{cj} \\ Q_z &= Q_z + \sum_{j=1}^{N_b}(Q_{ij}\sin\alpha_{ij} - f_{iyj}\cos\alpha_{ij}) \end{aligned}\right\} \tag{3.62}$$

式中：Q_{ij} 和 α_{ij} 分别表示第 j 个滚动体与内圈接触载荷和接触角，由式(3.4)和式(3.5)求得；f_{iy} 表示轴承内圈及滚动体间沿垂直于滚动体滚动方向的拖动力，由式(3.50)求得；ϕ_{cj} 表示滚动体的角位移。

第 j 个滚动体在内、外圈接触载荷 Q_{ij} 和 Q_{oj} 共同作用下，沿滚动体局部坐标系 y_j 轴和 z_j 轴产生的位移表示为 Δy_j 和 Δz_j，如图 3.7 所示。根据 Harris 等人提出的滚动体力平衡分析理论，基于牛顿第二定律，得到滚动体平动的控制方程：

滚动体沿 y 轴方向力平衡方程为

$$m_b\Delta\ddot{y}_j = Q_{ij}\cos\alpha_{ij} - Q_{oj}\cos\alpha_{oj} + F_{cj} \tag{3.63}$$

滚动体沿 z 轴方向力平衡方程为

$$m_b\Delta\ddot{z}_j = Q_{ij}\sin\alpha_{ij} - Q_{oj}\sin\alpha_{oj} \tag{3.64}$$

式中：m_b 表示滚动体质量；$\Delta\ddot{y}_j$ 和 $\Delta\ddot{z}_j$ 分别表示内圈沿 y_j 轴和 z_j 轴方向的加速度；F_{cj} 表示第 j 个滚动体所受离心力，表示为

$$F_{cj} = 0.5m_b d_m \omega_c^2 \tag{3.65}$$

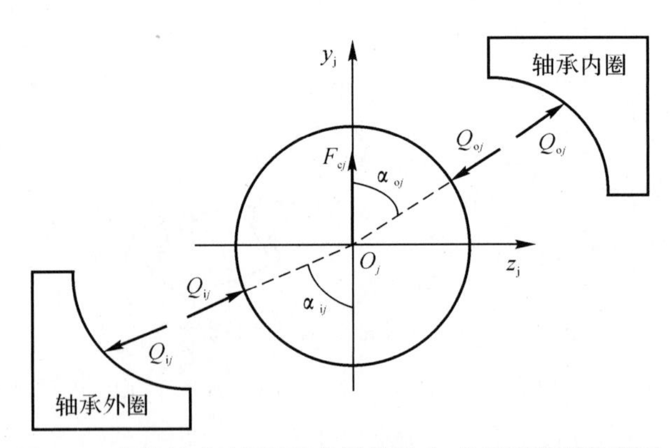

图 3.7　角接触球轴承滚动体及轴承内、外圈所受载荷情况

在滚动体的局部坐标系 $Ox_jy_jz_j$ 中，滚动体分别以角速度 ω_{xj}，ω_{yj} 和 ω_{zj} 绕 x_j，y_j 和 z_j 轴自转，除此之外，滚动体还以角速度 ω_{cj} 绕角接触球轴承中心 Z 轴公转。因此，根据欧拉方程可以得到滚动体自转运动的控制方程为

$$\begin{bmatrix} M_{xj} \\ M_{yj} \\ M_{zj} \end{bmatrix} = \begin{bmatrix} I_b\dot{\omega}_{xj} - I_b\omega_{cj}\omega_{yj} \\ I_b\dot{\omega}_{yj} + I_b\omega_{cj}\omega_{xj} \\ I_b\dot{\omega}_{zj} \end{bmatrix} \tag{3.66}$$

式中：M_{xj}，M_{yj}和 M_{zj}分别表示绕 x_j，y_j 和 z_j 轴施加于滚动体的外部力矩；I_b 表示滚动体绕自身轴线的转动惯量，计算方法参考式(3.67)；$\dot{\omega}_{xj}$，$\dot{\omega}_{yj}$ 和 $\dot{\omega}_{zj}$ 分别表示滚动体绕 x_j，y_j 和 z_j 轴自转角加速度。

$$I_b = \frac{2}{5}m_b\,(d_b/2)^2 \tag{3.67}$$

由受力分析可知，外部力矩 M_{xj}，M_{yj}和 M_{zj}由滚动体与滚道间拖动力施加。因此，根据图3.7所示滚动体受力情况，可得外部力矩计算方程为

$$\begin{bmatrix} M_{xj} \\ M_{yj} \\ M_{zj} \end{bmatrix} = \begin{bmatrix} \frac{d_b}{2}(f_{oyj} - f_{iyj}) \\ \frac{d_b}{2}(-f_{oxj}\sin\beta_{oj} + f_{ixj}\sin\beta_{ij}) + (m_{oj}\cos\beta_{oj} + m_{ij}\cos\beta_{ij}) \\ \frac{d_b}{2}(-f_{oxj}\cos\beta_{oj} + f_{ixj}\cos\beta_{ij}) - (m_{oj}\sin\beta_{oj} + m_{ij}\sin\beta_{ij}) \end{bmatrix} \tag{3.68}$$

式中：f 和 m 分别表示拖动力和拖动力矩。

除此之外，滚动体在拖动力、保持架碰撞力和润滑剂扰流阻力共同作用下围绕轴承轴线作公转运动，公转运动控制方程为

$$I_{cj}\dot{\omega}_{cj} = \left(\frac{d_{ro}}{2}f_{oxj} + \frac{d_{ri}}{2}f_{ixj}\right) - \frac{d_m}{2}(f_{cage,j} + f_v) \tag{3.69}$$

式中：I_{cj}表示滚动体绕轴承轴线的转动惯量，$I_{cj} = I_b + m_b\left(\frac{d_e}{2}\right)^2$；$d_{ri}$，$d_{ro}$分别表示滚动体与内、外滚道接触点处的直径，$d_{ri} = d_m - d_b\cos\alpha_{ij}$，$d_{ro} = d_m + d_b\cos\alpha_{oj}$。

可知，轴承保持架与滚动体间碰撞力互为作用力与反作用力，保持架在滚动体碰撞力作用下围绕轴承轴线作公转运动，其公转运动控制方程为

$$I_{cage}\dot{\omega}_{cage} = \frac{d_m}{2}\sum_{j=1}^{N_b} f_{cage,j} \tag{3.70}$$

式中：I_{cage} 表示保持架绕轴承轴线的转动惯量；$\dot{\omega}_{cage}$ 表示保持架公转角加速度。

3.7　仿真结果与影响分析

3.7.1　模型验证

对于轴承内圈，由式(3.59)～式(3.61)描述其平动；对于角接触球轴承中任意滚动体，均由式(3.63)和式(3.64)描述其平动，由方程组式(3.66)和方程组式(3.68)描述其自转运动，由式(3.69)描述其公转运动。另外，由式(3.70)描述保持架公转运动。因此，运用四阶龙格库塔法联立求解式(3.59)～式(3.70)可获得轴承各元件运动情况，求解的具体过程如图3.8所示。

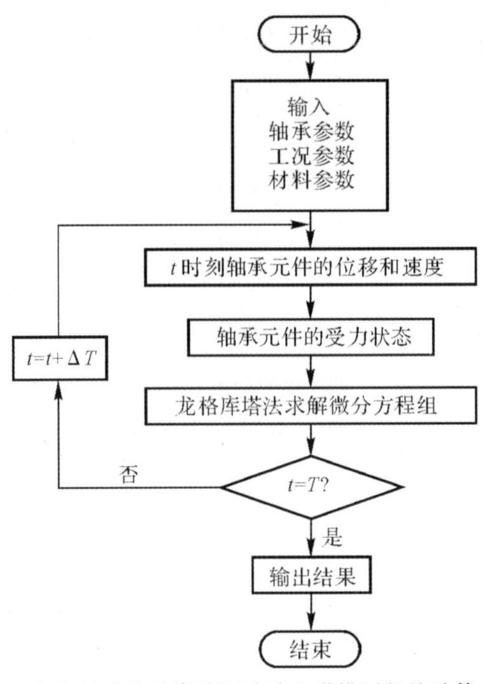

图 3.8 角接触球轴承摩擦振动动力学模型数值计算流程图

为了验证模型正确性，将上述模型所得结果与 Pasdari 和 Gentle 的试验结果进行了对比分析。Pasdari 和 Gentle 通过试验测得了不同轴向力作用下的保持架角速度，其试验台由直流电机、驱动轴、滑轮机构和试验轴承组成，其中驱动轴由两个深沟球轴承支撑并由滑轮机构与直流电机连接，试验轴承安装在驱动轴上。摩擦动力学模型选用的轴承与 Pasdari 和 Gentle 试验所用轴承一致，轴承参数见表 3.1；由于原试验中未给出润滑油数据，因此选用常用的 Mil-L-23699 润滑油作为摩擦动力学模型用油，润滑油参数见表 3.2。

表 3.1 Pasdari 和 Gentle 试验轴承参数

参 数	数 值	参 数	数 值
滚动体数目(N_b)	11	节圆直径(d_m)	56.6×10^{-3} m
初始接触角(α_0)	25°	滚动体质量(m_b)	0.01 kg
轴承内圈质量(M)	0.5 kg	滚动体直径(d_b)	13.5×10^{-3} m
滚道曲率半径(r_{io})	7×10^{-3} m	弹性模量(E_{io})	2.075×10^{11} N·m^{-2}
泊松比(ν_{io})	0.3	保持架接触刚度(k_{cage})	1×10^{8} N·m^{-1}
保持架转动惯量(I_{cage})	4.096×10^{-5} kg·m^2	保持架兜孔游隙(c_r)	1×10^{-5} m

表 3.2 润滑油 Mil-L-23699 参数

参 数	数 值	参 数	数 值
润滑油黏度(η_0)	0.046 67 Pa·s	黏压系数($c_{\eta p}$)	1.2×10^{-8} Pa^{-1}
黏温系数(K_T)	0.04	黏度-压力系数(z)	0.6
润滑油液密度(ρ_v)	860 kg·m^{-3}	极限剪应力系数(η_{lim})	0.04

续 表

参 数	数 值	参 数	数 值
热膨胀系数($a_{\exp}$)	7.42×10^{-4} ℃$^{-1}$	ε	-1.28×10^{-3} ℃$^{-1}$
R_0	860	B	3.382
K_0'	10.741	K_∞	-1.0149×10^{9} Pa
K_0	570.8×10^{9} Pa	绕流阻力系数(c_v)	15

保持内圈转速为 2 000 r/min(保持架公转速度理论值 82.08 rad/s),轴向力 $F_z=50$ N,100 N,150 N,200 N,300 N,…,500 N,将上述参数输入摩擦动力学模型,计算获得不同轴向力下保持架公转角速度情况,如图 3.9 所示。图 3.9 显示,当轴向力 $F_Z<200$ N 时,保持架公转速度低于理论计算值。这是由于轴向力较小时,滚道与滚动体间摩擦力和摩擦力矩均较小,不足以提供足够的拖动力来保持滚动体在纯滚动状态,此时轴承滚道与滚动体间存在细微的打滑现象。伴随轴向力的继续增加,滚道与滚动体间摩擦力与摩擦力矩增加,导致保持架公转速度逐渐接近理论值。并且轴向力越大,保持架公转速度达到理论值的时间也越短,如图 3.9 局部放大图所示。

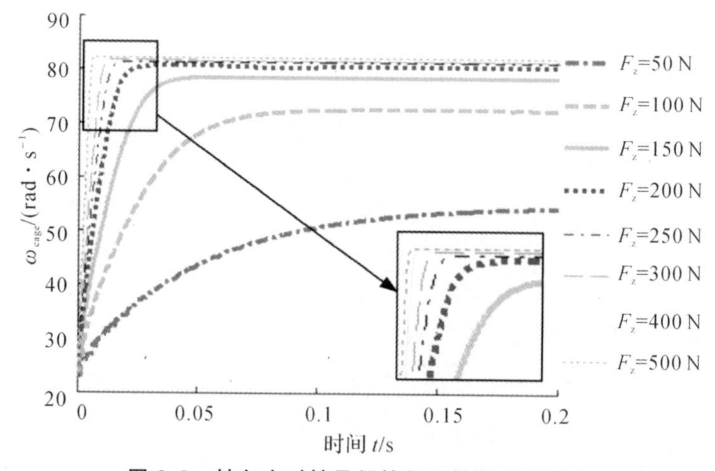

图 3.9　轴向力对轴承保持架公转速度的影响

不同轴向力下 Pasdari 和 Gentle 试验(Pasdari & Gentle's test)、仅考虑滑动摩擦模型(Sliding Friction Model,SFM)与本章提出的综合摩擦模型(Integrated Friction Model,IFM)仿真计算获得的保持架公转速度/内圈转速比值对比情况如图 3.10 所示。图 3.10 显示,当轴向力较小时,Pasdari 和 Gentle 试验获得的保持架公转速度/内圈转速比值呈现较大的波动,这可能是由于此时打滑较严重导致试验结果不准确造成的。伴随轴向力的增大,试验获得的保持架公转速度/内圈转速比值逐渐逼近理论值 0.392,而且仿真计算结果与试验结果具有很好的一致性,可以验证模型的正确性。

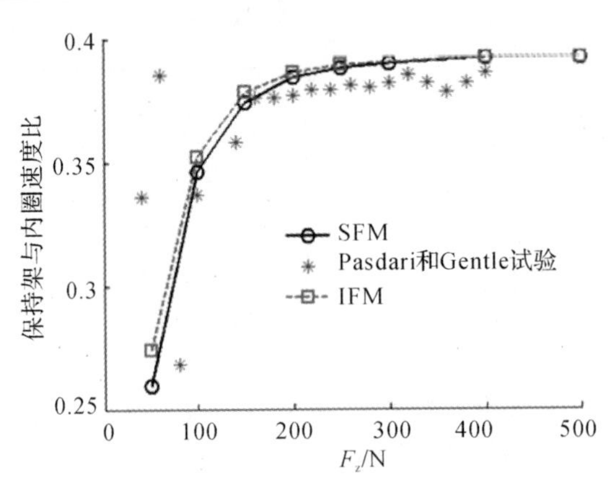

图 3.10　试验和仿真计算获得的保持架公转速度/内圈转速比值对比

3.7.2　表面粗糙度对轴承动态特性的影响规律分析

本节假设外圈滚道表面为绝对光滑界面，研究了粗糙度幅值、轴向力对滚动体运动情况的影响，以及轴向力对润滑特性的影响。保持轴承转速为 2 000 r/min，将表 3.3 所示内圈滚道粗糙度参数代入摩擦动力学模型。在纯轴向受载情况下，角接触球轴承各滚动体所受外加轴向载荷均相等，因此每个滚动体的运动状态以及其与内、外圈滚道间的接触状态差异极小。本章以第一个滚动体为例研究各工况下所有滚动体的运动状态及其与内、外圈滚道之间的接触状态。

表 3.3　内圈滚道表面粗糙度参数

参　数	数　值
表面粗糙微凸体硬度(v)/Pa	6×10^9
粗糙体摩擦因数(f_c)	0.12

3.7.2.1　粗糙度幅值对滚动体运动状态的影响规律分析

保持轴向载荷 $F_z=50$ N，改变轴承内圈滚道表面粗糙度误差幅值 $\sigma=0.01$ μm，0.05 μm，0.1 μm，0.2 μm 和 0.3 μm，分别运用 SFM 模型与本章提出的 IFM 模型，得到轴承内圈滚道表面粗糙度误差幅值对滚动体运动状态的影响，如图 3.11 所示。图 3.11 显示，两种模型所获结果均表明内圈表面粗糙度幅值变化会对滚动体运动状态产生显著的影响。当内圈滚道表面粗糙度幅值 $\sigma<0.1$ μm 时，粗糙度幅值对滚动体运动状态的影响很小；伴随粗糙度幅值持续增加至 0.1 μm 及更大时，滚动体的公转角速度 ω_{cage} 和滚动体绕 Z 轴自转角速度 ω_Z 呈现明显的增加趋势，如图 3.11(a)(b)所示。而伴随滚动体 ω_{cage} 和 ω_Z 的增加，滚动体与内滚道间的平移滑动速度 u_{ir} 显著减小，滚动体在内、外圈滚道上的自旋速度也随之减小，如图 3.11(c)(e)(f)所示；滚动体与外滚道间的平移滑动速度有微小增加，如图 3.11(d)所示。对比滚动体与内、外圈滚道的平移滑动速度可以发现，滚动体与内滚道之间的平移滑动速度幅值更大，变化幅度也更大。所以当轴向力为 50 N 时，增大内圈滚道表面粗糙度可抑制滚动体及内、外圈滚道间的整体打滑程度，有利于滚动体接近理论纯滚动状态。

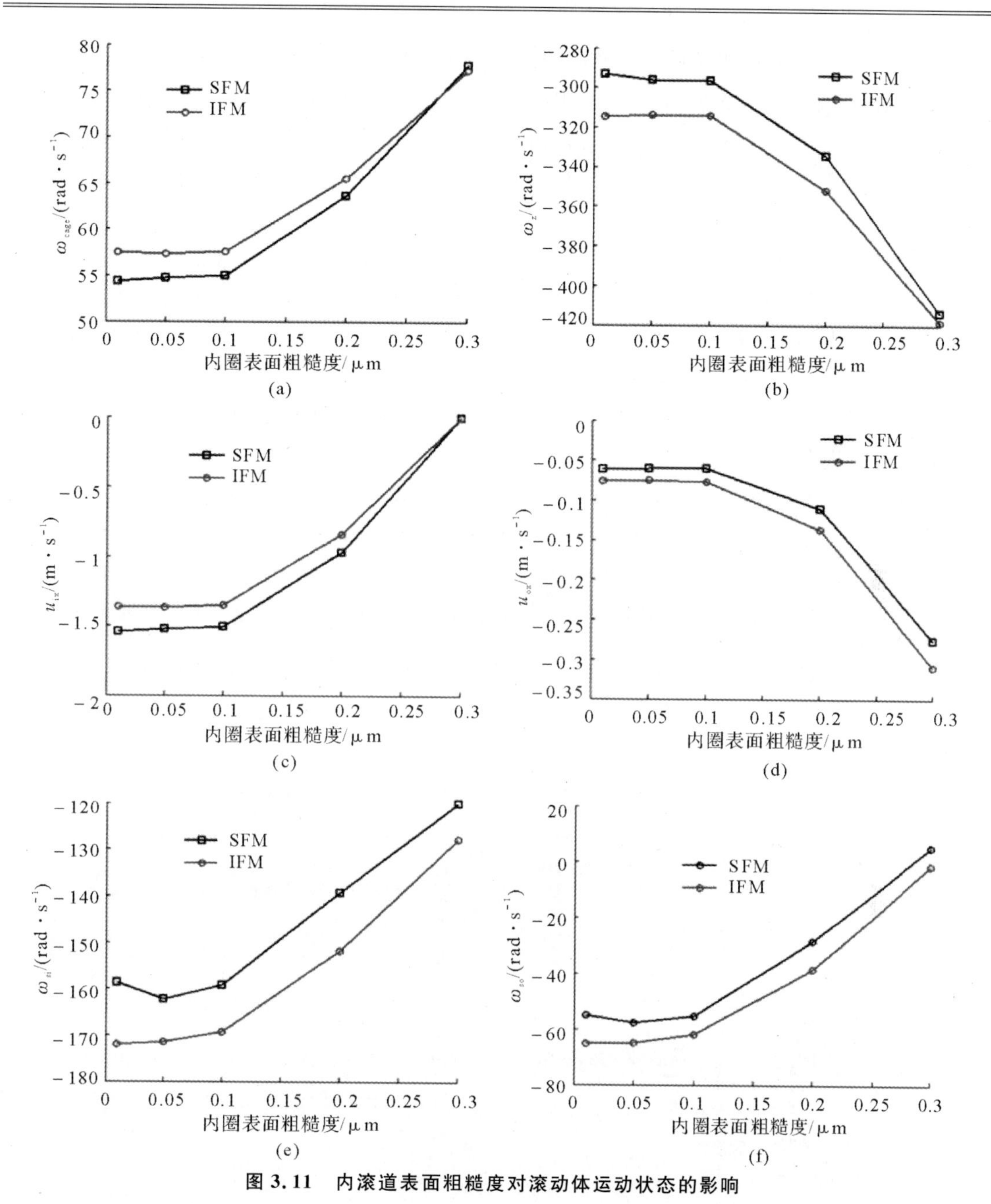

图 3.11　内滚道表面粗糙度对滚动体运动状态的影响

(a)公转角速度；(b)绕 Z 轴自转速度；(c)内圈滚道上滑动速度；
(d)外圈滚道上滑动速度；(e)内圈滚道上自旋角速度；(f)外圈滚道上自旋角速度

除此之外，本章 IFM 模型获得的结果与 SFM 模型获得的结果存在一定差异，相同粗糙度误差幅值条件下，IFM 模型获得的滚动体公转角速度、绕 Z 轴自转速度、滚动体与滚道间滑动速度和滚动体相对滚道自旋角速度等运动参数仿真计算值均更大。结果表明，润滑油液滚动摩擦阻力、弹性迟滞摩擦力和差动滑动摩擦力对滚动体运动状态的影响不可忽略。因此，本章模型完善了滚动体与滚道间接触处摩擦力成分，为准确获得轴承元件运动状态提供了参考。

3.7.2.2 轴向力对滚动体运动状态的影响规律分析

改变轴向载荷 F_z＝50 N，100 N，150 N，200 N，250 N 和 400 N，改变轴承内圈滚道表面粗糙度误差幅值 σ＝0.01 μm，0.05 μm，0.1 μm，0.2 μm 和 0.3 μm，得到不同轴向力下轴承内圈滚道表面粗糙度误差幅值对滚动体运动状态的影响，如图 3.12 所示。图 3.12 显示，轴向力变化会对滚动体运动状态产生显著影响。伴随轴向力增大，滚动体的公转角速度 ω_{cage} 和滚动体绕 Z 轴自转角速度 ω_Z 增加，如图 3.12(a)(b)所示；滚动体与内、外滚道间的平移滑动速度 u_{ix}、u_{ox} 减小并趋近 0 值，如图 3.12(c)(d)所示。此外，轴向力变化会导致内圈表面粗糙度幅值对滚动体运动状态影响程度的变化。当轴向载荷 F_z＜150 N 时，粗糙度幅值对滚动体运动状态的影响更加明显：伴随内圈滚道表面粗糙度幅值的增加，滚动体与内滚道间的平移滑动速度 u_{ix} 减小，滚动体与外滚道间的平移滑动速度 u_{ox} 增大；当轴向载荷 F_z＞150 N 时，粗糙度幅值对滚动体运动状态的影响程度逐渐降低。

造成上述现象的原因是当轴向力较低时，滚动体与内、外圈滚道间打滑现象明显，此时轴向力和内圈粗糙度幅值变化会对滚动体运动状态造成更加显著的影响；伴随轴向力增大至 150 N 及更高时，滚动体与内、外圈滚道间打滑现象逐渐改善，滚动体公转角速度和绕 Z 轴自转角速度均趋近纯滚动理论值，此时轴向力和内圈粗糙度幅值变化对滚动体运动状态几乎不产生影响。

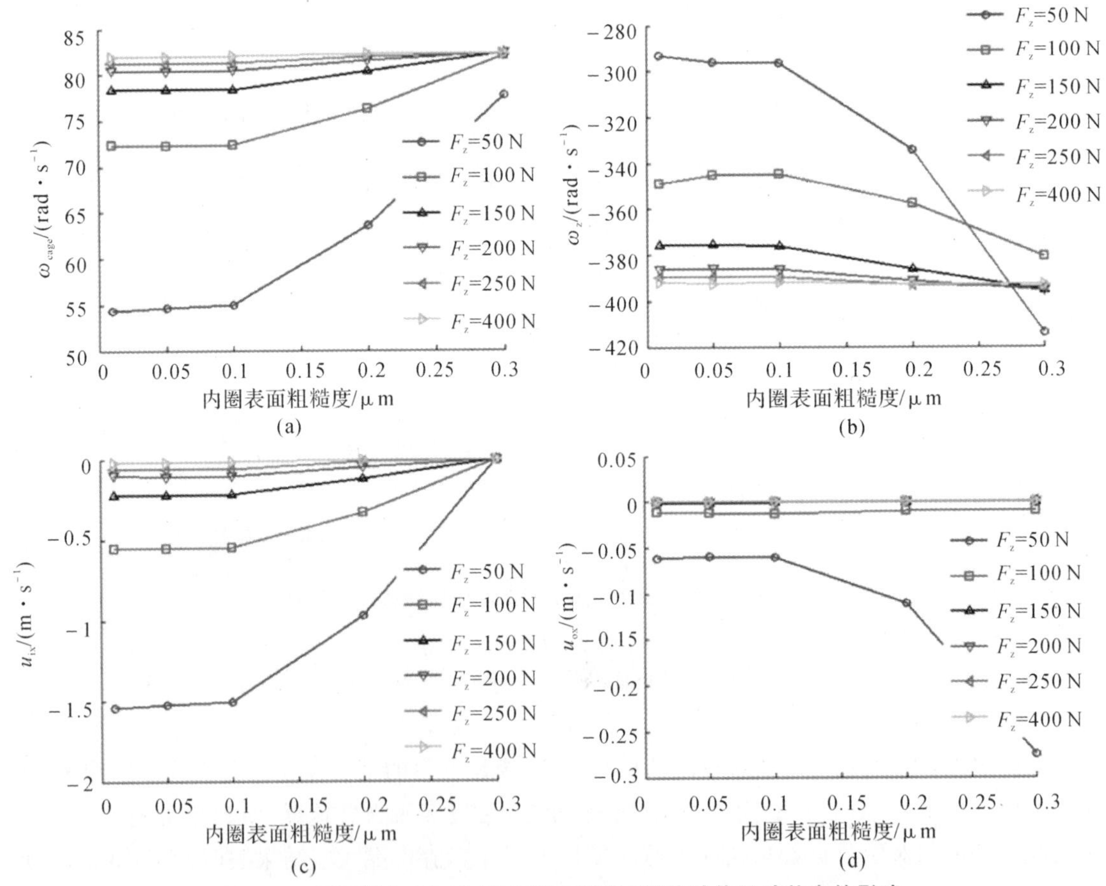

图 3.12 不同轴向力下内滚道表面粗糙度对滚动体运动状态的影响

(a)公转速度；(b)绕 Z 轴自转速度；(c)内圈滚道上滑动速度；(d)外圈滚道上滑动速度

3.7.2.3　轴向力对接触特性的影响规律分析

改变轴向载荷 F_z=50 N,100 N,150 N,200 N,250 N 和 400N,改变轴承内圈滚道表面粗糙度误差幅值 σ=0.01 μm,0.05 μm,0.1 μm,0.2 μm 和 0.3 μm,得到不同轴向力下轴承内圈滚道表面粗糙度误差幅值对接触处润滑特性的影响,如图 3.13 所示。图 3.13(a)显示,轴向力变化会对接触处粗糙微凸体承载比产生显著影响,伴随轴向力增大,接触处粗糙微凸体承载比逐渐降低。图 3.13 显示,粗糙度误差幅值变化会对接触处粗糙微凸体承载比及膜厚粗糙度比值产生显著影响,伴随粗糙度幅值增加,粗糙微凸体承载比逐渐增加,而膜厚粗糙度比值逐渐降低。上述现象是因为,当轴向力增加时,滚动体逐渐趋近纯滚动状态,接触处润滑油卷吸效应明显,轴承润滑性能逐渐优化,润滑油膜承载比例逐渐提高;当粗糙度幅值逐渐增加时,接触处润滑状态由液压润滑向混合润滑过渡,轴承润滑性能恶化,膜厚粗糙度比值逐渐降低,粗糙体承载比例逐渐提高。

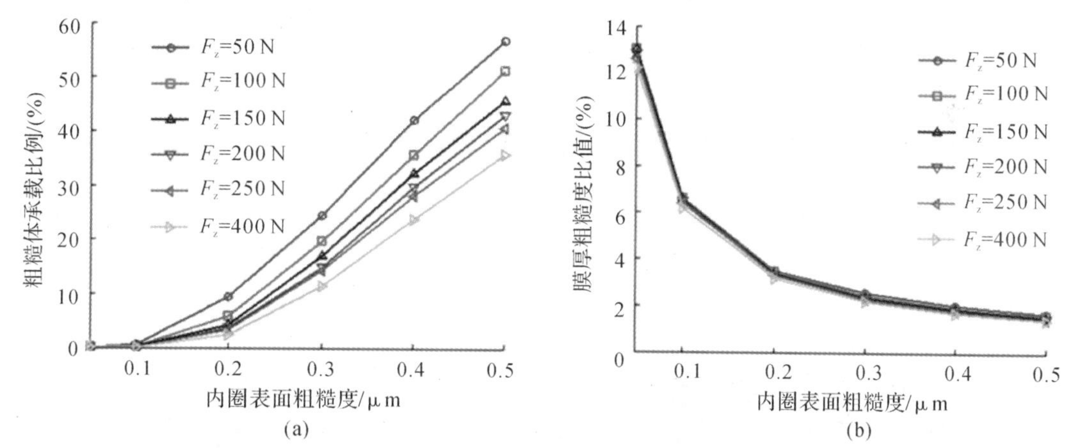

图 3.13　不同轴向力下内滚道表面粗糙度对接触处润滑特性的影响

(a)粗糙微凸体承载比;(b)膜厚与粗糙度比值

此外,图 3.13(a)显示,各轴向力作用下,粗糙体承载比例均伴随粗糙度幅值增大而逐渐提高,此时滚动体与内、外滚道间摩擦力也将相应产生变化,改变轴向力及粗糙度误差幅值,得到轻载及重载工况下内滚道表面粗糙度幅值对接触处摩擦力的影响,如图 3.14 所示。图 3.14 显示,当轴向力 F_z=50 N(轻载工况)时,随内滚道表面粗糙度幅值的增大,滚动体与内、外圈滚道间摩擦力均逐渐增大;当轴向力 F_z=200 N(重载工况)时,随内滚道表面粗糙度幅值的增大,滚动体与内圈滚道间摩擦力逐渐增大,但滚动体与外圈滚道间摩擦力几乎保持不变。上述现象是因为,滚动体与外圈滚道间摩擦力受两表面间平移滑动速度的密切影响:轻载工况下,伴随内圈滚道表面粗糙度幅值的增加,滚动体与外滚道间平移滑动速度逐渐增加,如图 3.11(d)所示,因而滚动体与外滚道间摩擦力逐渐增加;当轴向力 F_z 逐渐增大至 200 N 及更大时,即重载工况下,滚动体接近理论纯滚动状态。滚动体及外滚道间平移滑动速度不随内圈滚道表面粗糙度的变化而改变,如图 3.12(d)所示,因而滚动体与外滚道间摩擦力几乎保持不变。同理,滚动体与内、外圈滚道间摩擦力又会对滚动体运动特性产生影响,如图 3.11 及图 3.12 所示。

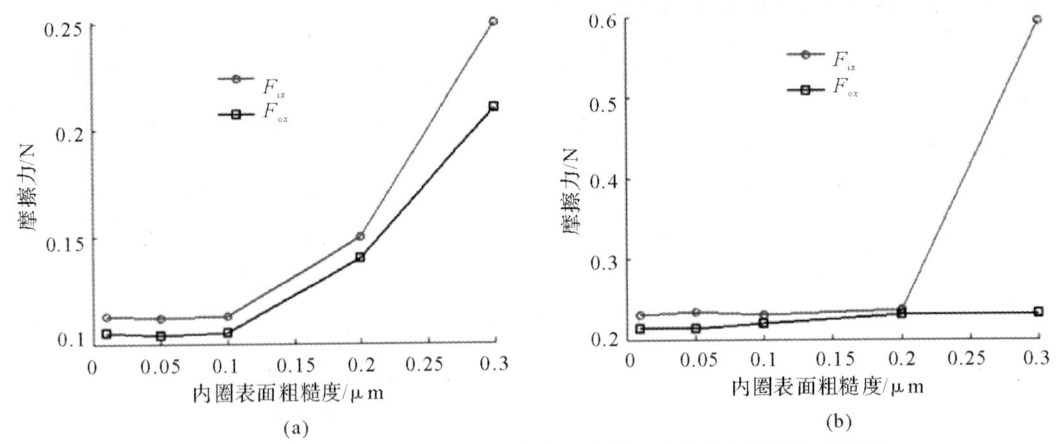

图 3.14　轻载及重载工况下内滚道表面粗糙度对接触处摩擦力的影响

(a)50 N 时滚动体与滚道间摩擦力;(b)200 N 时滚动体与滚道间摩擦力

3.8　本章小结

本章考虑了混合润滑状态下摩擦力,考虑了弹流润滑滚动摩擦力矩、弹性迟滞摩擦力矩和差动滑动摩擦力矩对滚动体摩擦力的影响,将综合摩擦计算模型耦合到角接触球轴承动力学模型中,建立了角接触球轴承摩擦振动动力学改进模型。研究了表面粗糙度、轴向力对滚动体运动状态、滚动体与滚道间接触特性的影响规律。主要结论如下:

(1)本章 IFM 模型获得的结果与 SFM 模型获得的结果存在一定差异,相同粗糙度误差幅值条件下,IFM 模型获得的滚动体运动参数仿真计算值均更大。因此,润滑油液滚动摩擦阻力、弹性迟滞摩擦力和差动滑动摩擦力对滚动体运动状态的影响不可忽略。

(2)内圈表面粗糙度幅值变化会对滚动体运动状态产生显著的影响。当轴向载荷较低且没有达到消除打滑所需最小临界载荷时,伴随粗糙度幅值持续增加,滚动体与内滚道间的平移滑动速度显著减小,滚动体在内、外圈滚道上的自旋速度也随之减小。虽然滚动体与外滚道间的平移滑动速度有微小增加,但滚动体与内、外圈滚道间打滑程度受到抑制,因此认为当轴向载荷较低且没有达到消除打滑所需最小临界载荷时,适当增加内圈滚道表面粗糙度有利于减少角接触球轴承内的打滑现象。

(3)轴向力变化会对滚动体运动状态产生显著影响。伴随轴向载荷增大,滚动体与内、外滚道间的平移滑动速度减小,且当轴向载荷达到消除打滑所需最小临界载荷时,滚动体与内、外滚道间的打滑现象几乎被抑制。此时,表面粗糙度幅值变化对滚动体的运动状态无明显影响。

(4)轴向力变化会对接触处润滑特性产生显著影响。伴随轴向载荷增加,滚动体逐渐趋近纯滚动状态,接触处润滑油卷吸效应明显,轴承润滑性能逐渐优化,润滑油膜承载比例逐渐提高。但是伴随粗糙度幅值逐渐增加,接触处润滑状态由液压润滑向混合润滑过渡,轴承润滑性能恶化,膜厚粗糙度比值逐渐降低,粗糙体承载比例逐渐提高。

参考文献

[1] HARRIS T A. Rolling bearing analysis[M]. New York:John Wiley and sons,2001.

[2] TONG V C,HONG S W. Improved formulation for running torque in angular contact ball bearings[J]. International Journal of Precision Engineering and Manufacturing, 2018,19: 47 - 56.

[3] TONG V C,HONG S W. Study on the running torque of angular contact ball bearings subjected to angular misalignment[J]. Journal of Engineering Tribology,2018,232(7): 890 - 909.

[4] CROOK A W,EDWARD T. The lubrication of rollers,part Ⅲ:A theoretical discussion of friction and the temperatures in the oil film[J]. Philosophical Transactions of the Royal Society of London Series A:Mathematical and Physical Sciences,1977,254: 237 - 258.

[5] BAIR S,KOTTKE P. Pressure-viscosity relationships for elastohydrodynamics[J]. Tribology transactions,2003,46(3): 289 - 295.

[6] HAMROCK B J,DOWSON D. Isothermal elastohydrodynamic lubrication of point contacts,part Ⅲ:fully flooded results[J]. Journal of Lubrication Technology,1977,99(2): 264 - 275.

[7] HOUPERT L. Ball bearing and tapered roller bearing torque: analytical,numerical and experimental results[J]. Tribology Transactions,2002,45(3): 345 - 353.

[8] TONG V C,HONG S. Improved formulation for running torque in angular contact ball bearings [J]. International Journal of Precision Engineering and Manufacturing,2018,19: 47 - 56.

[9] MOSHKOVICH A,PERFILYEV V,LAPSKER I,et al. Stribeck curve under friction of copper samples in the steady friction state[J]. Tribology Letters,2010,37(3): 645 - 653.

[10] MASJEDI M,KHONSARI M M. An engineering approach for rapid evaluation of traction coefficient and wear in mixed EHL[J]. Tribology International,2015,92: 184 - 190.

[11] MASJEDI M,KHONSARI M M. On the effect of surface roughness in point - contact EHL: Formulas for film thickness and asperity load[J]. Tribology International,2015, 82: 228 - 244.

[12] ROELANDS C J A. Correctional aspects of the viscosity-temperature-pressure relationship of lubricating oils[D]. Groningen: Druk,1966.

[13] TIAN X,KENNEDY F E. Maximum and average flash temperatures in sliding contacts [J]. Journal of tribology,1994,116(1): 167 - 174.

[14] HAN Q,CHU F. Nonlinear dynamic model for skidding behavior of angular contact ball bearings[J]. Journal of Sound and Vibration,2015,354: 219 - 235.

[15] PASDARI M,GENTLE C R. Effect of lubricant starvation on the minimum load condition in a thrust-loaded ball bearing[J]. ASLE transactions,1987,30(3): 355 - 359.

第 4 章　滚动轴承波纹度激励与动力学模拟方法

4.1 引　　言

滚动轴承的各部件表面不可避免地存在形状误差，其波纹度、粗糙度和圆度是滚动轴承内、外圈表面的主要形状误差。轴承滚道表面存在波纹度时，波纹度不仅会引起周期性的位移激励，还会使滚动体与滚道之间的接触刚度发生周期性变化，导致滚动体与滚道之间接触力周期性变化，造成轴承及转子系统产生异常振动和疲劳破坏。因此，探究滚动轴承波纹度诱发的振动特征，并对其进行检测，对于轴承及转子系统避免异常振动与失效的发生具有重要的工程实际意义。

本章针对均匀与非均匀分布波纹度诱发的周期性位移激励和接触刚度激励的耦合作用机理和建模的问题，提出了时变位移激励和时变接触刚度激励耦合的滚动轴承波纹度动力学模型；分析了波纹度波数、幅值和非均匀分布对滚动体与内、外圈滚道表面之间接触刚度的影响规律；研究了波纹度激励下的轴承的振动响应特征；分析了内、外圈滚道表面波纹度波数、幅值和非均匀分布对轴承振动响应特征的影响规律，为获得可靠的波纹度滚动轴承的动力学响应特征提供了新的手段和方法。

4.2 滚动轴承波纹度缺陷的振动机理

滚动轴承的滚道表面不存在波纹度时，滚道表面为光滑曲面，滚动体与滚道之间接触面的曲率半径始终为恒定值，如图 4.1 中点画线所示。

图 4.1 中实线表示，轴承滚道表面存在波纹度时，滚道表面由光滑曲面变为波纹曲面，滚道表面的曲率半径随波纹的位置变化，不再为恒定值；滚动体与滚道之间接触面的曲率半径随滚动体与滚道之间接触位置的变化而变化，导致滚动体与滚道之间的接触力随之发生变化，造成轴承产生异常振动和疲劳破坏。

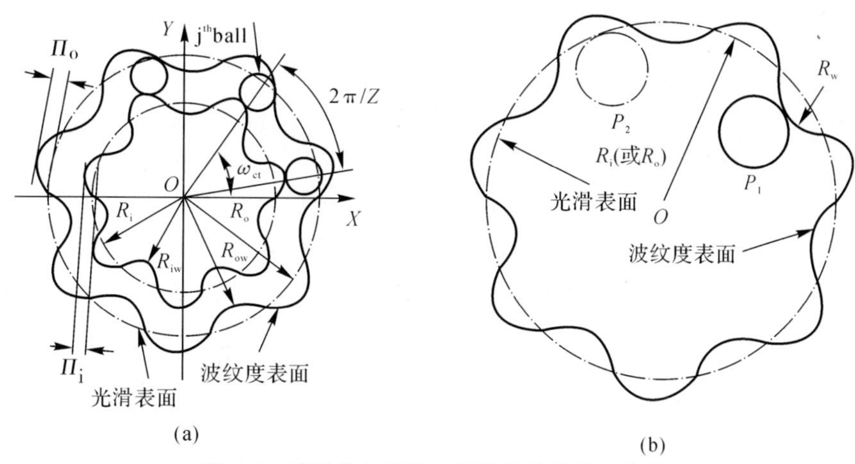

图 4.1　滚动体与滚道之间的接触形式示意图

(a)内、外圈滚道表面波纹度;(b)滚动体与不同滚道的接触示意图

滚动轴承滚道表面波纹度的形状可以假设为正弦波形，且假设波纹度的波长远大于滚动体与滚道之间的 Hertz 接触面积的尺寸，如图 4.1 所示；滚动轴承滚道表面波纹度可以采用周期性的正弦函数描述，如图 4.2 所示。目前的时变位移激励波纹度(Time-Varying Displacement excitation，TVD)模型，如图 4.2 中虚线所示。TVD 模型考虑了均匀波纹度引起的时变位移激励，不能准确描述均匀与非均匀分布波纹度诱发的滚动体与波纹度滚道之间时变接触刚度激励的问题。针对这个问题，提出了时变位移激励和时变接触刚度激励耦合的波纹度(Time-Varying Displacement excitation and time-varying contact Stiffness excitation，TVDS)模型，如图 4.2 中实线所示。TVDS 模型可以同时描述均匀与不均匀波纹度引起的时变位移激励和时变接触刚度激励。

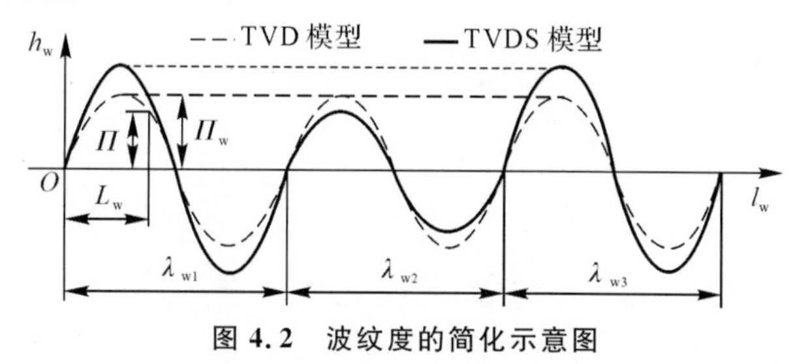

图 4.2　波纹度的简化示意图

图 4.2 所示的波纹度模型，任意位置 L_{ws} 处，波纹度 Π 的表达式为

$$\Pi = \sum_{s=1}^{N_w} \Pi_{ws} \sin\frac{2\pi L_{ws}}{\lambda_{ws}} \tag{4.1}$$

式中：N_w 为波纹度总个数；Π_{ws} 为第 S 个波纹度的最大幅值；λ_{ws} 为第 S 个波纹度的平均波长，其表达式为

$$\lambda_{ws} = \begin{cases} \theta_{ws} R_i(\text{内圈波纹度}) \\ \theta_{ws} R_o(\text{外圈波纹度}) \end{cases} \tag{4.2}$$

式中：R_i 为内圈滚道半径；R_o 为外圈滚道半径；θ_{ws} 为第 S 个波纹度对应的弧度角，且满足关

系式：

$$\sum_{s=1}^{N_w}\theta_{ws}=2\pi \tag{4.3}$$

L_{ws}的表达式为

$$L_{ws}=\begin{cases}R_i\theta_{dj}\text{（内圈波纹度）}\\R_o\theta_{dj}\text{（外圈波纹度）}\end{cases} \tag{4.4}$$

式中：θ_{dj} 为第 j 个滚动体与滚道之间的接触角，其表达式为

$$\theta_{dj}=\begin{cases}\dfrac{2\pi}{Z}(j-1)+\omega_c t+\theta_{0x} & \text{（外圈）}\\[2ex]\dfrac{2\pi}{Z}(j-1)+(\omega_c-\omega_s)t+\theta_{0x} & \text{（内圈）}\end{cases} \tag{4.5}$$

式中：Z 为滚动体的总个数；j 表征第 j 个滚动体，$j=1,2,\cdots,Z$，θ_{0x} 为第 1 个滚动体相对于 X 轴的初始角位置；ω_c 为保持架的角速度；ω_s 为内圈的角速度。

根据式(4.1)，考虑波纹度初始幅值 Π_{0s}的影响，任意位置 L_{ws}处，波纹度的表达式为

$$\Pi=\sum_{s=1}^{N_w}\left(\Pi_{0s}+\Pi_{ws}\sin\frac{2\pi L_{ws}}{\lambda_{ws}}\right) \tag{4.6}$$

根据式(4.6)，任意位置 L_{ws}处，波纹度的曲率表示为

$$\rho_{ws}=\frac{\left|\Pi_{ws}\left(\dfrac{2\pi}{\lambda_{ws}}\right)^2\sin\dfrac{2\pi L_{ws}}{\lambda_{ws}}\right|}{\left[1+\Pi_{ws}^2\left(\dfrac{2\pi}{\lambda_{ws}}\right)^2\cos^2\dfrac{2\pi L_{ws}}{\lambda_{ws}}\right]^{1.5}} \tag{4.7}$$

则任意位置 L_{ws}处，波纹度的曲率半径 R_{ws}的表达式为

$$R_{ws}=\frac{1}{\rho_{ws}} \tag{4.8}$$

球轴承滚道表面存在波纹度时，滚道表面由光滑曲面变为波纹曲面，滚道表面的曲率半径随波纹位置的变化而变化，不再为恒定值。内圈滚道存在波纹度时，球与内圈滚道接触副的主曲率分别表示为

$$\rho_{\mathrm{I}1}=\frac{2}{d},\rho_{\mathrm{I}2}=\frac{2}{d},\rho_{\mathrm{II}1w}=\frac{1}{R_{ws}},\ \rho_{\mathrm{II}2}=-\frac{1}{r_i} \tag{4.9}$$

外圈滚道存在波纹度时，球与外圈滚道接触副的主曲率分别表示为

$$\rho_{\mathrm{I}1}=\frac{2}{d},\rho_{\mathrm{I}2}=\frac{2}{d},\rho_{\mathrm{II}1w}=-\frac{1}{R_{ws}},\ \rho_{\mathrm{II}2}=-\frac{1}{r_o} \tag{4.10}$$

根据式(4.1)～式(4.10)描述的算法，求解球与存在波纹度的内、外圈滚道之间的接触刚度 K_{wi}和 K_{wo}。滚道存在波纹度时，球与内、外圈滚道之间的总接触刚度 K 仍采用式(2.14)进行求解。

圆柱滚子轴承滚道表面存在波纹度时，将式(2.15)和式(2.16)中滚道半径 R_{rr}变为 R_w，则根据式(2.15)和式(2.16)的计算方法求解滚子与波纹度滚道之间的接触刚度。滚子与内、外圈滚道之间的总接触刚度通过式(2.14)进行求解。

4.3　时变位移与时变刚度耦合激励的波纹度动力学建模

滚动轴承的集中弹簧-质量系统模型如图 4.3 所示。基于 Sunnersjo 的模型，本章提出了综合考虑轴承阻尼、轴承变柔性振动特性和轴承滚道表面波纹度影响的滚动轴承动力学模型，克服了 Sunersjo 的模型只适用于分析滚动轴承的变柔性振动，且没有考虑轴承阻尼和滚道表面缺陷的影响的缺点。

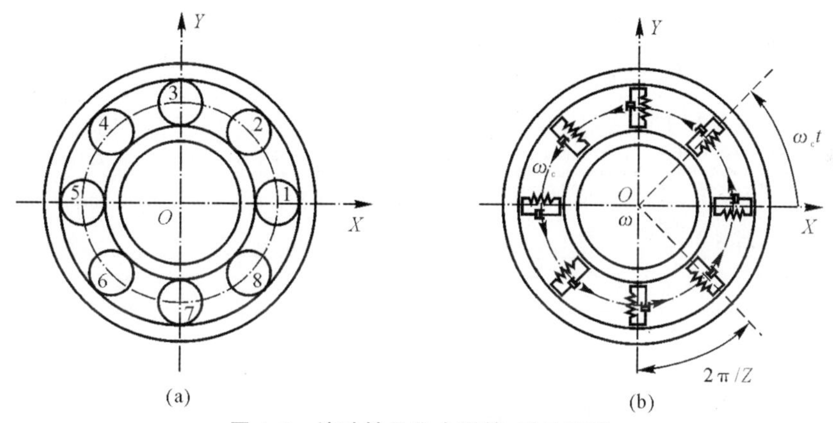

图 4.3　滚动轴承集中弹簧-质量模型

(a)滚动轴承结构示意图；(b)弹簧-质量模型

根据滚动轴承的集中弹簧-质量模型，如图 4.3 所示，建立两自由度滚动轴承系统的动力学方程，其表达式为

$$\left.\begin{aligned} m\ddot{x} + c\dot{x} + K_e \sum_{j=1}^{Z} \lambda_j \delta_j^n \cos\theta_j = w_x \\ m\ddot{y} + c\dot{y} + K_e \sum_{j=1}^{Z} \lambda_j \delta_j^n \sin\theta_j = w_y \end{aligned}\right\} \tag{4.11}$$

式中：m 为内圈和支承轴的总质量；c 为轴承内部阻尼系数；x 和 y 分别为内圈在 X 和 Y 方向的振动位移；$\dot{x}$ 和 $\dot{y}$ 分别为内圈在 X 和 Y 方向的振动速度；$\ddot{x}$ 和 $\ddot{y}$ 分别为内圈在 X 和 Y 方向的振动加速度，w_x 和 w_y 分别为轴承内圈在 X 和 Y 方向所承受的径向力，K_e 为滚动体与内、外圈滚道表面的总接触刚度；λ_j 为判断第 j 个滚动体是否发生接触的参数，其表达式为

$$\lambda_j = \begin{cases} 1 & (\delta_j > 0) \\ 0 & (\delta_j \leqslant 0) \end{cases} \tag{4.12}$$

式中：δ_j 为第 j 个滚动体在任意角位置 θ_j 的总接触变形，其表达式为

$$\delta_j = x\cos\theta_j + y\sin\theta_j - \gamma + \Pi_i + \Pi_o \tag{4.13}$$

式中：γ 为滚动轴承内部游隙；Π_i 和 Π_o 分别为内、外圈波纹度引起的位移激励。

4.4 滚动体与滚道时变接触刚度系数分析

基于 TVDS 模型,以深沟球轴承 6308 为例,研究滚道表面波纹度的波数、幅值和非均匀分布对滚动体与轴承内、外圈滚道之间的接触刚度的影响规律。计算球轴承的几何尺寸参数,如表 4.1 所示。

表 4.1 深沟球轴承 6308 的几何尺寸参数

参数名称	数 值
内径 D_{in}/mm	40
外径 D_{ou}/mm	90
宽度 B_h/mm	23
钢球中心圆直径 D /mm	65
钢球直径 d /mm	15.081
钢球个数 Z	8
外圈直径 D_2/mm	74.4
外圈沟曲率半径 r_o/mm	8.01
内圈沟曲率半径 r_i/mm	7.665
外圈滚道直径 D_o/mm	80.088
内圈滚道直径 D_i/mm	49.912
径向游隙 C_r/μm	1
接触角 α /(°)	0

4.4.1 波纹度波数与轴承接触刚度的关系

选取内、外圈波纹度波数 N_w 分别为 5,8 和 11,最大幅值 Π_{ws} 为 8 μm,初始幅值 Π_{0s} 为 0 μm。单个球与内、外圈滚道之间的时变接触刚度曲线如图 4.4 所示。图 4.4(a)(c)显示,单个球与正常内、外圈滚道之间的接触刚度为恒值,且单个球与内圈滚道之间的接触刚度大于单个与外圈滚道之间的接触刚度。图 4.4(b)(d)显示,单个球与含波纹度的内圈滚道之间的接触刚度大于单个球与正常内圈滚道之间的接触刚度,且随着波纹度波数的增加而增大;单个球与含波纹度的外圈滚道之间的接触刚度小于单个球与正常内圈滚道之间的接触刚度,且也随波纹度波数的增加而增大;相对于 TVD 模型,TVDS 模型能够描述滚动体通过不同波数的波纹度时产生的时变接触刚度。

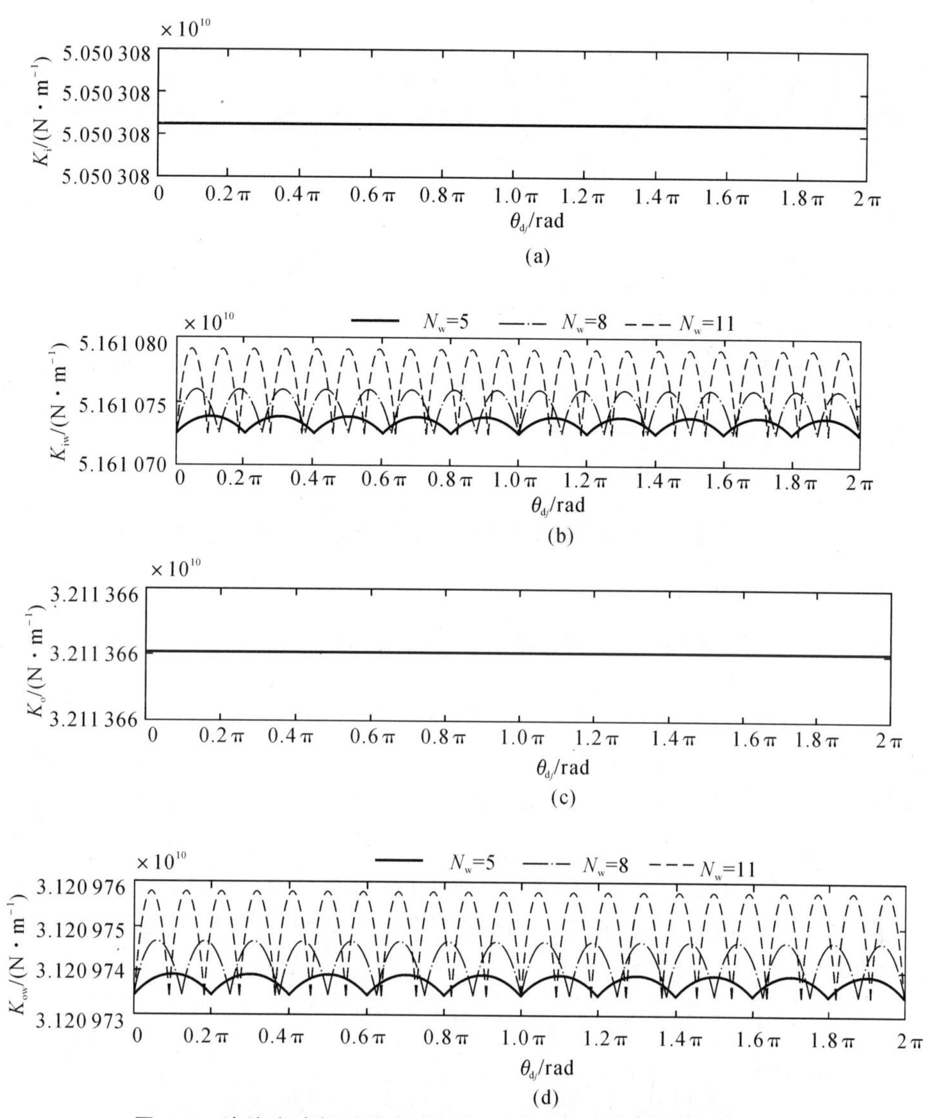

(a)

(b)

(c)

(d)

图 4.4　波纹度波数对单个球与内、外圈滚道之间接触刚度的影响

(a)单个球与正常内圈滚道之间的接触刚度；(b)单个球与存在波纹度的内圈之间的接触刚度；
(c)单个球与正常外圈滚道之间的接触刚度；(d)单个球与存在波纹度的外圈滚道之间的接触刚度

4.4.2　波纹度最大幅值与轴承接触刚度的关系

选取内、外圈波纹度最大幅值 Π_{ws} 分别为 4 μm，8 μm 和 12 μm，初始幅值 Π_{0s} 为 0 μm，波数 N_w 为 8，单个球与内、外圈滚道之间的时变接触刚度曲线如图 4.5 所示。图 4.5 显示，单个球与含波纹度的内、外圈滚道之间的接触刚度均随波纹最大幅值的增加而增大；相对于 TVD 模型，TDVS 模型能够描述滚动体通过不同最大幅值的波纹度时产生的时变接触刚度。

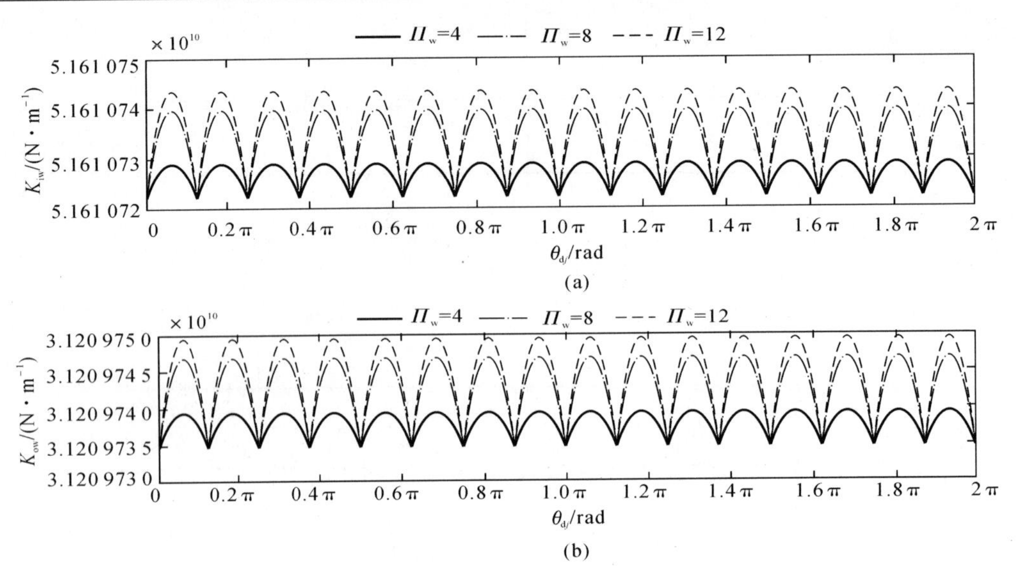

图 4.5　波纹度最大幅值对单个球与内、外圈滚道之间接触刚度的影响

(a)单个球与存在波纹度的内圈滚道之间的接触刚度;(b)单个球与存在波纹度的外圈滚道之间的接触刚度

4.4.3　非均匀分布形式与轴承接触刚度的关系

选取 3 种不同波纹度分布形式:①波纹度均匀分布,波数 N_w 为 8,最大幅值 Π_{ws} 为 8 μm,初始幅值 Π_{0s} 为 0 μm;②波纹度非均匀分布,2 种波纹度组合,波数 N_w 为 8,最大幅值 Π_{ws} 分别为 10 μm 和 12 μm,初始幅值 Π_{0s} 为 0 μm;③波纹度非均匀分布,3 种波纹度组合,波数 N_w 为 9,最大幅值 Π_{ws} 分别为 14 μm,16 μm 和 18 μm,初始幅值 Π_{0s} 为 0 μm。单个球与内、外圈滚道之间的接触刚度曲线如图 4.6 所示。图 4.6 显示,单个球与含波纹度的内、外圈滚道之间的接触刚度均随波纹最大幅值的增加而增大;相对于 TVD 模型,TDVS 模型能够描述滚动体通过非均匀波纹度时产生的时变接触刚度。

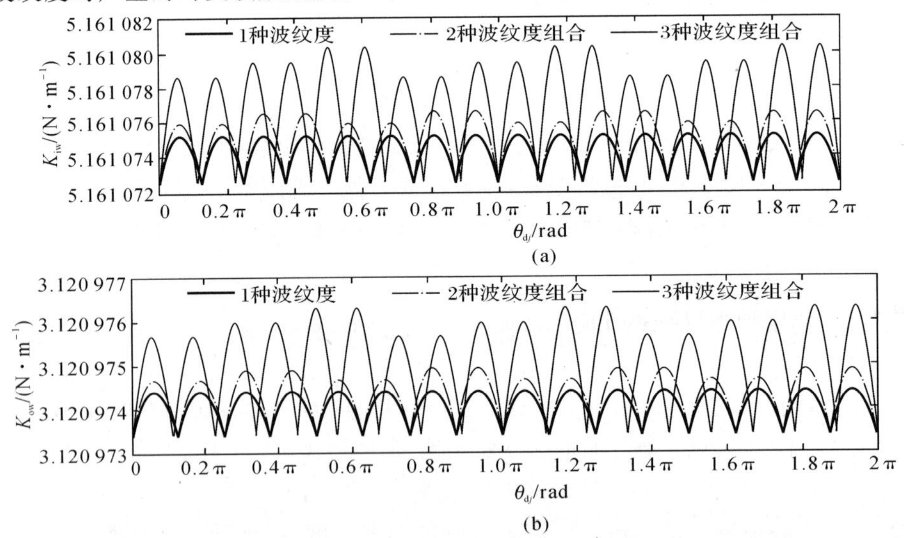

图 4.6　波纹度分布形式对单个球与内、外圈滚道之间接触刚度的影响

(a)单个球与存在波纹度的内圈滚道之间的接触刚度;(b)单个球与存在波纹度的外圈滚道之间的接触刚度

4.5　仿真结果与影响分析

假设 $m=0.6\ \text{kg}$，$c=200\ \text{Ns/m}$，$w_x=0\ \text{N}$，$w_y=20\ \text{N}$ 和 $N_s=2\ 000\ \text{r/min}$。同时，假设系统的初始位移 $x_0=10^{-6}\ \text{m}$ 和 $y_0=10^{-6}\ \text{m}$，初始速度 $\dot{x}_0=0\ \text{m/s}$ 和 $\dot{y}_0=0\ \text{m/s}$，求解的时间步长 $\Delta t=5\times10^{-6}\ \text{s}$。选取的波纹度参数计算工况如表 4.2 所示。基于 TVDS 模型，以深沟球轴承 6308 为例，采用定步长 4 阶龙格库塔方法求解式(4.11)，获取波纹度激励下轴承的振动响应特征，研究波纹度波数和幅值对轴承振动响应特征的影响规律，并与 TVD 模型的计算结果进行对比，验证 TVDS 模型的正确性。

表 4.2　滚道表面波纹度参数

波纹度工况	波纹度数 N_w	波纹度最大幅值/μm	波纹度初始幅值/μm
1	0	0	0
2	7	8	2
3	8	8	2
4	9	8	2
5	15	8	2
6	16	8	2
7	17	8	2
8	23	8	2
9	24	8	2
10	25	8	2

4.5.1　无波纹度轴承的振动响应特征与模型验证

无波纹度球轴承内圈在 X 方向和 Y 方向的振动位移、振动速度、振动加速度时域波形和振动位移频谱图如图 4.7 所示。图 4.7(a)～(f)显示，球轴承内圈的振动位移、振动速度和振动加速度时域波形具有明显周期性。这是由于在径向力作用下，球轴承载荷区内，球个数的奇偶数交替变换，造成轴承以轴承外圈通过频率(BPFO)振动，如图 4.7 所示。由于球的角位置在轴承运行过程中并非对称于径向力作用线，导致轴承在 X 方向与 Y 方向产生周期相同的振动响应特征；同时，由于球与轴承滚道之间的非线性接触特性，造成轴承在 X 方向和 Y 方向的振动响应呈现非正弦特征。图 4.7(g)(h)显示，X 方向和 Y 方向振动位移的频谱图在 102.2 Hz 处存在明显峰值，与轴承外圈通过频率 102.4 Hz 基本一致，且存在 BPFO 的倍频成分。图 4.7 所示的计算结果与相关文献的结果相同，验证了滚动轴承动力学模型的正确性。

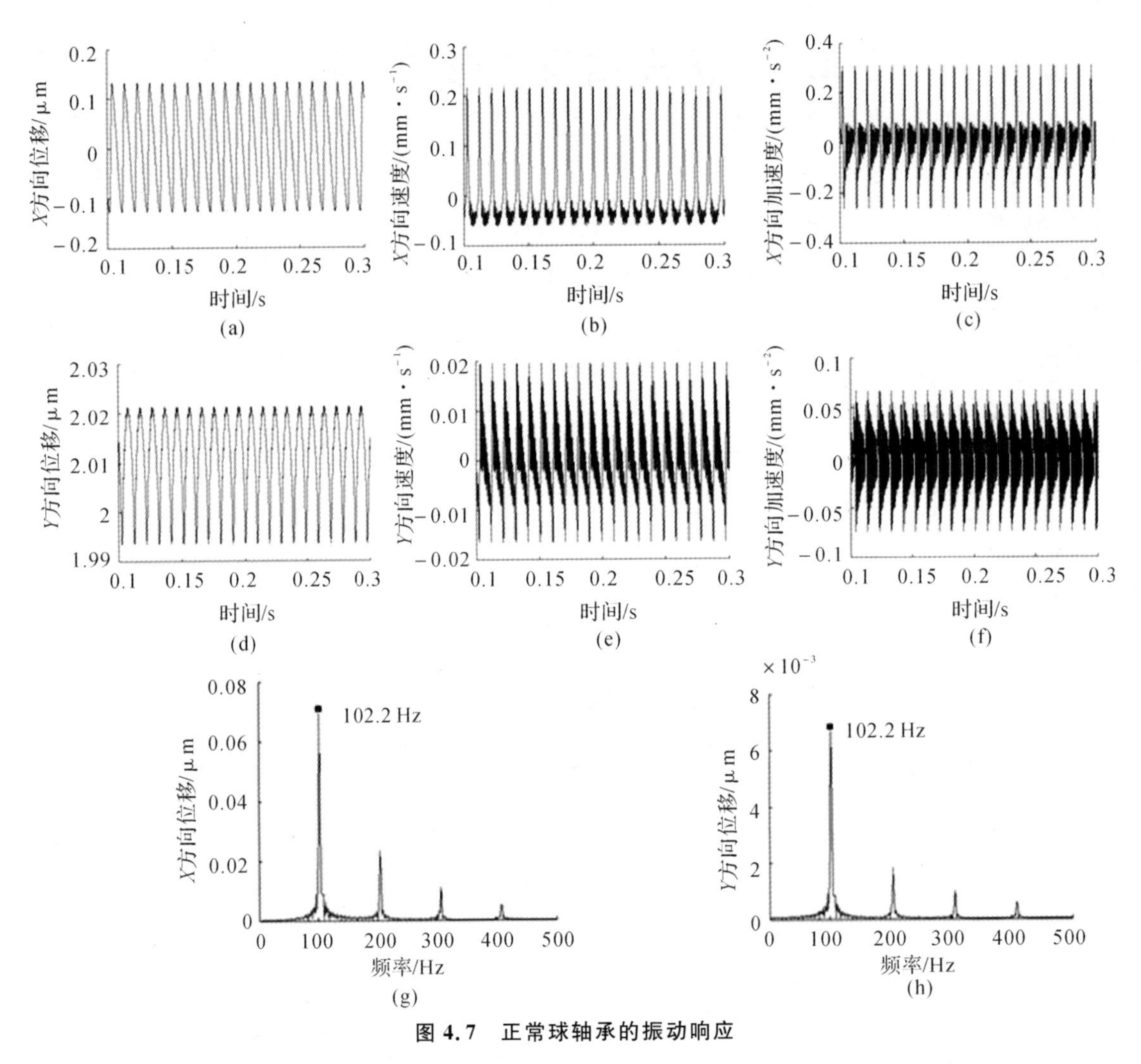

图 4.7 正常球轴承的振动响应

(a)X 方向振动位移响应；(b)X 方向振动速度响应；(c)X 方向振动加速度响应；(d)Y 方向振动位移响应；(e)Y 方向振动速度响应；(f)Y 方向振动加速度响应；(g)X 方向振动位移频谱图；(h)Y 方向振动位移频谱图

4.5.2 不同波纹度波数激励的 TVD 与 TVDS 模型对比及振动响应特征

1. 内圈波纹度

球轴承振动加速度响应的 RMS 值和峰-峰值随内圈波纹度波数的变化关系曲线如图4.8所示。图 4.8 显示，TVD 模型和 TVDS 模型计算获得的含内圈波纹度球轴承的振动加速度响应的 RMS 值和峰-峰值分别大于正常球轴承振动加速度响应的 RMS 值和峰-峰值，即其振动能量大于正常球轴承的振动能量；内圈波纹度波数为球个数的整数倍时，球轴承振动加速度响应的 RMS 值和峰-峰值随波纹度波数的变化关系曲线出现峰值。不同波纹度波数的内圈

波纹度激励下，TVD 模型和 TVDS 模型计算获得的球轴承振动加速度响应的 RMS 值之间的相对误差($err = |RMS_{TVDS} - RMS_{TVD}| / RMS_{TVD} \times 100\%$)依次为 0.10%，8.78%，0.04%，2.63%，1.83%，0.03%，0.13%，6.61%和 0.03%；峰-峰值的相对误差分别为 0.95%，8.41%，0.42%，3.89%，1.54%，3.37%，0.16%，10.46%和 3.37%。

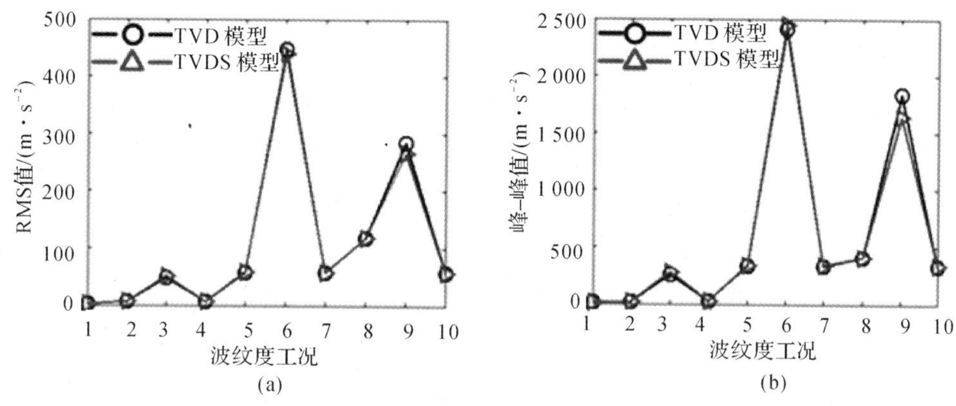

图 4.8　内圈波纹度波数对球轴承 *Y* 方向时域振动加速度响应的影响

(a)RMS 值；(b)峰-峰值

2. 外圈波纹度

图 4.9 显示，TVD 模型和 TVDS 模型计算获得的含外圈波纹度的轴承振动加速度响应的 RMS 值和峰-峰值分别大于正常轴承的振动加速度响应的 RMS 值和峰-峰值，即其振动能量大于正常轴承的振动能量；外圈波纹度波数为球个数的整数倍时，轴承振动加速度响应的 RMS 值和峰-峰值随波纹度波数的变化关系曲线出现峰值。不同波纹度波数的外圈波纹度激励下，TVD 模型和 TVDS 模型计算获得的轴承振动加速度响应的 RMS 值之间的相对误差依次为 0.06%，4.88%，0.11%，1.98%，16.05%，0.40%，9.47%，4.20%和 0.40%；峰-峰值的相对误差分别为 0.75%，3.12%，0.98%，2.37%，28.49%，0.36%，26.66%，1.42%和 0.36%。

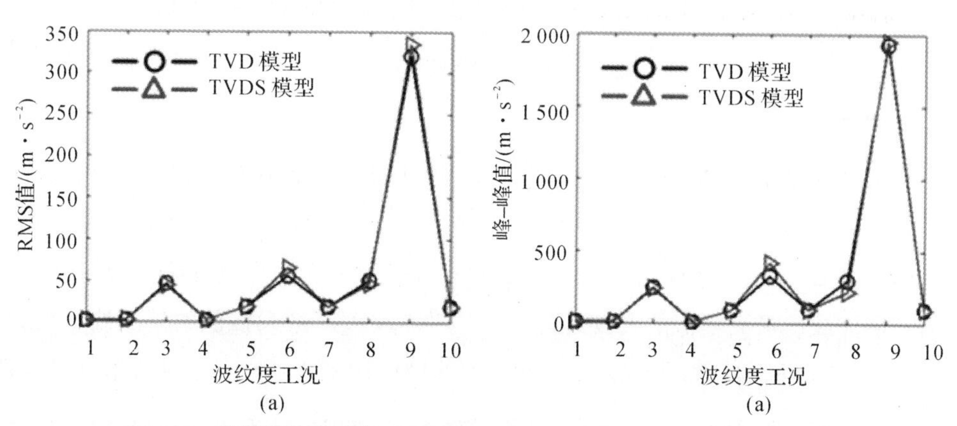

图 4.9　外圈波纹度波数对球轴承 *Y* 方向时域振动加速度响应的影响

(a)RMS 值；(b)峰-峰值

4.5.3 不同波纹度幅值激励的TVD和TVDS模型对比与振动响应特征

1. 内圈波纹度

球轴承振动加速度响应的RMS值和峰-峰值随内圈波纹度最大幅值的变化关系曲线，如图4.10所示，其中波纹度最大幅值为0 μm时表示正常球轴承的计算结果。图4.10显示，TVD模型和TVDS模型计算获得的含内圈波纹度的球轴承的振动加速度响应的RMS值和峰-峰值随着内圈波纹度最大幅值的增大逐渐增大。不同波纹度最大幅值的内圈波纹度激励下，TVD模型和TVDS模型计算获得的轴承振动加速度响应的RMS值之间的相对误差依次为4.72%，8.78%，0.62%，11.81%和14.54%；峰-峰值之间的相对误差分别为5.52%，8.41%，15.50%，24.97%和0.31%。结果显示，内圈波纹度引起的时变接触刚度激励对轴承的振动响应特征有较大影响。

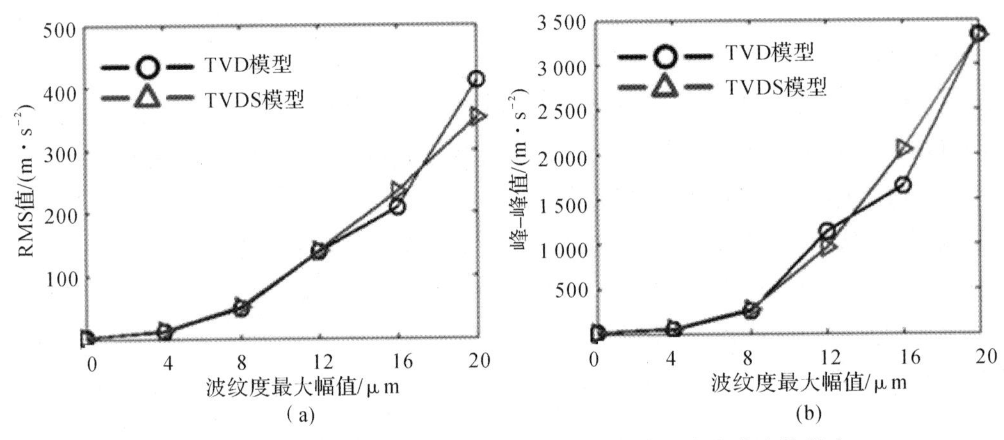

图4.10 内圈波纹度最大幅值对球轴承时域振动加速度响应的影响

(a)RMS值；(b)峰-峰值

2. 外圈波纹度

球轴承振动加速度响应的RMS值和峰-峰值随外圈波纹度最大幅值的变化关系曲线，如图4.11所示，其中波纹度最大幅值为0 μm时表示正常球轴承的计算结果。图4.11显示，TVD模型和TVDS模型计算获得的含外圈波纹度球轴承的振动加速度响应的RMS值和峰-峰值随着外圈波纹度最大幅值的增大逐渐增大。不同波纹度最大幅值的外圈波纹度激励下，TVD模型和TVDS模型计算获得的轴承振动加速度响应的RMS值之间的相对误差依次为7.01%，87.72%，35.15%，1.74%和26.95%；峰-峰值的相对误差分别为4.91%，89.87%，33.89%，21.03%和28.42%。结果显示，外圈波纹度引起的时变接触刚度激励对轴承的振动响应特征有较大影响。

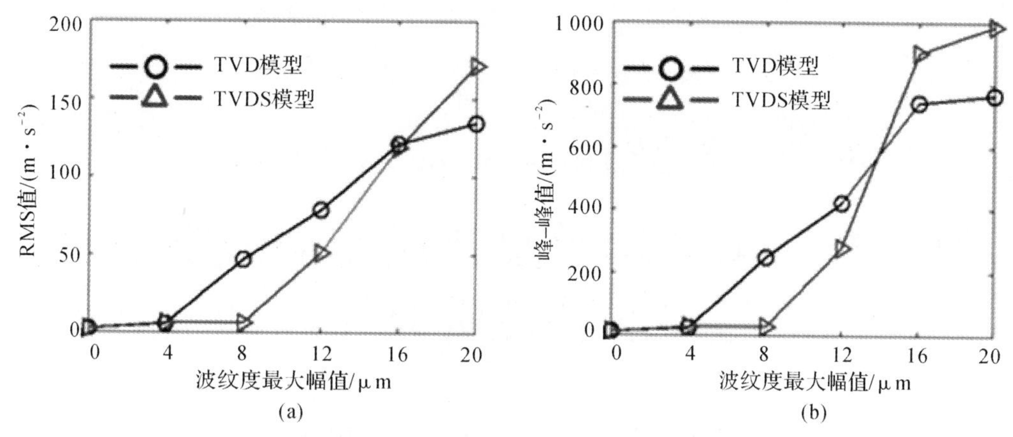

图 4.11　外圈波纹度最大幅值对球轴承时域振动加速度响应的影响

(a)RMS 值;(b)峰-峰值

4.6 本章小结

本章提出了时变位移激励和时变接触刚度激励耦合的滚动轴承波纹度动力学模型,分析了波纹度波数、最大幅值和非均匀分布对滚动体与内、外圈滚道表面之间接触刚度的影响规律;研究了波纹度激励下的轴承的振动响应特征,分析了内、外圈滚道表面波纹度波数和最大幅值对轴承振动响应特征的影响规律。主要结论如下:

(1)时变位移激励和时变刚度激励耦合的非均匀波纹度模型(TVDS 模型)能够同时描述均匀分布和非均匀分布诱发的时变位移激励和时变接触刚度激励,解决了时变位移激励均匀波纹度模型(TVD 模型)只能描述均匀波纹度诱发的时变位移激励的问题。

(2)滚动体与含波纹度的内、外圈滚道之间的接触刚度随着波纹度波数和最大幅值的增加而增大;波纹度波数为滚动体个数的整数倍时,轴承振动加速度响应的 RMS 值和峰-峰值随波纹度波数的变化关系曲线出现峰值,且其值随波纹度的最大幅值增大而增大。

参考文献

[1] HARSHA S P, SANDEEP K, PRAKASH R. Non-linear dynamic behaviors of rolling element bearings due to surface waviness [J]. Journal of Sound and Vibration, 2004, 272 (3/4/5): 557 - 580.

[2] SUNNERSJO C S. Varying compliance vibrations of rolling bearing [J]. Journal of Sound and Vibration, 1978, 58(3): 363 - 373.

[3] DORMAND J R, PRINCE P J. A family of embedded Runge-Kutta formulae [J]. Journal of Computational and Applied Mathematics, 1980, 6(1): 19 - 26.

第5章　滚动轴承复合误差动力学建模与振动特性研究

5.1 引　　言

尽管目前轴承机械加工技术日益精进，但是由于加工精度或装配误差等因素仍导致轴承波纹度误差不可避免地出现在成品轴承中，而这些波纹度误差将会对轴承的振动特性造成显著的影响，甚者还会造成轴承元件加速损坏从而导致更加严重的经济损失。Liu 等人研究表明，在轴承实际工作情况下，圆度误差的频率响应范围为 2～15 u/r(每转波动)，表面波纹度的频率响应范围为 15～250 u/r。而且对于实际轴承滚道，还存在圆度/波纹度复合误差的情况，但目前针对圆度/波纹度复合误差对轴承振动特性影响的研究较少，因此亟待开展轴承滚道圆度/波纹度复合误差角接触球轴承动力学建模以及圆度/波纹度复合误差对轴承振动特性影响规律的研究。

5.2 波纹度建模方法

针对轴承波纹度建模问题，已有大量学者展开研究。目前被广泛采用的方法是将轴承波纹度考虑为一时变位移激励模型，且常采用正弦位移激励表示。轴承滚道圆度、波纹度及圆度/波纹度复合误差建模方法如图 5.1 所示。在不考虑滚道表面波纹度误差的轴承模型中，轴承内、外圈为一完全的圆，球与滚道接触区域的曲率半径始终为常数，如图 5.1 中短虚线所示。在考虑轴承圆度误差的轴承模型中，轴承内、外圈伴随圆度数目的变化而改变为椭圆、三角形等多边形状，如图 5.1 中长虚线所示。在考虑轴承圆度/波纹度复合误差的模型中，轴承内、外圈则考虑为圆度正弦曲线与波纹度正弦曲线的复合曲线，轴承内、外圈伴随圆度、波纹度数目的变化而改变为更加复杂的多边形状，如图 5.1 中粗实线所示。

根据 Jang 等人提出的轴承波纹度建模方法，建立轴承内、外圈滚道圆度/波纹度复合误差模型，轴承径向波纹度误差示意图如图 5.2 所示。除此之外，轴承内、外圈滚道轴向圆度/波纹度复合误差也作考虑，只是未展示在示意图中。

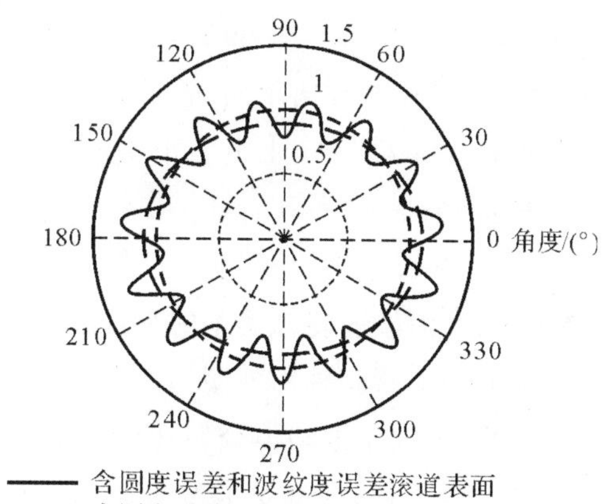

图 5.1 轴承滚道圆度、波纹度及复合误差建模方法

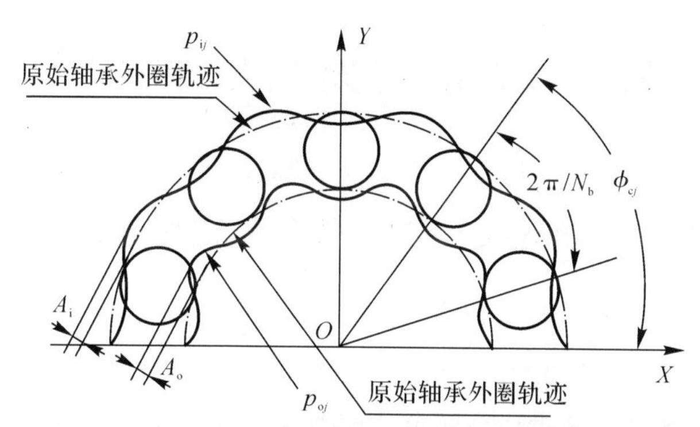

图 5.2 轴承滚道径向波纹度误差示意图

轴承内、外圈滚道圆度/波纹度复合误差建模方法如下：

$$p_{ij} = A_{iw}\cos[-l_w(\omega_i-\omega_c)t+2\pi l_w(j-1)/N_b+\alpha_{iw}]+ A_{ir}\cos[-l_r(\omega_i-\omega_c)t+2\pi l_r(j-1)/N_b+\alpha_{ir}] \tag{5.1}$$

$$q_{ij} = A_{iw}\cos[-l_w(\omega_i-\omega_c)t+2\pi l_w(j-1)/N_b+\alpha_{iw}]+ A_{ir}\cos[-l_r(\omega_i-\omega_c)t+2\pi l_r(j-1)/N_b+\alpha_{ir}] \tag{5.2}$$

$$p_{oj} = A_{ow}\cos[-l_w(\omega_o-\omega_c)t+2\pi l_w(j-1)/N_b+\alpha_{ow}]+ A_{or}\cos[-l_r(\omega_o-\omega_c)t+2\pi l_r(j-1)/N_b+\alpha_{or}] \tag{5.3}$$

$$q_{oj} = A_{ow}\cos[-l_w(\omega_o-\omega_c)t+2\pi l_w(j-1)/N_b+\alpha_{ow}]+ A_{or}\cos[-l_r(\omega_o-\omega_c)t+2\pi l_r(j-1)/N_b+\alpha_{or}] \tag{5.4}$$

式中：p_{ij}和p_{oj}分别表示轴承内、外圈径向圆度/波纹度复合误差；q_{ij}和q_{oj}分别表示轴承内、外圈轴向圆度/波纹度复合误差；A_{iw}和A_{ow}分别表示轴承内、外圈波纹度误差幅值；A_{ir}和A_{or}分别表示轴承内、外圈圆度误差幅值；l_w和l_r分别表示波纹度和圆度误差阶次；ω_i，ω_c和ω_o分别表示轴承内圈转动角速度、滚动体公转角速度和轴承外圈转动角速度；α_{iw}和α_{ow}分别表示轴承内、外圈波纹度误差初始相位；α_{ir}和α_{or}分别表示轴承内、外圈圆度误差初始相位。

将式(5.1)～式(5.4)代入式(3.1)和式(3.2)，得到考虑轴承内、外圈圆度/波纹度复合误差影响的轴承内、外圈滚道曲率中心轴向和径向距离，表示如下：

$$\left.\begin{aligned} D_{aj} &= (r_i + r_o - d_b)\sin\alpha_0 + \Delta z + q_{ij} - q_{oj} \\ D_{rj} &= (r_i + r_o - d_b)\cos\alpha_0 + \Delta x\cos\phi_{cj} + \Delta y\sin\phi_{cj} + p_{ij} - p_{oj} \end{aligned}\right\} \tag{5.5}$$

将式(5.5)代入式(3.3)中，便可将轴承内、外圈圆度/波纹度复合误差引入第 3 章轴承摩擦振动动力学模型中，建立考虑圆度/波纹度复合误差的角接触球轴承动力学模型。本章通过对比考虑滚动体公转速度波动前后模型所获轴承内圈振动频谱结果、不同圆度阶次和不同轴向载荷力作用下内圈振动频谱结果，探究了滚动体公转速度波动、波纹度阶次、圆度阶次和轴向力对轴承内圈振动频谱特性的影响规律；探究了波纹度幅值对内圈振动加速度 RMS 值的影响规律；通过对比不同波纹度阶次和幅值下滚动体公、自转速度，滚动体与滚道间相对滑动速度和摩擦力结果，探究了波纹度误差对滚动体运动状态的影响规律。

5.3 仿真结果与影响分析

5.3.1 滚动体公转角速度波动对轴承加速度频谱特性的影响规律分析

保持内圈转速 N_r=2 000 r/min，保持轴向载荷 F_z=500 N，选取轴承内、外圈圆度误差幅值 $A_{ir}=A_{or}=0$，改变波纹度阶次 l_w 分别为 10，11，12，21，22 和 23。通过改变式(5.1)～式(5.4)中 ω_c 项，对比分析考虑滚动体公转角速度波动前后轴承内圈振动加速度频率成分的变化，研究滚动体公转角速度波动对轴承振动特性的影响规律。

5.3.1.1 不考虑滚动体公转角速度波动分析

由于不考虑滚动体公转角速度波动工况下，滚动体公转角速度与保持架公转速度相等，因此将保持架理论公转速度代入替换式(5.1)～式(5.4)中 ω_c 项。选取外圈波纹度幅值 A_{ow}=2 μm，利用摩擦振动动力学模型获得上述外圈波纹度阶次下内圈振动加速度时域信号，截取 0.5 s 时长信号并利用傅里叶变换获得不考虑滚动体公转角速度波动时外圈波纹度对内圈振动加速度信号频谱影响，如图 5.3 所示。图 5.3 显示，当波纹度阶次 l_w=10 阶时，激起轴承内圈沿 Y 方向振动，轴承内圈沿 Y 方向振动周期性明显，信号基频为 143.4 Hz($N_b f_c$)，f_c 表示保持架公转频率；波纹度阶次 l_w=11 阶时，轴承内圈沿 Z 方向振动周期性明显，信号基频为 143.4 Hz($N_b f_c$)；波纹度阶次 l_w=12 阶时，轴承内圈沿 Y 方向振动周期性明显，信号基频为 143.4 Hz($N_b f_c$)；波纹度阶次 l_w=21 阶时，轴承内圈沿 Y 方向振动周期性明显，信号基频为 286.8 Hz($2N_b f_c$)；波纹度阶次 l_w=22 阶时，轴承内圈沿 Z 方向振动周期性明显，信号基频为 286.8 Hz($2N_b f_c$)；波纹度阶次 l_w=23 阶时，轴承内圈沿 Y 方向振动周期性明显，信号基频为 286.8 Hz($2N_b f_c$)。

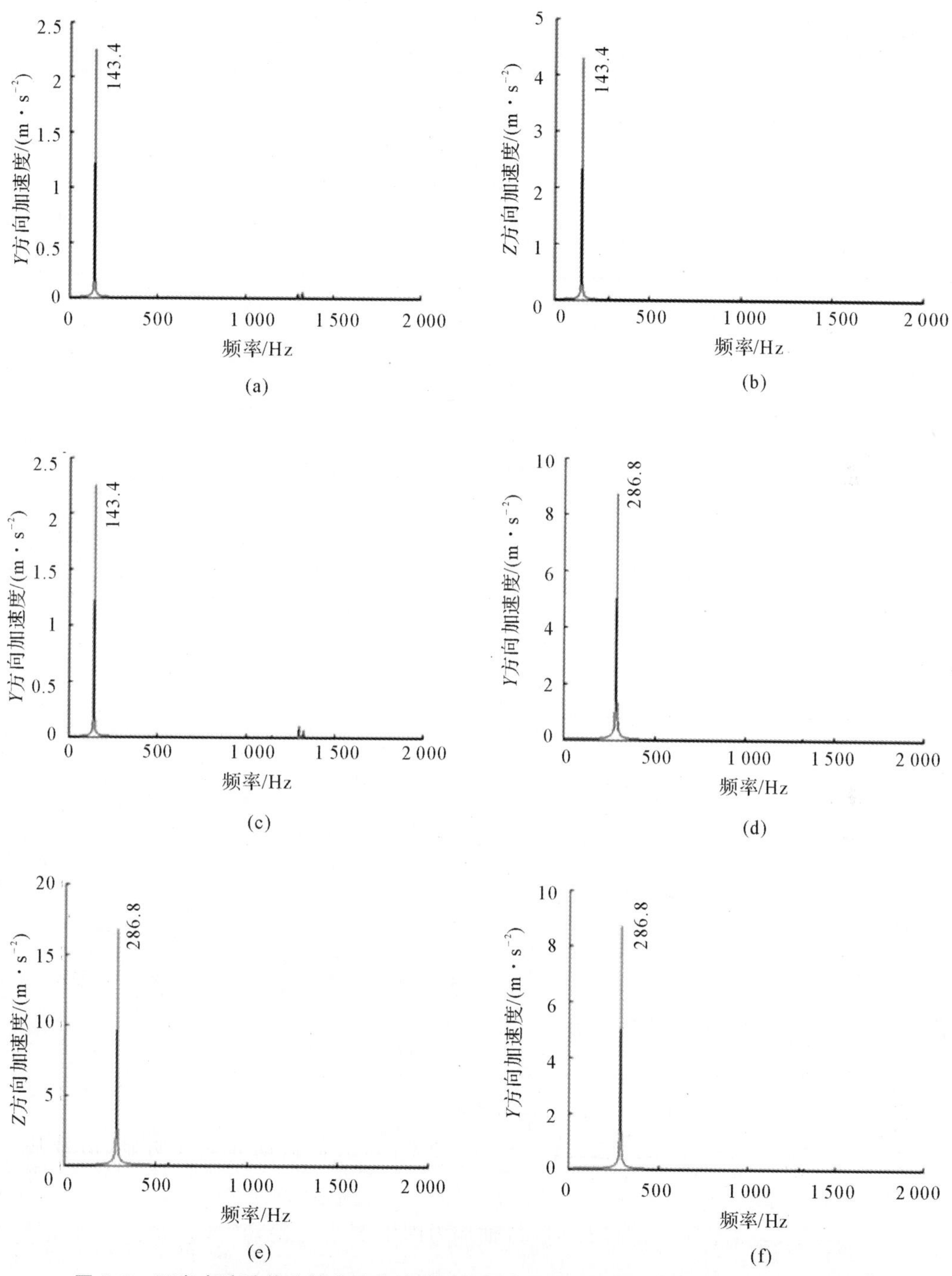

图 5.3　不考虑滚动体公转角速度波动时外圈波纹度对内圈振动加速度信号频谱影响

(a)l_w=10 阶(Y 方向加速度);(b)l_w=11 阶(Z 方向加速度);

(c)l_w=12 阶(Y 方向加速度);(d)l_w=21 阶(Y 方向加速度);

(e)l_w=22 阶(Z 方向加速度);(f)l_w=23 阶(Y 方向加速度)

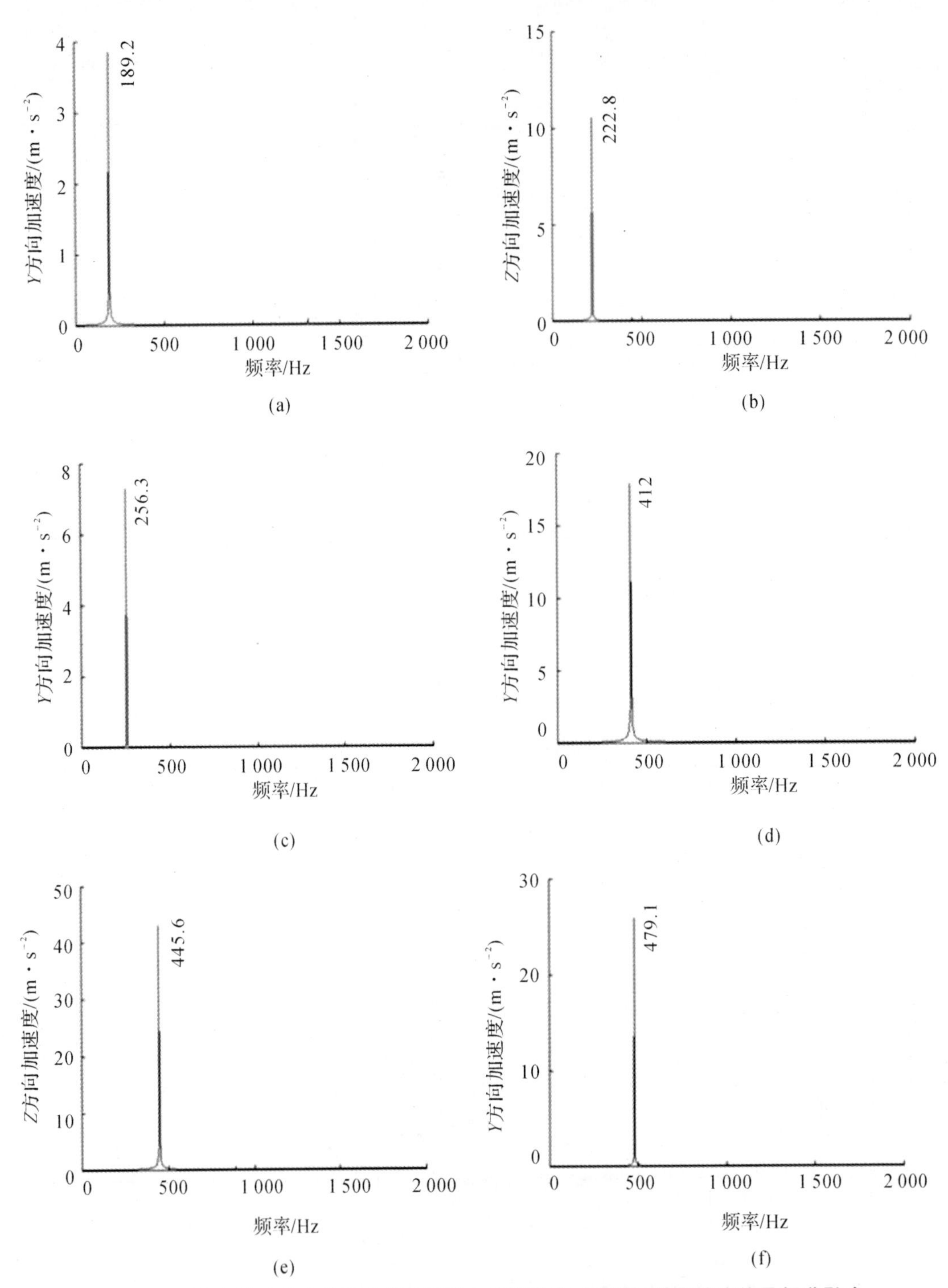

图 5.4　不考虑滚动体公转角速度波动时内圈波纹度对内圈振动加速度信号频谱影响

(a)$l_w=10$ 阶(Y 方向加速度)；(b)$l_w=11$ 阶(Z 方向加速度)；
(c)$l_w=12$ 阶(Y 方向加速度)；(d)$l_w=21$ 阶(Y 方向加速度)；
(e)$l_w=22$ 阶(Z 方向加速度)；(f)$l_w=23$ 阶(Y 方向加速度)

选取内圈波纹度幅值 $A_{iw}=2\ \mu m$，利用摩擦振动动力学模型获得上述内圈波纹度阶次下内圈振动加速度时域信号，截取 0.5 s 时长信号并利用傅里叶变换获得不考虑滚动体公转角速度波动时内圈波纹度对内圈振动加速度信号频谱影响，如图 5.4 所示。图 5.4 显示，当波纹度阶次 $l_w=10$ 阶时，轴承内圈沿 Y 方向振动周期性明显，信号基频 189.2 Hz[$N_b(f_i-f_c)-f_i$]；波纹度阶次 $l_w=11$ 阶时，轴承内圈沿 Z 方向振动周期性明显，信号基频 222.8 Hz[$N_b(f_i-f_c)$]；波纹度阶次 $l_w=12$ 阶时，轴承内圈沿 Y 方向振动周期性明显，信号基频 256.3 Hz[$N_b(f_i-f_c)+f_i$]；波纹度阶次 $l_w=21$ 阶时，轴承内圈沿 Y 方向振动周期性明显，信号基频 412 Hz[$2N_b(f_i-f_c)-f_i$]；波纹度阶次 $l_w=22$ 阶时，轴承内圈沿 Z 方向振动周期性明显，信号基频 445.6 Hz[$2N_b(f_i-f_c)$]；波纹度阶次 $l_w=23$ 阶时，轴承内圈沿 Y 方向振动周期性明显，信号基频 479.1 Hz[$2N_b(f_i-f_c)+f_i$]。

统计上述结果，获得分布在不同位置和不同阶次波纹度对应轴承内圈振动加速度信号频率成分结果，如表 5.1 所示。此处结果与 Wardle 和 Yhland 等人获得的结果相同，因此可以证明本章模型的正确性。

表 5.1　不同波纹度阶次对应轴承内圈振动加速度信号频率成分结果

波纹度分布位置	波纹度阶次	基频/Hz	内圈振动方向
外圈滚道	$l_w=iN_b$	iN_bf_c	轴向
	$l_w=iN_b\pm1$		径向
内圈滚道	$l_w=iN_b$	$iN_b(f_i-f_c)$	轴向
	$l_w=iN_b\pm1$	$iN_b(f_i-f_c)\pm f_i$	径向

5.3.1.2　考虑滚动体公转角速度波动分析

考虑滚动体公转角速度波动工况下，将式(3.69)计算获得的滚动体公转角速度 ω_{cj} 代入替换式(5.1)～式(5.4)中 ω_c 项。选取外圈波纹度幅值 $A_{ow}=2\ \mu m$，利用摩擦动力学模型获得上述外圈波纹度阶次下内圈振动加速度时域信号，截取 0.5 s 时长信号并利用傅里叶变换获得考虑滚动体公转角速度波动时外圈波纹度对内圈 Z 方向振动加速度信号频谱影响，如图 5.5 所示。图 5.5 显示，当波纹度阶次 $l_w=10$ 阶时，内圈 Z 方向振动加速度信号周期性明显，信号基频为 128.2 Hz($\approx10f_c$)；波纹度阶次 $l_w=11$ 阶时，信号基频为 143.4 Hz($\approx11f_c=N_bf_c$)；波纹度阶次 $l_w=12$ 阶时，信号基频为 155.6 Hz($\approx12f_c$)；波纹度阶次 $l_w=21$ 阶时，信号基频为 271.6 Hz($\approx21f_c$)；波纹度阶次 $l_w=22$ 阶时，信号基频为 286.9 Hz($\approx22f_c=2N_bf_c$)；波纹度阶次 $l_w=23$ 阶时，信号基频为 299.1 Hz($\approx23f_c$)。

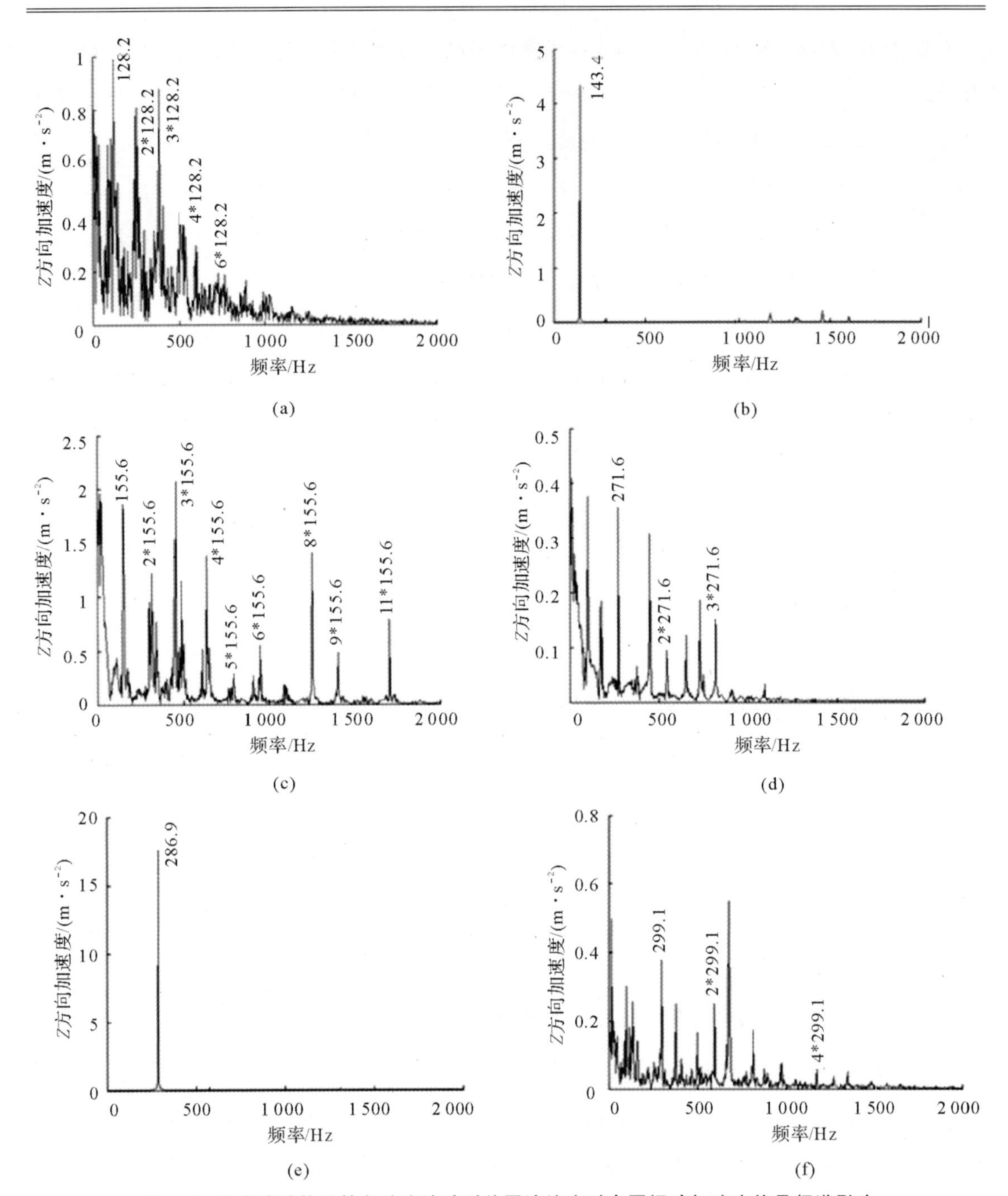

图 5.5　考虑滚动体公转角速度波动时外圈波纹度对内圈振动加速度信号频谱影响

(a)$l_w=10$ 阶;(b)$l_w=11$ 阶;(c)$l_w=12$ 阶;(d)$l_w=21$ 阶;(e)$l_w=22$ 阶;(f)$l_w=23$ 阶

外圈波纹度对滚动体公转角速度信号频谱影响结果如图 5.6 所示。图 5.6 显示,当波纹度阶次 $l_w=10$ 阶时,滚动体公转角速度波动周期性明显,信号基频为 128.2 Hz;波纹度阶次 $l_w=11$ 阶时,信号基频为 143.4 Hz;波纹度阶次 $l_w=12$ 阶时,信号基频 155.6 Hz;波纹度阶次 $l_w=21$ 阶时,信号基频为 271.6 Hz;波纹度阶次 $l_w=22$ 阶时,信号基频为 286.9 Hz;波纹度阶次 $l_w=$

23 阶时，信号基频为 299.1 Hz。上述数据表明，外圈波纹度误差会造成滚动体公转角速度呈现周期性波动；内圈 Z 方向振动加速度信号周期性明显，加速度信号基频与滚动体公转角速度波动频率相等，为$(l_w f_c)$ Hz。

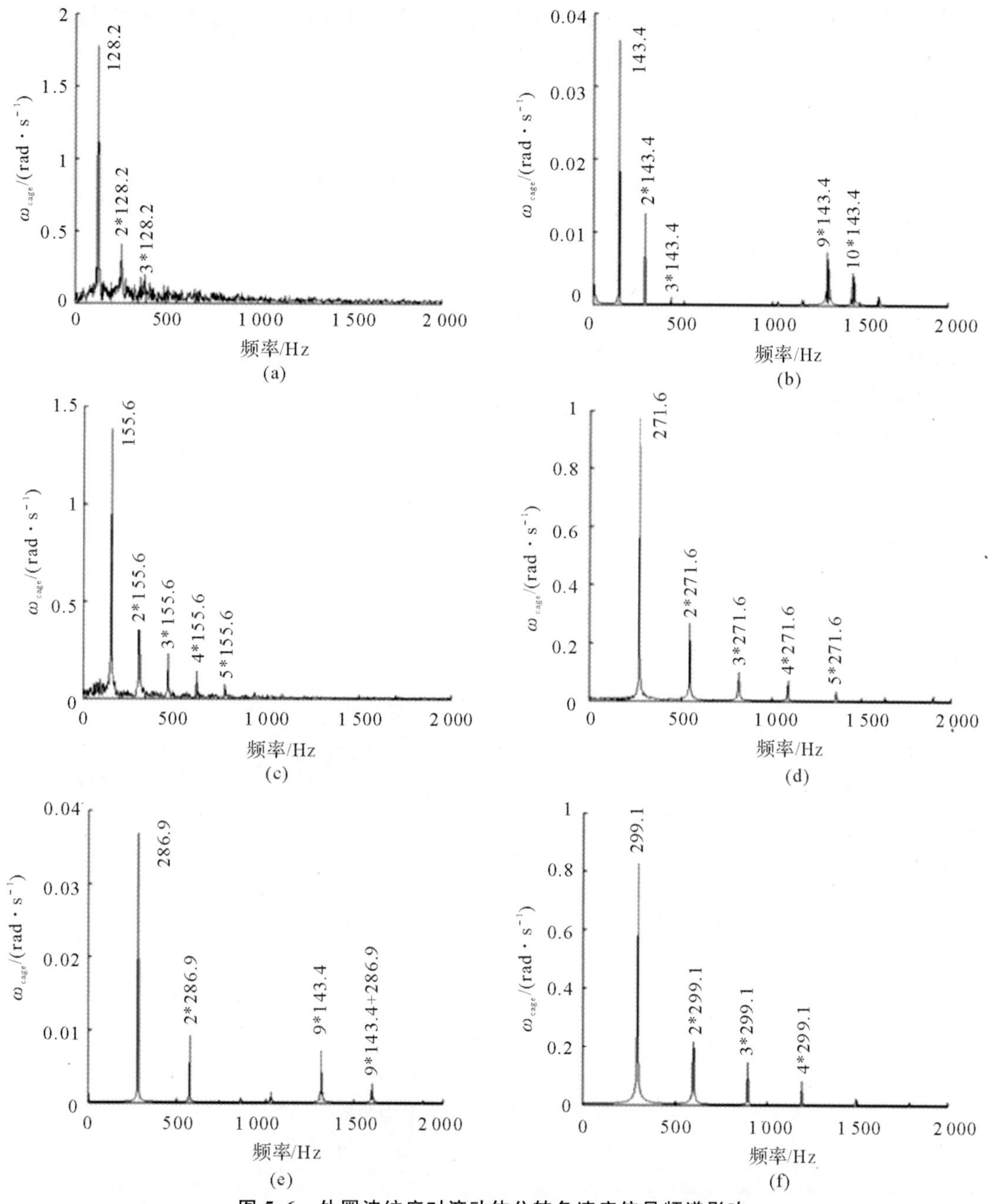

图 5.6　外圈波纹度对滚动体公转角速度信号频谱影响

(a)l_w=10 阶；(b)l_w=11 阶；(c)l_w=12 阶；(d)l_w=21 阶；(e)l_w=22 阶；(f)l_w=23 阶

选取内圈波纹度幅值 $A_{iw}=2\ \mu$m，利用摩擦动力学模型获得上述内圈波纹度阶次下内圈振动加速度时域信号，截取 0.5 s 时长信号并利用傅里叶变换获得考虑滚动体公转角速度波动时内圈波纹度对内圈 Z 方向振动加速度信号频谱影响，如图 5.7 所示。图 5.7 显示，当波纹度阶次 $l_w=10$ 阶时，内圈 Z 方向振动加速度信号周期性明显，信号基频为 204.5 Hz[$\approx 10(f_i-f_c)$]；波纹度阶次 $l_w=11$ 阶时，信号基频为 222.8 Hz[$\approx 11(f_i-f_c)=N_b(f_i-f_c)$]；波纹度阶次 $l_w=12$ 阶时，信号基频为 244 Hz[$\approx 12(f_i-f_c)$]；波纹度阶次 $l_w=21$ 阶时，信号基频为 427.2 Hz[$\approx 21(f_i-f_c)$]；波纹度阶次 $l_w=22$ 阶时，信号基频为 445.6 Hz[$\approx 22(f_i-f_c)=2N_b(f_i-f_c)$]；波纹度阶次 $l_w=23$ 阶时，信号基频为 466.9 Hz[$\approx 23(f_i-f_c)$]。

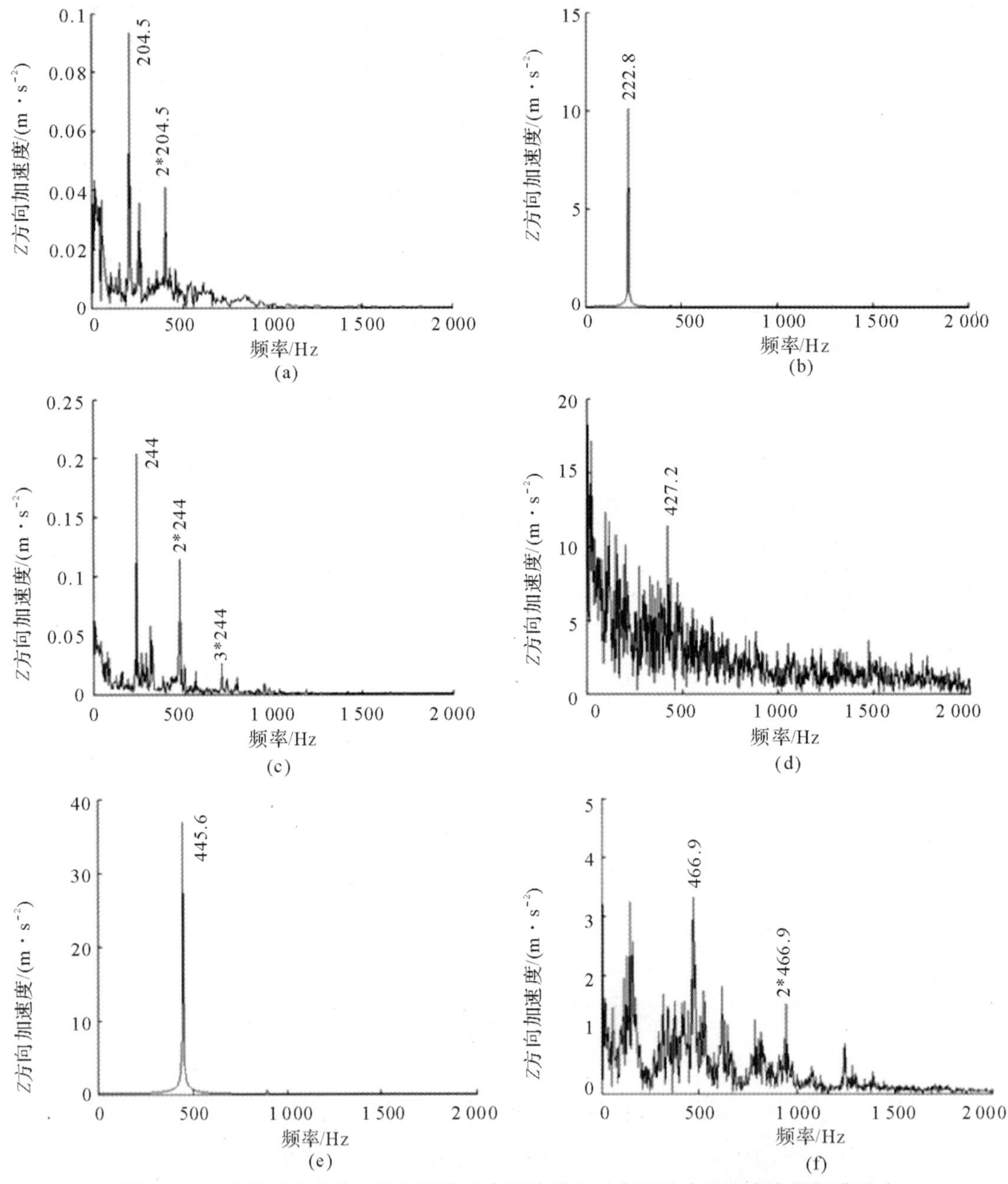

图 5.7 考虑滚动体公转角速度波动时内圈波纹度对内圈振动加速度信号频谱影响

(a)$l_w=10$ 阶；(b)$l_w=11$ 阶；(c)$l_w=12$ 阶；(d)$l_w=21$ 阶；(e)$l_w=22$ 阶；(f)$l_w=23$ 阶

内圈波纹度阶次对滚动体公转角速度信号频谱影响结果如图 5.8 所示。图 5.8 显示，当波纹度阶次 $l_w=10$ 阶时，信号基频为 204.5 Hz；波纹度阶次 $l_w=11$ 阶时，信号基频为 222.8 Hz；波纹度阶次 $l_w=12$ 阶时，信号基频为 244 Hz；波纹度阶次 $l_w=21$ 阶时，信号基频为 427.2 Hz；波纹度阶次 $l_w=22$ 阶时，信号基频为 445.6 Hz；波纹度阶次 $l_w=23$ 阶时，信号基频为 466.9 Hz。由上述数据可知，内圈 Z 方向振动加速度信号基频与滚动体公转角速度波动频率相等，为$[l_w(f_i-f_c)]$Hz。

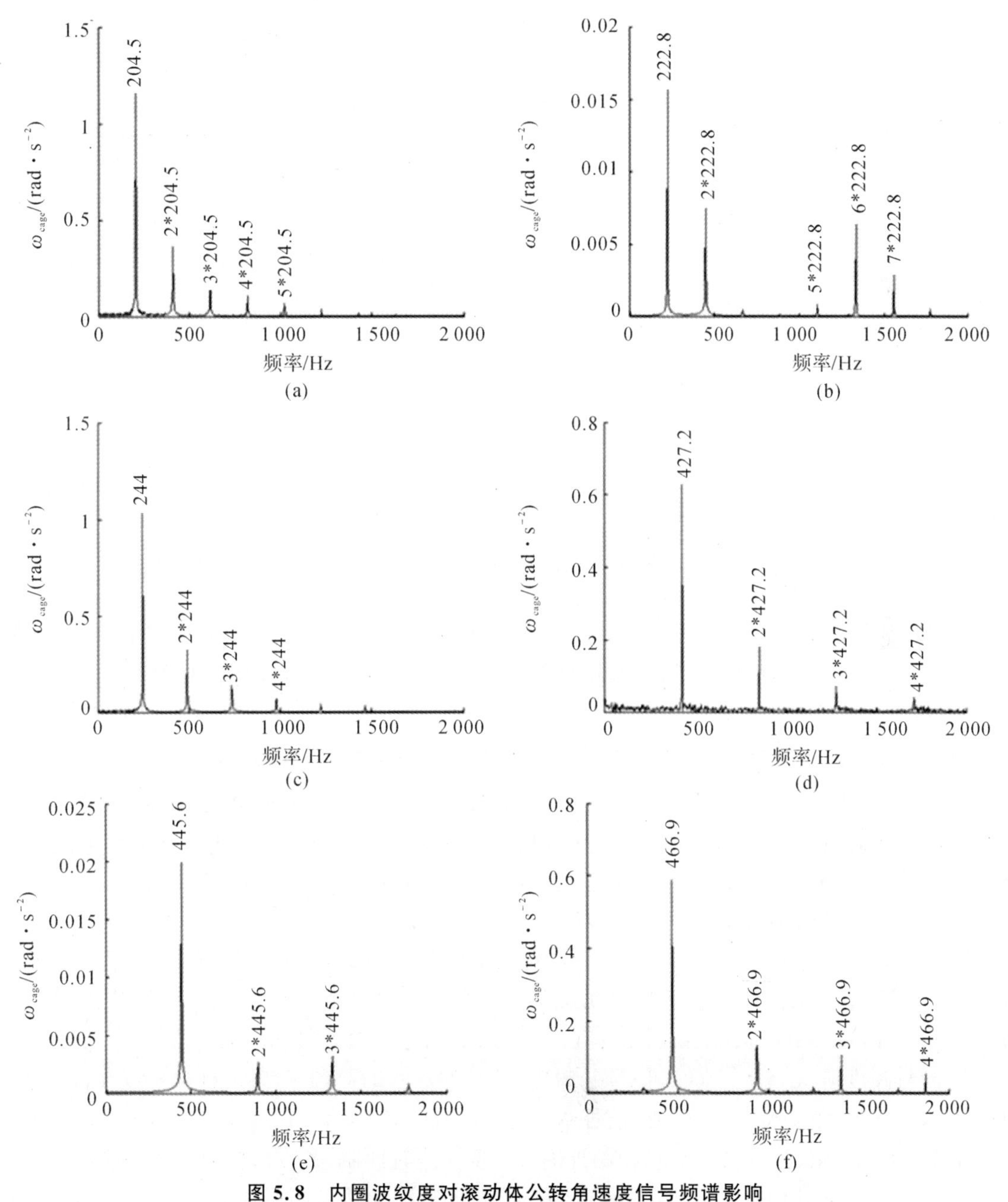

图 5.8　内圈波纹度对滚动体公转角速度信号频谱影响

(a)$l_w=10$ 阶；(b)$l_w=11$ 阶；(c)$l_w=12$ 阶；(d)$l_w=21$ 阶；(e)$l_w=22$ 阶；(f)$l_w=23$ 阶

产生上述现象是由于波纹度的存在导致轴承内圈周期性振动，导致滚动体与轴承外圈滚道接触载荷波动，进而导致滚动体与轴承滚道间摩擦力呈现周期性波动，造成滚动体公转角速度呈现周期性波动，同时式(5.1)～式(5.4)所示波纹度位移激励也以滚动体公转角速度波动频率周期性波动，最终造成轴承内圈以滚动体公转角速度波动频率周期性振动。

统计上述结果，对比分析考虑滚动体公转角速度波动前后轴承内圈振动加速度信号频率成分结果，获得滚动体公转角速度波动对轴承内圈振动加速度信号频谱特性的影响，见表5.2。结果显示，考虑滚动体公转角速度波动后轴承内圈振动加速度信号频谱结果发生了重大改变，本节统计获得了信号基频与波纹度阶次、内圈转频和滚动体公转频率之间的关系，可为波纹度误差的诊断研究提供参考。

表 5.2　滚动体公转角速度波动对轴承内圈振动加速度信号频谱特性的影响

<table>
<tr><th></th><th>波纹度分布位置</th><th>波纹度阶次</th><th>基频/Hz</th><th>内圈振动方向</th></tr>
<tr><td rowspan="4">不考虑滚动体公转角速度波动</td><td rowspan="2">外圈滚道</td><td>$l_w=iN_b$</td><td rowspan="2">$iN_b f_c$</td><td>轴向</td></tr>
<tr><td>$l_w=iN_b\pm1$</td><td>径向</td></tr>
<tr><td rowspan="2">内圈滚道</td><td>$l_w=iN_b$</td><td>$iN_b(f_i-f_c)$</td><td>轴向</td></tr>
<tr><td>$l_w=iN_b\pm1$</td><td>$iN_b(f_i-f_c)\pm f_i$</td><td>径向</td></tr>
<tr><td rowspan="4">考虑滚动体公转角速度波动</td><td rowspan="2">外圈滚道</td><td>$l_w=iN_b$</td><td rowspan="2">$il_w f_c$</td><td rowspan="4">轴向</td></tr>
<tr><td>$l_w=iN_b\pm1$</td></tr>
<tr><td rowspan="2">内圈滚道</td><td>$l_w=iN_b$</td><td rowspan="2">$il_w(f_i-f_c)$</td></tr>
<tr><td>$l_w=iN_b\pm1$</td></tr>
</table>

5.3.2　圆度阶次对轴承加速度频谱特性的影响规律分析

保持内圈转速 $N_r=2\,000$ r/min，保持轴向载荷 $F_z=500$ N，对比分析内、外圈滚道圆度阶次变化后轴承内圈振动加速度频率成分的变化，研究内、外圈滚道圆度阶次对轴承振动特性的影响规律。

5.3.2.1　外圈滚道圆度阶次对轴承加速度频谱特性的影响规律分析

选取轴承外圈波纹度阶次 $l_w=11$，外圈波纹度幅值 $A_{ow}=2$ μm，外圈圆度误差幅值 $A_{or}=2$ μm。改变圆度阶次 l_r 分别为 2，3，4 和 5，利用摩擦动力学模型获得上述外圈圆度阶次下内圈振动加速度时域信号，截取 0.5 s 时长信号并利用傅里叶变换获得外圈圆度对内圈 Z 方向振动加速度信号频谱影响，如图 5.9 所示。

图 5.9 显示，外圈滚道圆度阶次变化会对轴承内圈 Z 方向振动加速度信号频谱产生重要影响。当圆度阶次 $l_r=2$ 阶时，内圈 Z 方向振动加速度信号呈现明显周期性，信号基频为 27.4 Hz($\approx 2f_c$)和 143.4 Hz($\approx N_b f_c$)；圆度阶次 $l_r=3$ 阶时，信号基频为 39.67 Hz($\approx 3f_c$)和 143.4 Hz($\approx N_b f_c$)；圆度阶次 $l_r=4$ 阶时，信号基频为 27.4 Hz($\approx 2f_c$)，2×27.4 Hz($\approx 4f_c$)和 143.4 Hz($\approx N_b f_c$)；圆度阶次 $l_r=5$ 阶时，信号基频为 64 Hz($\approx 5f_c$)和 143.4 Hz($\approx N_b f_c$)。在本章 3.2 节中，已知轴承仅含阶次为 $l_w=11$ 的外圈波纹度误差时，内圈 Z 方向振动加速度信号基频为($\approx N_b f_c$) Hz，而含外圈圆度、波纹度耦合误差的轴承振动加速度信号基频为($\approx l_r f_c$) Hz，($\approx N_b f_c$) Hz。除此之外，信号频谱显示存在谐频($mN_b f_c \pm nl_r f_c$，其中 m 和 n 均为正整数)。

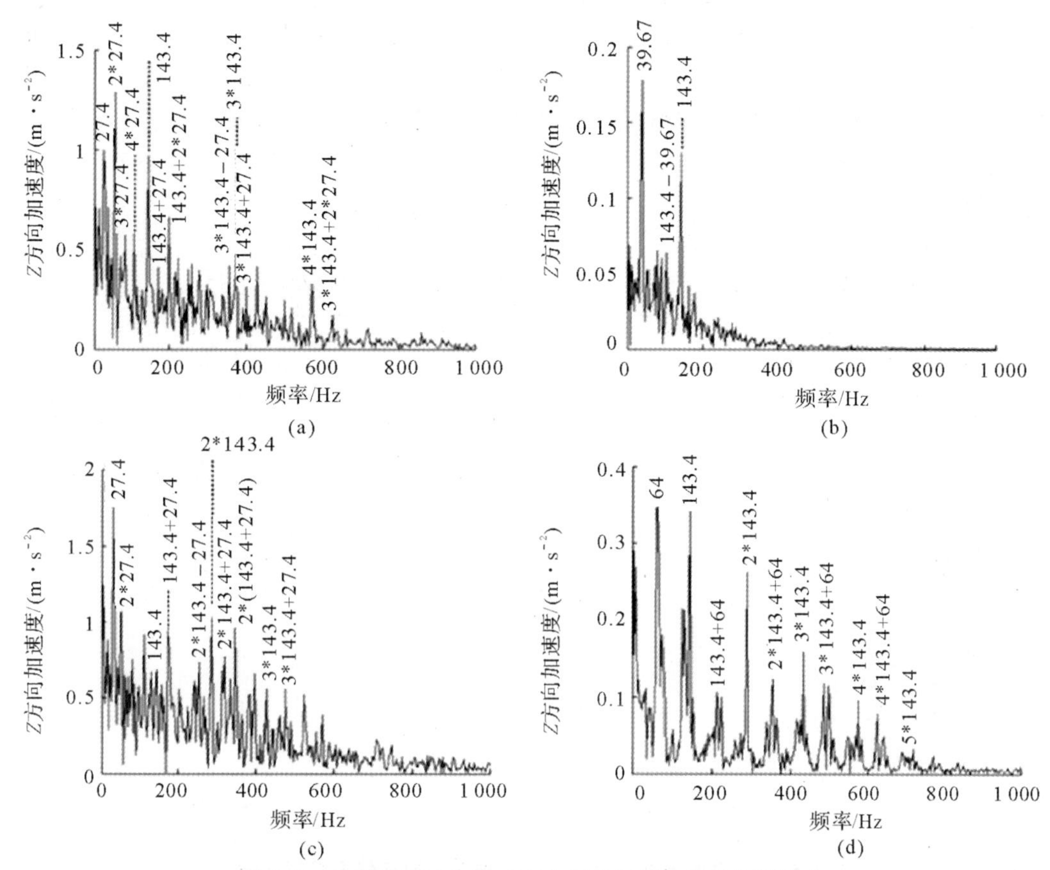

图 5.9　外圈圆度对内圈 Z 方向振动加速度信号频谱影响

(a)$l_r=2$ 阶;(b)$l_r=3$ 阶;(c)$l_r=4$ 阶;(d)$l_r=5$ 阶

5.3.2.2　内圈滚道圆度阶次对轴承加速度频谱特性的影响规律分析

选取轴承内圈波纹度阶次 $l_w=11$,内圈波纹度幅值 $A_{iw}=2\ \mu\text{m}$,内圈圆度误差幅值 $A_{ir}=2\ \mu\text{m}$。改变圆度阶次 l_r 分别为 2,3,4 和 5,利用摩擦动力学模型获得上述内圈圆度阶次下内圈振动加速度时域信号,截取 0.5 s 时长信号并利用傅里叶变换获得内圈圆度对内圈 Z 方向振动加速度信号频谱影响,如图 5.10 所示。

图 5.10 显示,内圈滚道圆度阶次变化也会对轴承内圈 Z 方向振动加速度信号频谱产生重要影响。当圆度阶次 $l_r=2$ 阶时,内圈 Z 方向振动加速度信号呈现明显周期性,信号基频为 39.67 Hz[$\approx 2(f_i-f_c)$]和 222.8 Hz[$\approx N_b(f_i-f_c)$];圆度阶次 $l_r=3$ 阶时,信号基频为 61.04 Hz[$\approx 3(f_i-f_c)$]和 222.8 Hz[$\approx N_b(f_i-f_c)$];圆度阶次 $l_r=4$ 阶时,信号基频为 82.4 Hz[$\approx 4(f_i-f_c)$]和 222.8 Hz[$\approx N_b(f_i-f_c)$];圆度阶次 $l_r=5$ 阶时,信号基频为 100.7 Hz[$\approx 5(f_i-f_c)$]和 222.8 Hz[$\approx N_b(f_i-f_c)$]。在 5.2 节中,已知轴承仅含阶次为 $l_w=11$ 的内圈波纹度误差时,内圈 Z 方向振动加速度信号基频为[$\approx N_b(f_i-f_c)$] Hz,而含内圈圆度、波纹度耦合误差的轴承振动加速度信号基频为[$\approx l_r(f_i-f_c)$]Hz,[$\approx N_b(f_i-f_c)$] Hz。除此之外,信号频谱显示存在谐频[$mN_b(f_i-f_c)\pm nl_r(f_i-f_c)$,其中 m 和 n 均为正整数]。

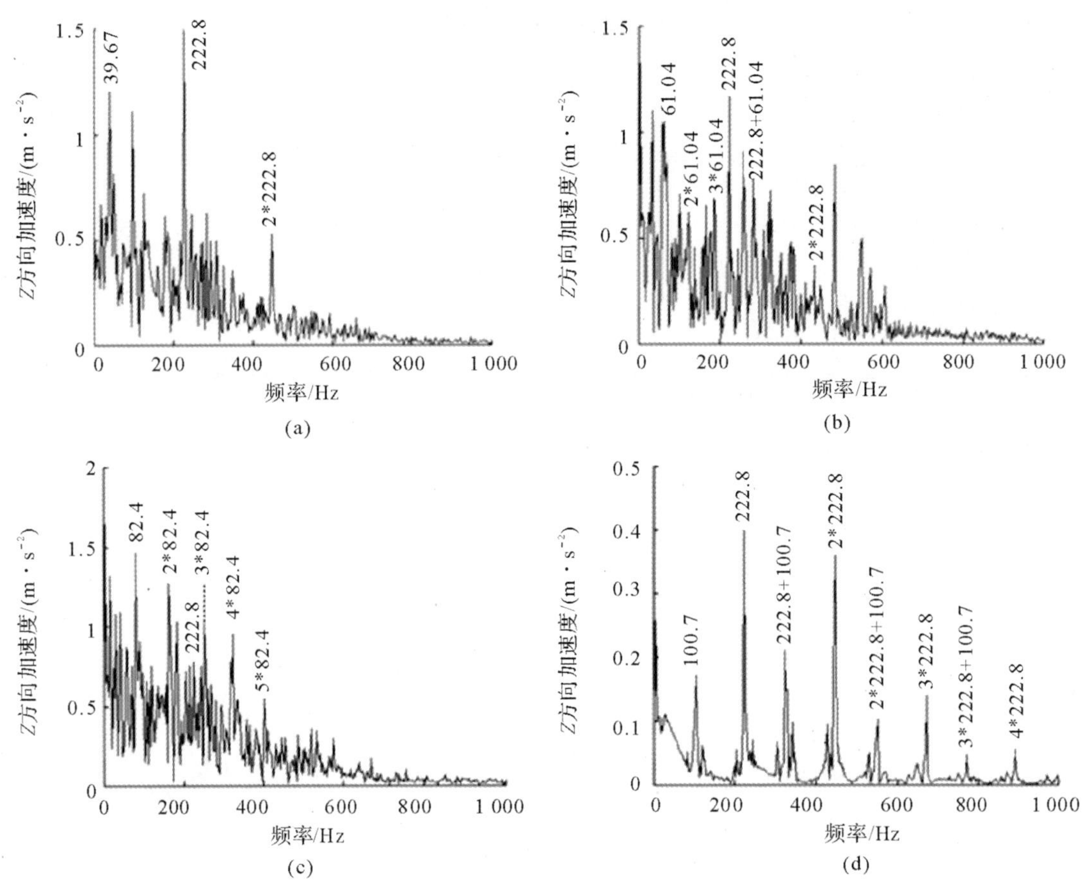

图 5.10 内圈圆度对内圈 Z 方向振动加速度信号频谱影响

(a)$l_r=2$ 阶;(b)$l_r=3$ 阶;(c)$l_r=4$ 阶;(d)$l_r=5$ 阶

统计上述结果,获得不同阶次圆度误差对应轴承内圈 Z 方向振动加速度信号频率成分结果,见表 5.3。表 5.3 显示,当设定波纹度误差阶次与滚动体个数相等时,改变圆度误差阶次将会对轴承内圈振动信号频谱特性产生较大的影响,本节统计得出信号基频、谐频成分与圆度误差阶次、波纹度误差阶次之间的关系,可为波纹度-圆度耦合误差的诊断研究提供参考。

表 5.3 不同阶次圆度误差对应轴承内圈 Z 方向振动加速度信号频率成分结果

波纹度分布位置	波纹度阶次	圆度阶次	基频/Hz	谐频成分/Hz
外圈滚道	$l_w=N_b$	l_r	$l_r f_c, N_b f_c$	$mN_b f_c \pm nl_r f_c$
内圈滚道			$l_r(f_i-f_c), N_b(f_i-f_c)$	$mN_b(f_i-f_c)\pm nl_r(f_i-f_c)$

5.3.3 轴向力对轴承动态特性的影响规律分析

保持内圈转速 $N_r=2\ 000$ r/min,选取波纹度阶次 $l_w=11$,选取轴承内、外圈圆度误差幅值 $A_{ir}=A_{or}=0$。对比分析不同轴向力下轴承内圈振动加速度频率成分的变化,研究轴向力对轴承动态特性的影响规律。

5.3.3.1　考虑外滚道波纹度误差时轴向力的影响规律分析

选取轴承外圈滚道波纹度幅值 $A_{ow}=2\ \mu m$，改变轴向力 F_z 分别为 100 N，200 N，300 N，400 N 和 500 N，利用摩擦振动动力学模型获得各轴向力下轴承内圈 Z 方向振动加速度时域信号，截取 0.5 s 时长信号并利用傅里叶变换获得轴向力对轴承内圈 Z 方向振动加速度信号频谱的影响结果，如图 5.11 所示。图 5.11 显示，轴向力对轴承内圈 Z 方向振动加速度信号频谱特性具有较大影响：当轴向力 F_z 低于 200 N 时，轴承内圈 Z 方向振动加速度信号频谱中频率成分存在差异，伴随轴向力的增加，轴承内圈 Z 方向振动加速度信号基频不断增大，其对应幅值也不断增大；当轴向力 F_z 高于 200 N 时，轴承内圈 Z 方向振动加速度信号基频保持为 143.4 Hz（与外圈滚道通过频率 $f_{bpfo}=N_b f_c$ 一致）。

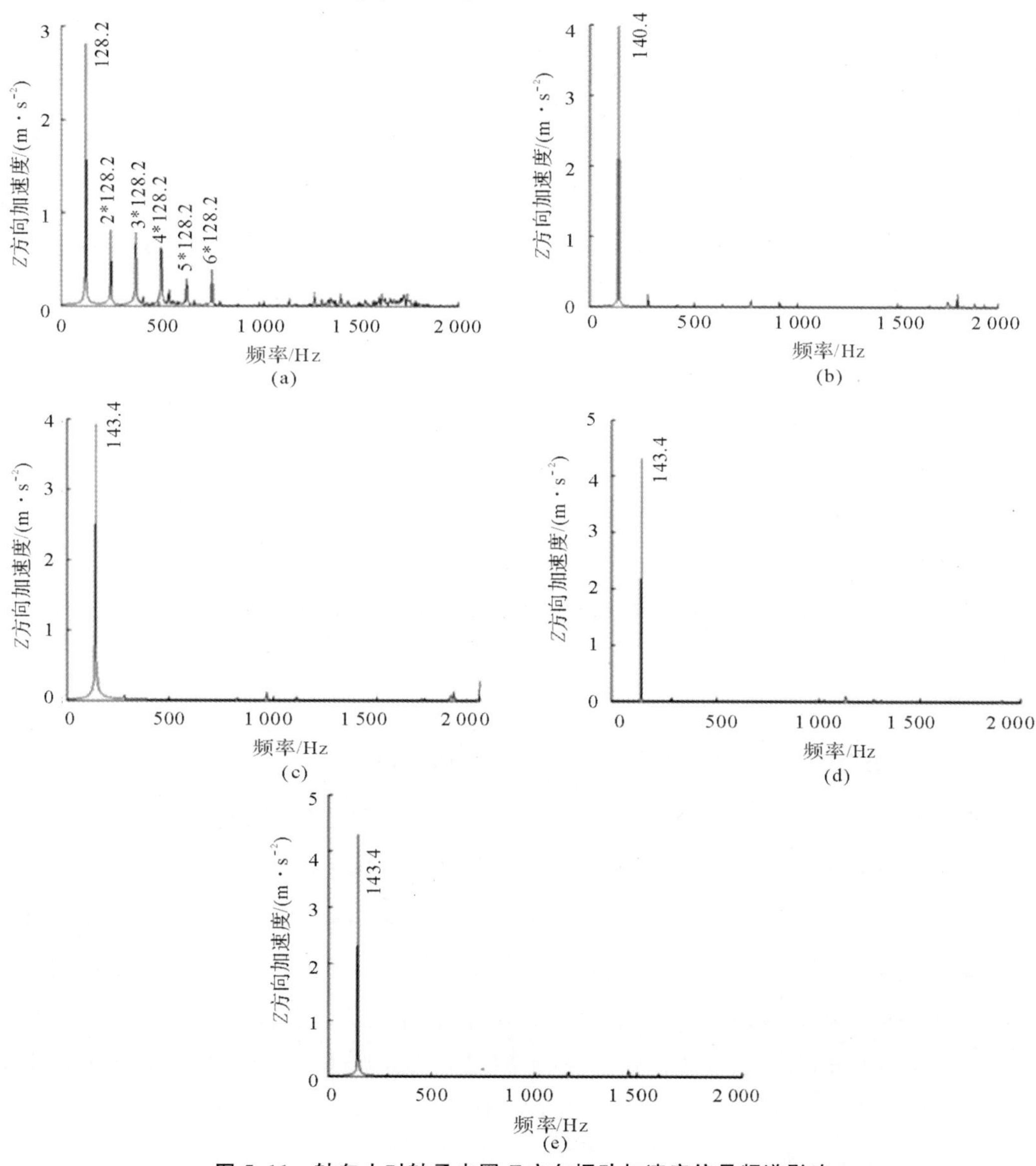

图 5.11　轴向力对轴承内圈 Z 方向振动加速度信号频谱影响

(a) $F_z=100$ N；(b) $F_z=200$ N；(c) $F_z=300$ N；(d) $F_z=400$ N；(e) $F_z=500$ N

该现象可由图 3.9 解释，当轴向力 F_z 低于 200 N 时，轴承内圈无法将滚动体压紧以提供足够的摩擦力，导致滚动体与滚道间存在打滑现象，从而滚动体无法达到理论公转速度，公转速度不足则会导致 11 阶波纹度激振频率无法达到外圈滚道通过频率 f_{bpfo}。伴随轴向力的增加，滚动体与滚道间打滑现象逐渐改善，滚动体公转速度逐渐增大，11 阶波纹度激振频率逐渐增大，内圈 Z 方向加速度信号基频逐渐接近 143.4 Hz；当轴向力 F_z 高于 200 N 时，滚动体与滚道间打滑现象基本被抑制，滚动体达到理论公转速度，11 阶波纹度激振频率达到外圈滚道通过频率 f_{bpfo}，内圈 Z 方向加速度信号基频保持为 143.4 Hz，如图 5.12(a)所示。图 5.12(b)显示，轴向力对轴承内圈 Z 方向振动加速度信号 RMS 值也具有较大影响：当轴向力 F_z 低于 200 N 时，11 阶波纹度激振频率无法达到外圈滚道通过频率 f_{bpfo}，此时内圈 Z 方向振动加速度水平较低；当轴向力 F_z 高于 200 N 时，11 阶波纹度激振频率达到外圈滚道通过频率 f_{bpfo}，激起轴承内圈作同频共振，此时内圈 Z 向振动加速度水平相对较高。

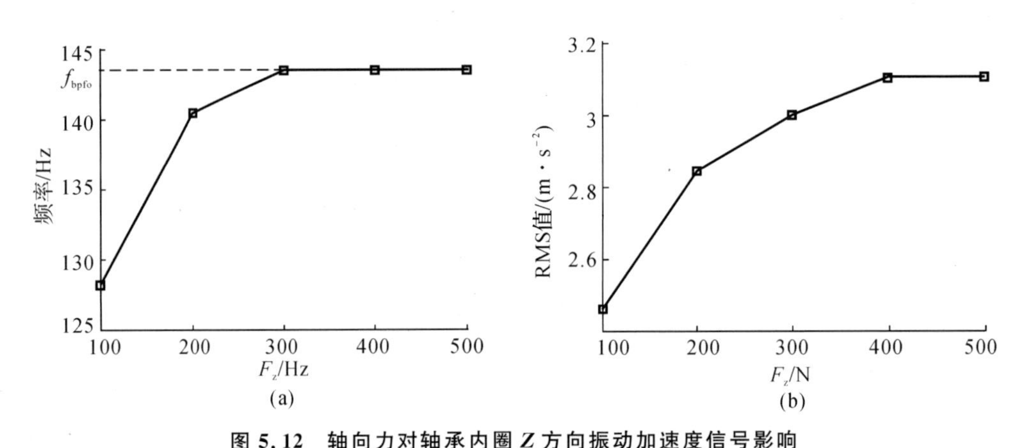

图 5.12 轴向力对轴承内圈 Z 方向振动加速度信号影响

(a)频率特性；(b)RMS 值

5.3.3.2 考虑内滚道波纹度误差时轴向力的影响规律分析

选取轴承内圈滚道波纹度幅值 $A_{iw}=2\ \mu m$，改变轴向力 F_z 分别为 100 N，200 N，300 N，400 N 和 500 N，利用摩擦振动动力学模型获得各轴向力下轴承内圈 Z 方向振动加速度时域信号，截取 0.5 s 时长信号并利用傅里叶变换获得轴向力对轴承内圈 Z 方向振动加速度信号频谱的影响结果，如图 5.13 所示。图 5.13 显示，轴向力对轴承内圈 Z 方向振动加速度信号频谱特性具有较大影响：当轴向力 F_z 低于 200 N 时，轴承内圈 Z 方向振动加速度信号频谱中频率成分存在明显差异，伴随轴向力的增加，轴承内圈 Z 方向振动加速度信号基频不断减小，其对应幅值略微增大；当轴向力 F_z 高于 200 N 时，轴承内圈 Z 方向振动加速度信号基频保持为 222.8 Hz[与内圈滚道通过频率 $f_{bpfi}=N_b(f-f_c)$一致]。

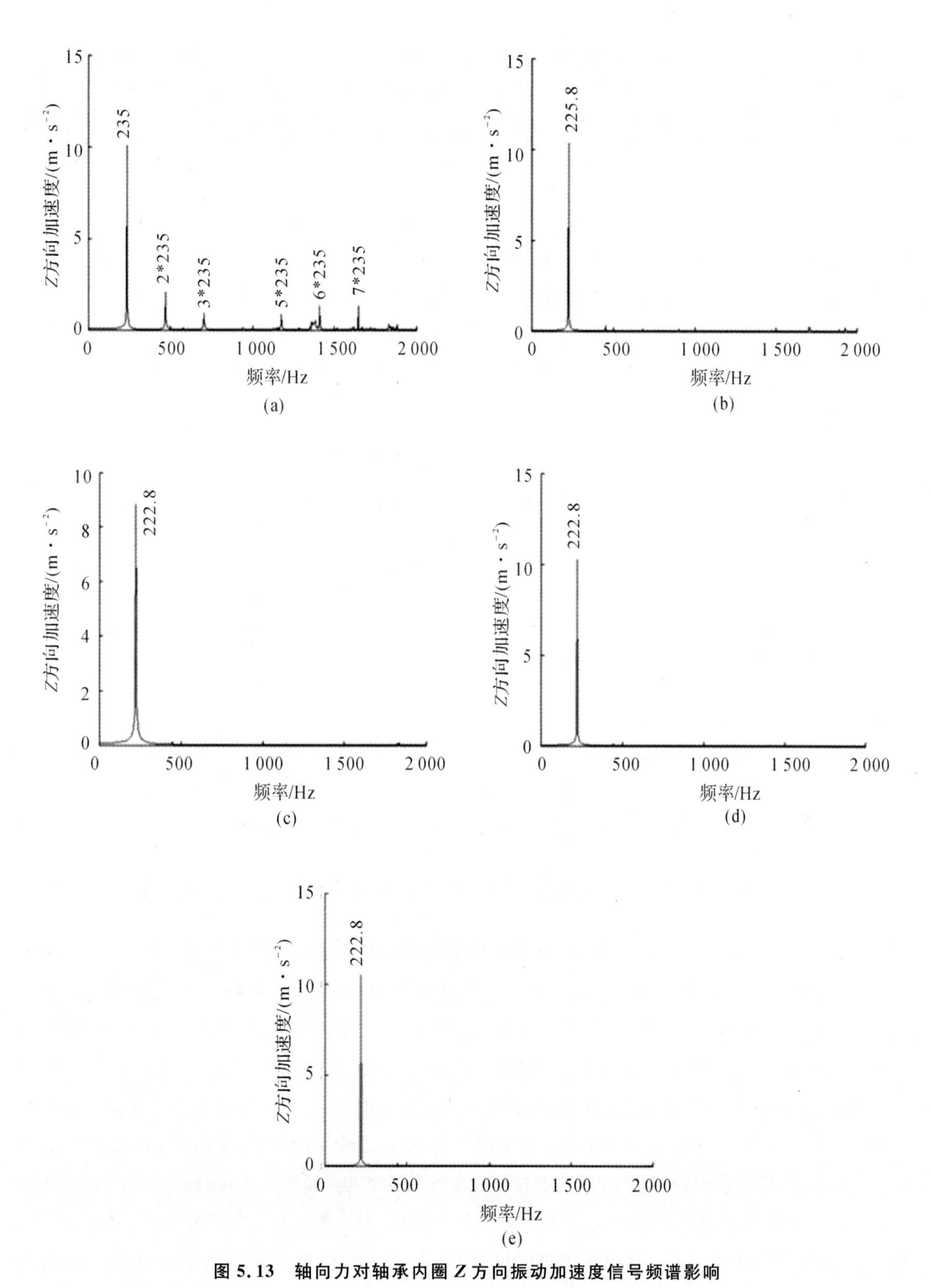

图 5.13　轴向力对轴承内圈 Z 方向振动加速度信号频谱影响

(a)F_z=100 N;(b)F_z=200 N;(c)F_z=300 N;(d)F_z=400 N;(e)F_z=500 N

该现象可由图 3.9 解释，当轴向力 F_z 低于 200 N 时，轴承内圈无法将滚动体压紧以提供足够的摩擦力，导致滚动体与滚道间存在打滑现象，从而滚动体无法达到理论公转速度，公转速度不足则会导致 11 阶波纹度激振频率$[N_b(f-f_c)]$始终高于内圈滚道通过频率 f_{bpfi}。伴随轴向力的增加，滚动体与滚道间打滑现象逐渐改善，滚动体公转速度逐渐增大，11 阶波纹度激振频率逐渐减小，内圈 Z 方向加速度信号基频逐渐接近 222.8 Hz；当轴向力 F_z 高于 200 N 时，滚动体与滚道间打滑现象基本被抑制，滚动体达到理论公转速度，11 阶波纹度激振频率降低到与内圈滚道通过频率 f_{bpfi} 一致，内圈 Z 方向加速度信号基频保持为 222.8 Hz，如图 5.14(a)所示。图 5.14(b)显示，轴向力对轴承内圈 Z 方向振动加速度信号 RMS 值也具有较大影响：当轴向力 F_z 低于 200 N 时，内圈 Z 方向振动加速度 RMS 值较大，伴随轴向力增大，RMS 值呈减小趋势；当轴向力 F_z 高于 200 N 时，内圈 Z 方向振动加速度 RMS 值几乎保持不变。

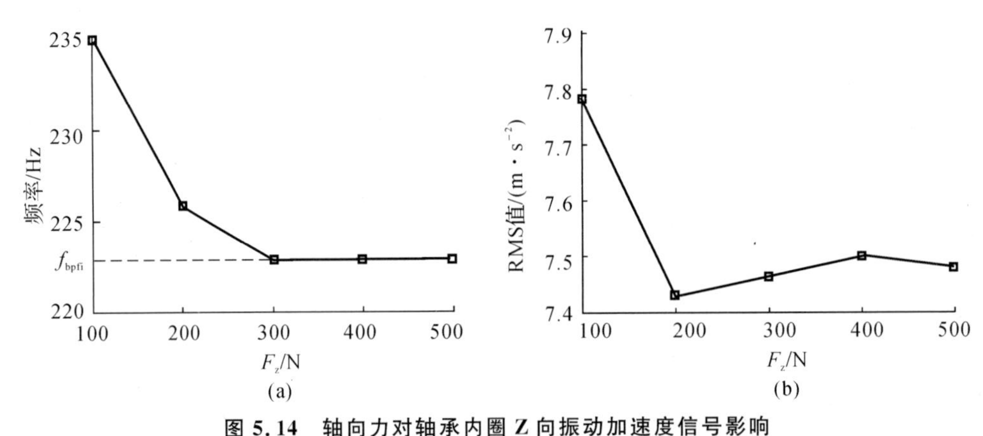

图 5.14 轴向力对轴承内圈 Z 向振动加速度信号影响

(a)频率特性；(b)RMS 值

5.3.4 波纹度幅值对轴承加速度统计值的影响规律分析

保持内圈转速 $N_r=2\ 000$ r/min，保持轴向载荷 $F_z=500$ N，选取波纹度阶次 $l_w=11$，选取轴承内、外圈圆度误差幅值 $A_{ir}=A_{or}=0$。改变轴承外圈滚道波纹度幅值 A_{ow} 分别为 2 μm，3 μm，4 μm，5 μm 和 6 μm，获得外圈滚道波纹度幅值对轴承内圈 Z 方向振动加速度 RMS 值的影响，如图 5.15(a)所示。图 5.15(a)显示，外圈滚道波纹度幅值将对轴承内圈振动特性造成较大影响，伴随轴承外圈滚道波纹度幅值的增加，轴承内圈 Z 方向振动加速度 RMS 值逐渐增加。改变轴承内圈滚道波纹度幅值 A_{iw} 分别为 2 μm，3 μm，4 μm，5 μm 和 6 μm，获得内圈滚道波纹度幅值对轴承内圈 Z 方向振动加速度 RMS 值的影响，如图 5.15(b)所示。图 5.15(b)显示，轴承内圈 Z 方向振动加速度 RMS 值也会伴随内圈滚道波纹度幅值的增加而增加。因此，改进轴承滚道加工工艺，减小轴承内、外圈滚道波纹度幅值对于控制轴承振动水平具有重要意义。

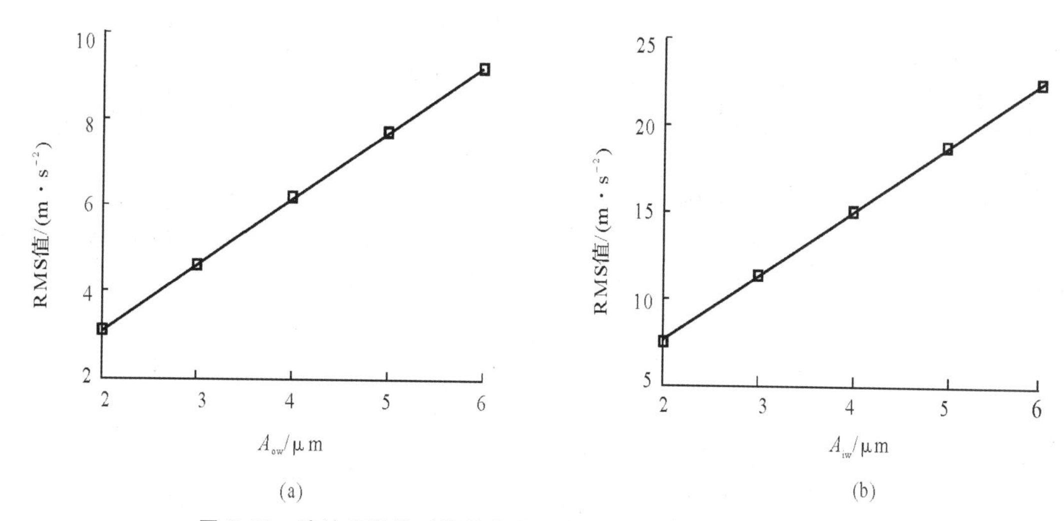

图 5.15　波纹度幅值对轴承内圈 Z 方向振动加速度 RMS 值的影响

(a)外圈滚道波纹度；(b)内圈滚道波纹度

5.3.5　波纹度误差对滚动体运动状态的影响规律分析

保持内圈转速 N_r=2 000 r/min，保持轴向载荷 F_z=500 N，改变波纹度误差阶次和幅值，对比分析不同波纹度阶次和幅值下滚动体公转角速度、自转角速度、滚动体与滚道间相对滑动速度和摩擦力情况，研究波纹度、圆度误差对滚动体运动状态的影响规律。由于内、外圈波纹度误差对滚动体运动状态影响规律类似，为避免结果重复，本节仅列出外圈波纹度误差的结果。

5.3.5.1　波纹度阶次对滚动体运动状态的影响规律分析

选取轴承内、外圈圆度误差幅值 $A_{ir}=A_{or}=0$，改变波纹度误差阶次 l_w 分别为 10，11 和 12（由于 l_w=21，22 和 23 时规律类似，为避免结果重复，故结果不做列出），选取外圈波纹度幅值 A_{ow}=2 μm，运用摩擦振动动力学模型，得到外圈滚道波纹度阶次对滚动体运动状态的影响，如图 5.16 所示。图 5.16 显示，波纹度阶次会对滚动体运动状态产生较大的影响。当外圈滚道表面存在波纹度误差时，滚动体公转角速度和绕 Z 轴自转角速度出现明显周期性波动，如图 5.16(a)(b)所示。这是由于波纹度误差导致滚动体与内、外圈接触载荷出现周期性波动，从而造成如图 5.16(c)(d)所示滚动体与内、外圈滚道间摩擦力周期性波动，最终造成滚动体公转角速度和绕 Z 轴自转角速度出现明显周期性波动的现象。同时，滚动体公转角速度和绕 Z 轴自转角速度波动会导致滚动体与内、外圈接触处相对滑动速度周期性波动，如图5.16(e)(f)所示。对比各阶波纹度下滚动体运动状态可知，当波纹度阶次与滚动体个数相等时，滚动体公转、自转运动更为平稳，滚动体与内、外圈滚道接触处打滑现象相对不明显。

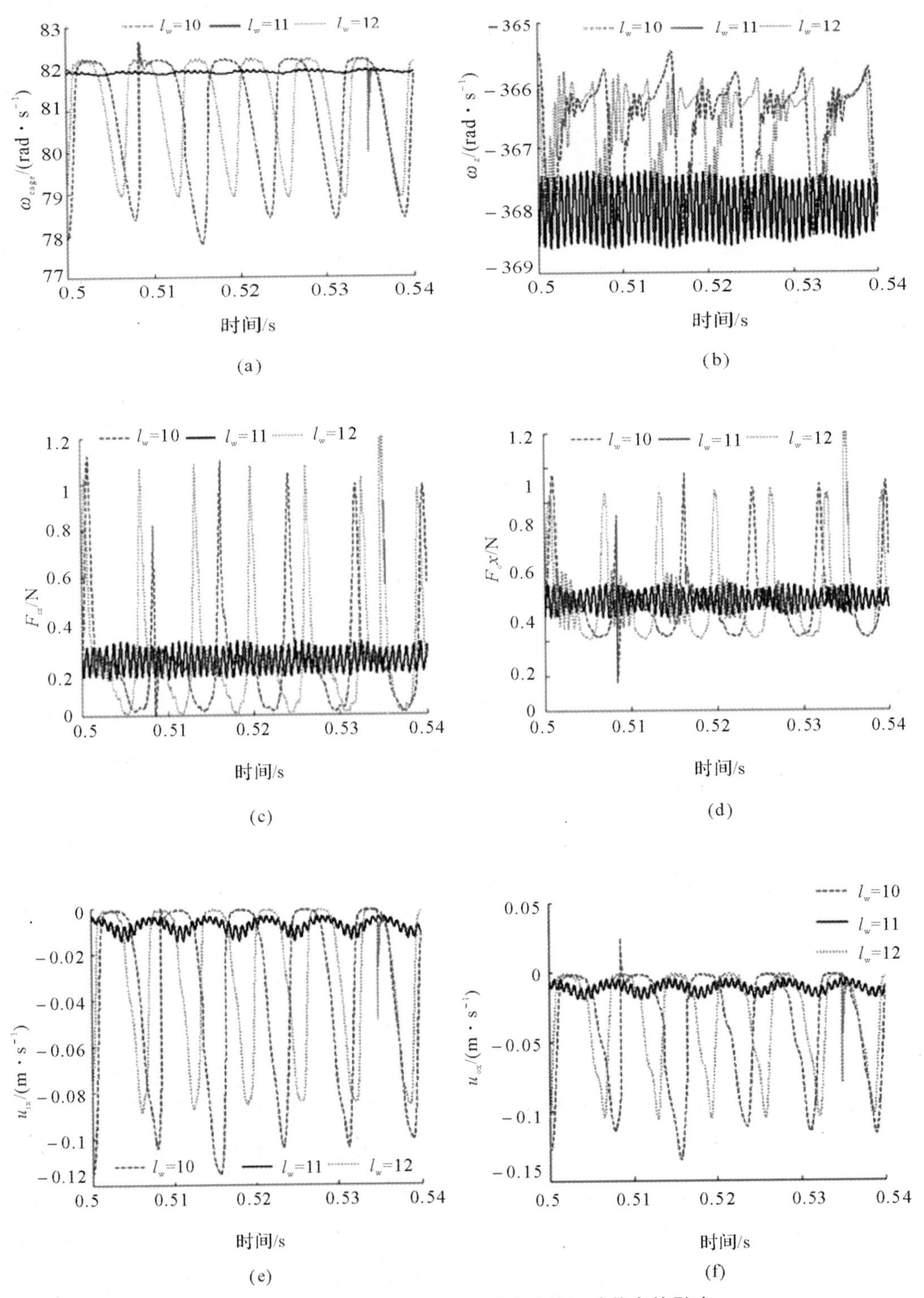

图 5.16 外圈滚道波纹度阶次对滚动体运动状态的影响

(a)公转速度;(b)绕 Z 轴自转速度;(c)滚动体与内滚道间摩擦力;

(d)滚动体与外滚道间摩擦力;(e)内圈滚道上滑动速度;(f)外圈滚道上滑动速度

5.3.5.2　波纹度幅值对滚动体运动状态的影响规律分析

选取轴承内、外圈圆度误差幅值 $A_{ir}=A_{or}=0$，波纹度误差阶次 $l_w=11$，改变波纹度误差幅值 A_{ow} 分别为 2 μm，3 μm，4 μm 和 5 μm，运用摩擦振动动力学模型，得到外圈滚道波纹度幅值对滚动体运动状态的影响，如图 5.17 所示。图 5.17 显示，波纹度误差幅值会对滚动体运动状态产生较大的影响。伴随波纹度误差幅值增加，滚动体与内、外圈接触载荷波动幅值逐渐增加，造成滚动体与内、外圈滚道间摩擦力波动幅值逐渐增加，如图 5.17(c)(d)所示；进而导致滚动体公转角速度、自转角速度波动幅值逐渐增大，如图 5.17(a)(b)所示；最终导致滚动体与内、外圈接触处相对滑动速度波动幅值增大，如图 5.17(e)(f)所示。对比各波纹度幅值下滚动体运动状态可知，滚动体运动状态稳定性伴随波纹度幅值增加逐渐降低，因此控制波纹度幅值对于改善滚动体运动状态具有重要意义。

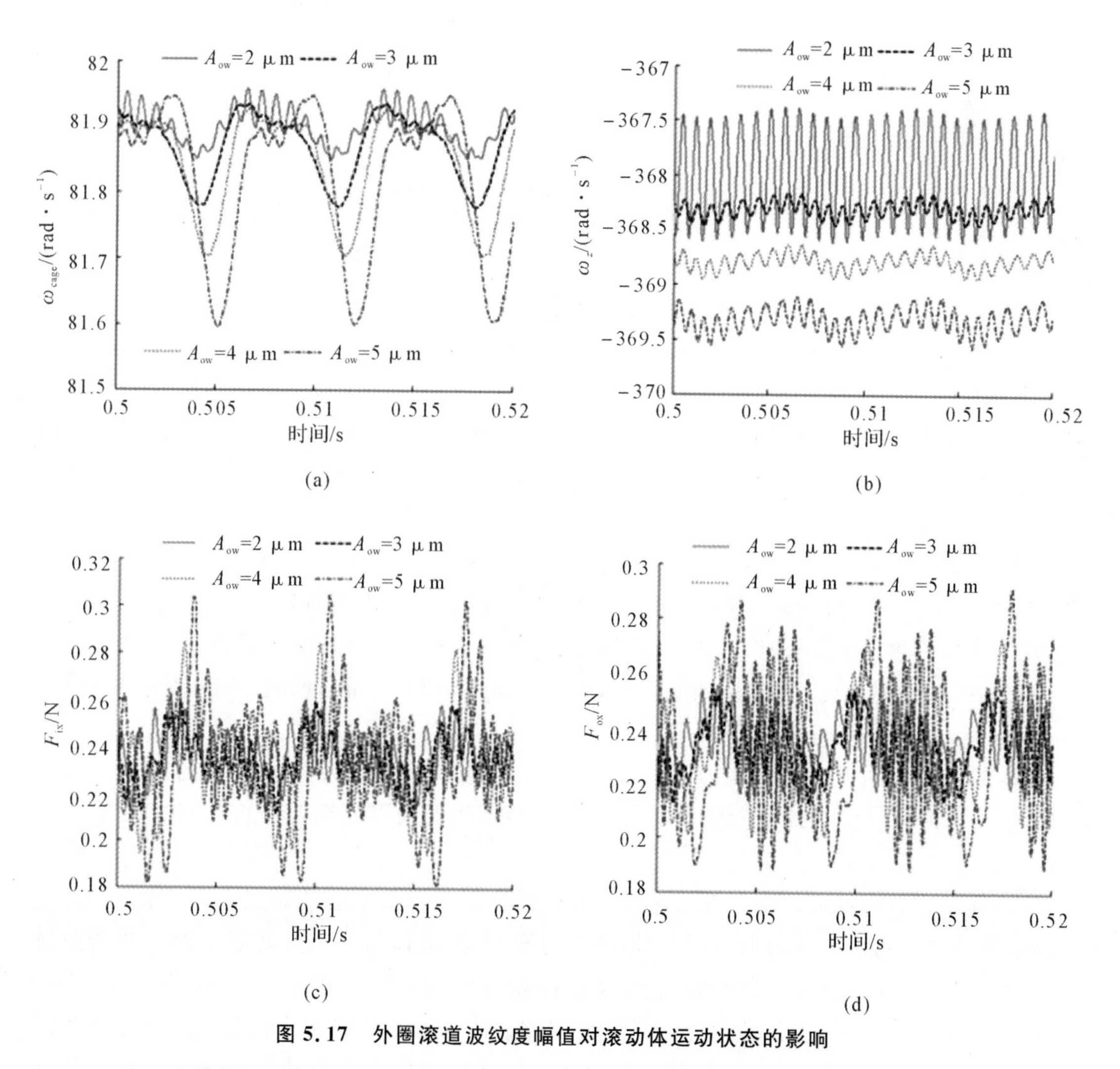

图 5.17　外圈滚道波纹度幅值对滚动体运动状态的影响

(a)公转速度；(b)绕 Z 轴自转速度；(c)滚动体与内滚道间摩擦力；(d)滚动体与外滚道间摩擦力

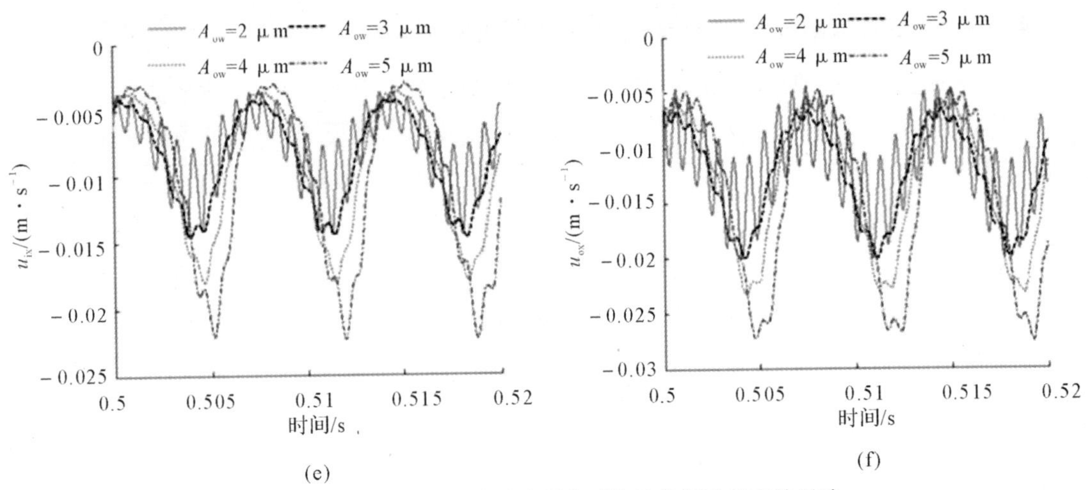

续图 5.17 外圈滚道波纹度幅值对滚动体运动状态的影响

(e)内圈滚道上滑动速度;(f)外圈滚道上滑动速度

5.4 本章小结

本章运用周期正弦函数建立了滚道圆度/波纹度复合误差的时变位移激励模型,将误差模型耦合到角接触球轴承摩擦动力学模型中,建立了考虑圆度/波纹度复合误差的角接触球轴承动力学模型。对比分析了考虑滚动体公转角速度波动前后轴承加速度频谱特性的变化规律,研究了波纹度阶次、圆度阶次和轴向力对轴承振动加速度频谱特性的影响规律,波纹度幅值对轴承振动加速度时域统计特征值的影响规律以及波纹度阶次、幅值对滚动体运动状态的影响规律。主要结论如下:

(1)考虑滚动体公转角速度波动后轴承内圈振动加速度信号频率成分发生了重大改变。当外圈存在波纹度误差时,伴随波纹度阶次 l_w 的变化,轴承内圈沿轴向以频率 $l_w f_c$ 周期性振动;当内圈存在波纹度误差时,轴承内圈沿轴向以频率 $l_w(f_i-f_c)$周期性振动。

(2)圆度阶次变化会对轴承内圈振动加速度信号频谱特性产生显著影响。当外圈存在波纹度-圆度耦合误差,且波纹度阶次 l_w 与滚动体数目相等时,伴随外圈圆度阶次的变化,轴承内圈沿轴向以频率 $l_r f_c$ 和 $N_b f_c$ 周期性振动;当内圈存在波纹度-圆度耦合误差,且波纹度阶次 l_w 与滚动体数目相等时,伴随内圈圆度阶次的变化,轴承内圈沿轴向以频率 $l_r(f_i-f_c)$和 $N_b(f_i-f_c)$周期性振动。

(3)轴向力会对轴承内圈振动加速度信号频谱特性产生影响。当轴向力小于使滚动体达到理论公转速度的最小轴向力时,伴随轴向力的增大,滚动体与滚道间打滑运动逐渐被抑制,滚动体公转频率逐渐增大,外圈滚道波纹度误差造成的轴承内圈 Z 方向加速度信号基频($l_w f_c$)逐渐增大并靠近 f_{bpfo},内圈滚道波纹度误差造成的轴承内圈 Z 方向加速度信号基频[$l_w(f_i-f_c)$]逐渐减小并靠近 f_{bpfi};当轴向力达到使滚动体达到理论公转速度的最小轴向力时,滚动体与滚道间打滑运动基本被抑制,滚动体达到理论公转速度,外圈滚道波纹度误差造成的

轴承内圈 Z 方向加速度信号基频基本维持为 f_{bpfo}，内圈滚道波纹度误差造成的轴承内圈 Z 向加速度信号基频基本维持为 f_{bpfi}。

（4）波纹度阶次会对滚动体运动状态产生重要影响。当轴承内、外圈滚道存在波纹度误差时，滚动体公、自转运动失稳，滚动体与内、外圈接触处相对滑动速度周期性波动，对比波纹度阶次 $l_w = iN_b \pm 1$ 和 $l_w = iN_b$ 时滚动体运动状态可知，当波纹度阶次 $l_w = iN_b$ 时，滚动体运动状态更为平稳。

（5）波纹度幅值会对轴承振动特性和滚动体运动状态产生重要影响。伴随波纹度幅值的增大，轴承内圈 Z 方向振动加速度 RMS 值逐渐增大；伴随波纹度幅值的增大，滚动体与内、外圈接触处相对滑动速度波动幅值增大，滚动体运动状态稳定性逐渐降低。

参考文献

[1] LITTMANN W E. The Mechanism of Contact Fatigue[J]. Nasa Special Publication, 1970,237:309.

[2] LIU J,YAN Z,SHAO Y. An investigation for the friction torque of a needle roller bearing with the roundness error[J]. Mechanism and Machine Theory,2018,121:259 - 272.

[3] JANG G,JEONG S W. Vibration analysis of a rotating system due to the effect of ball bearing waviness[J]. Journal of Sound and Vibration,2004,269(3/4/5):709 - 726.

[4] WARDLE F P. Vibration forces produced by waviness of the rolling surfaces of thrust loaded ball bearings,part 1:Theory[J]. Journal of Mechanical Engineering Science,1988, 202(5):305 - 312.

[5] YHLAND E. A linear theory of vibrations caused by ball bearings with form errors operating at moderate speed[J]. Journal of Tribology,1992,114(2):348 - 359.

第6章　滚动轴承局部缺陷动力学建模与数值仿真

6.1　引　　言

据统计，30％的旋转机械故障和44％的大型异步电机故障是由缺陷轴承引起的。滚动体在通过缺陷位置时会产生冲击脉冲，其冲击脉冲的幅度和波形与缺陷的形状和尺寸直接相关，对缺陷形状和尺寸与其冲击脉冲波形之间的关系和冲击脉冲响应特征的认识程度将直接影响轴承运行状态判定的正确性与可靠性。因此，要准确预测和识别轴承早期故障，防止因轴承突发故障造成的重大经济损失和人员伤亡，需要解决滚动轴承内部早期缺陷诱发的非线性激励机理及其振动响应特征这个基础性关键科学问题。

然而，轴承内部接触的非线性、轴和轴承座的耦合作用等因素的存在，以及滚动轴承经常处于变速和变载工况等因素的影响，对滚动轴承缺陷，尤其是早期局部缺陷的形状和尺寸与其冲击响应特征之间的关系尚未解明，制约了早期故障诊断的准确性和可靠性。因此，开展滚动轴承早期故障非线性激励机理及建模方法的研究，具有重要的理论意义和实际工程应用价值。

6.2　滚动轴承局部缺陷的振动机理

滚动轴承局部缺陷包括点、裂纹、凹坑、剥落等，如图6.1所示。局部缺陷产生的主要原因包括腐蚀、磨损、塑性变形、疲劳、润滑失效、电损伤、裂纹和设计缺陷等。

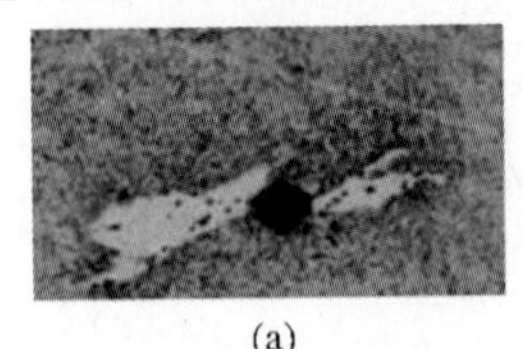

(a)

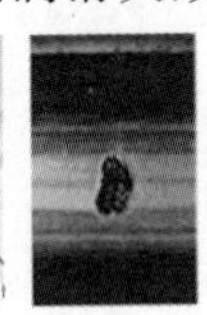

(b)

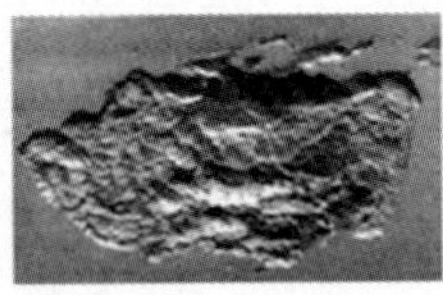

(c)

图6.1　滚动轴承局部缺陷实物图

(a)点缺陷；(b)裂纹缺陷；(c)凹坑与剥落缺陷

滚动轴承滚道表面存在局部缺陷时，滚动体通过缺陷边缘的过程中，将会产生时变冲击激励，且其冲击激励的机理和特征与滚动体和局部缺陷边缘之间的接触关系相关，其滚动体与缺陷边缘之间的接触关系示意图如图 6.2 所示。

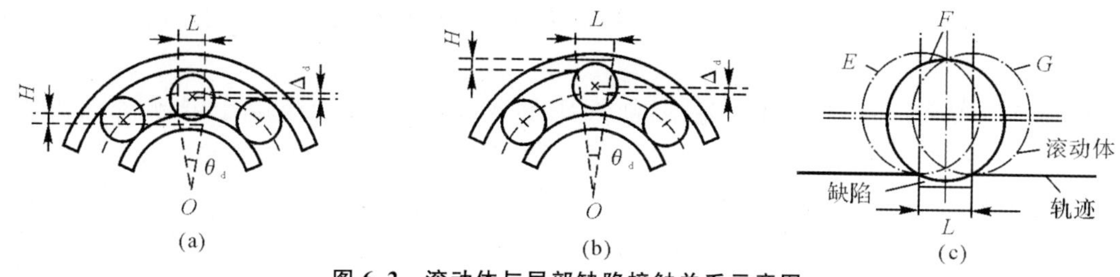

图 6.2　滚动体与局部缺陷接触关系示意图

(a)内圈局部缺陷;(b)外圈局部缺陷;(c)局部放大图

图 6.2(c)显示,滚动体从位置 E 运动到位置 G 的过程中,滚动体与局部缺陷边缘之间的接触关系取决于局部缺陷的形状、滚动体的直径与局部缺陷最小尺寸的比值以及局部缺陷长度(L)与宽度(H)的比值。因此,根据图 6.3 所示的滚动轴承局部缺陷实际轮廓形态,采用图 6.3 所示的局部缺陷模型对不同尺寸和轮廓形态的局部缺陷进行表征。

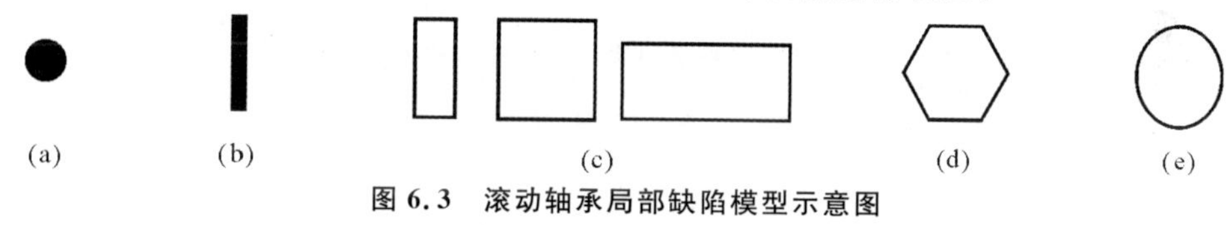

图 6.3　滚动轴承局部缺陷模型示意图

(a)点;(b)裂纹;(c)矩形;(d)六边形;(e)圆形

6.2.1　球轴承局部缺陷时变接触刚度激励机理

球通过局部缺陷过程中,球与局部缺陷边缘之间接触点数目变化诱发的时变位移激励和时变接触刚度激励,将导致球轴承的振动响应特征变化;球与局部缺陷边缘之间接触点数目的变化与球的直径和局部缺陷的最小尺寸的比值以及局部缺陷的长度和宽度的比值密切相关。

正常球轴承,球与内、外圈之间的接触类型为球与球的点接触,如图 6.4(a)所示。局部缺陷球轴承,球通过局部缺陷的过程中,球与局部缺陷边缘之间的接触形式为球与线的点线接触形式,如图 6.4(b)所示。

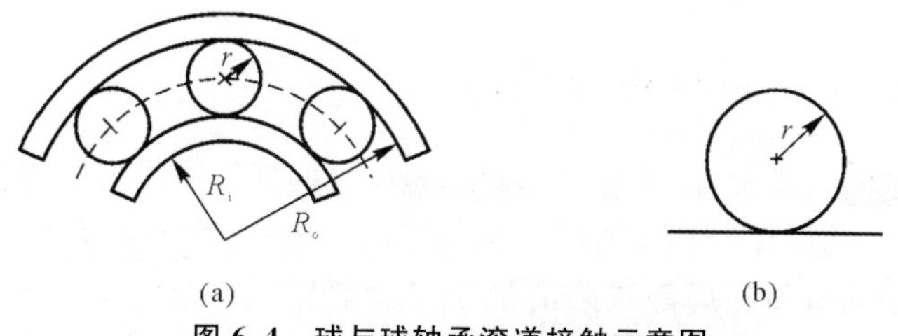

图 6.4　球与球轴承滚道接触示意图

(a)球与正常球轴承滚道接触示意图;(b)球与局部缺陷边缘接触示意图

球与正常球轴承内、外圈滚道之间的接触刚度满足 Hertz 接触理论,其载荷-变形关系式可以表示为

$$F = K\delta^n \tag{6.1}$$

式中：F,K,δ 和 n 分别为 Hertz 接触力，接触刚度，接触变形和载荷-变形指数；球轴承，n 的取值为 1.5。

局部缺陷球轴承，式(6.1)不再适用，其原因为：球与局部缺陷边缘之间的接触形式由球与球的点接触形式变为点线接触形式；球与局部缺陷边缘之间的接触点数目随球的位置变化而变化，球与局部缺陷边缘之间的接触刚度为时变刚度。相对于目前的 Hertz 接触载荷-变形关系式，球与局部缺陷边缘之间的载荷-变形关系式表示变形为

$$F(t) = K(t)\delta^{n(t)} \tag{6.2}$$

式中：$F(t)$为时变接触力；$K(t)$和 $n(t)$分别为球与局部缺陷边缘之间的时变接触刚度和时变载荷-变形系数。根据球轴承局部缺陷轮廓模型与内部激励机理的研究结果，球通过局部缺陷的过程中，$K(t)$和 $n(t)$随球与局部缺陷边缘之间的接触点数目变化而变化，如图 6.5 所示。

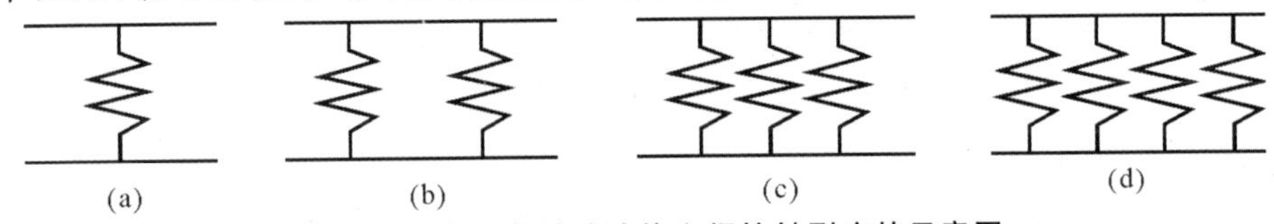

图 6.5　球与局部缺陷边缘之间接触刚度的示意图

(a)1 个接触点；(b)2 个接触点；(c)3 个接触点；(d)4 个接触点

基于球的直径与局部缺陷最小尺寸的比值和局部缺陷长度与宽度的比值，构造分段函数模型，如图 6.6 所示。图 6.6 显示，$E_1F_1G_1$ 表征半正弦函数，$E_2F_1F_2G_2$ 表征矩形函数，$E_1F_1F_2G_3$ 表征 2 个半正弦函数(点 E_1 与点 F_1，点 F_2 与点 G_3 之间的曲线)和 1 个矩形函数(点 F_1 和点 F_2 之间的直线)组成的分段函数。

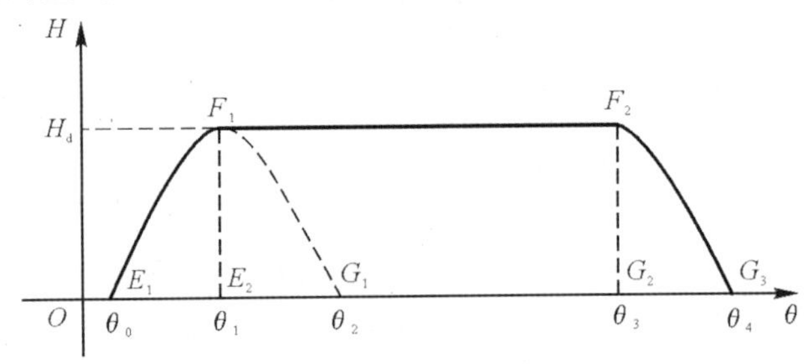

图 6.6　分段函数示意图

6.2.2　圆柱滚子轴承局部缺陷时变接触刚度激励机理的描述

滚子通过局部缺陷过程中，滚子与局部缺陷边缘之间接触线数目变化，引起时变位移激励和时变接触刚度激励，从而导致轴承的振动响应特征变化；滚子与局部缺陷边缘之间接触线数目的变化取决于滚子的直径和局部缺陷的最小尺寸的比值以及局部缺陷的长度和宽度的比值。正常圆柱滚子轴承，滚子与内、外圈之间的接触类型考虑为圆柱体与圆柱体的线接触，如图 6.7(a)所示，其有效接触线长度为 L_c。

轴承滚道表面存在局部缺陷时，如图 6.7(b)所示，滚子通过局部缺陷的过程中，滚子与局部缺陷滚道之间的接触形式分为两种：

(1)滚子的长度尺寸大于缺陷的宽度尺寸 B 时，滚子与缺陷滚道的接触形式包括圆柱体-

圆柱体接触形式和圆柱体-线接触形式，其有效接触线长度变为 $L_c - B$。

(2)滚子的长度尺寸小于或者等于缺陷的宽度尺寸 B 时，滚子与缺陷边缘之间的接触形式为圆柱体-线接触形式，其接触线长度为 L_c。

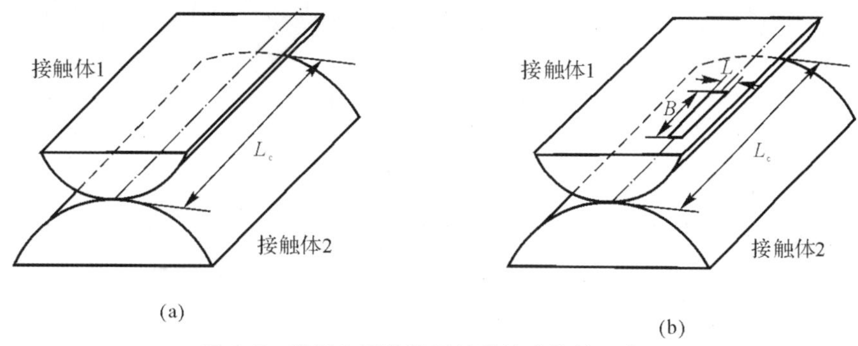

图 6.7　滚子与圆柱滚子轴承滚道接触示意图

(a)滚子与正常圆柱滚子轴承滚道接触示意图；(b)滚子与局部缺陷滚道接触示意图

正常圆柱滚子轴承，滚子与内、外圈滚道之间的接触刚度满足 Hertz 线接触理论，Palmgren 给出了钢制圆柱滚子轴承载荷-变形关系式的经验公式，其表达式为

$$\delta = 3.84 \times 10^{-5} \frac{F^{0.9}}{L_c^{0.8}} \tag{6.3}$$

根据式(6.3)，滚子与内、外圈滚道之间的接触刚度 K_c 可表示为

$$K_c = 2.894 \times 10^7 L_c^{0.8} F^{0.1} \tag{6.4}$$

对于局部缺陷圆柱滚子轴承，式(6.3)和式(6.4)不再适用，其原因为：滚子的长度尺寸大于缺陷的宽度尺寸时，滚子与缺陷滚道的接触形式包括圆柱体-圆柱体接触形式和圆柱体-线接触形式；滚子的长度尺寸小于或者等于缺陷的宽度尺寸时，滚子与缺陷边缘之间的接触形式为圆柱体-线接触形式；滚子与局部缺陷边缘之间的接触线数目随滚子的位置变化而变化，滚子与局部缺陷边缘之间的接触刚度为时变刚度。相对于 Hertz 接触载荷-变形关系式，滚子与局部缺陷边缘之间的载荷-变形关系式表示变形为

$$F(t) = K_c(t)\delta^{n_c(t)} \tag{6.5}$$

式中：$K_c(t)$ 和 $n_c(t)$ 分别为滚子与局部缺陷边缘之间的时变接触刚度和时变载荷-变形系数，其值随滚子与局部缺陷边缘之间的接触线数目变化而变化。

6.3　局部缺陷的时变位移与时变刚度激励计算方法

6.3.1　球轴承局部缺陷时变位移激励计算方法

对于球轴承时变位移激励模型，定义球的直径与局部缺陷最小尺寸的比值 η_{bd} 为

$$\eta_{bd} = \frac{d}{\min(L, B)} \tag{6.6}$$

定义局部缺陷长度与宽度的比值 η_d 为

$$\eta_d = \frac{L}{B} \tag{6.7}$$

图 6.6 显示，分段函数由半正弦和矩形函数组成，局部缺陷诱发的时变位移激励的表达式为

$$H' = \begin{cases} H_1 & (\eta_{bd} \gg 1) \\ H_2 & (\eta_{bd} > 1 \text{ 且 } \eta_d \leqslant 1) \\ H_3 & (\eta_{bd} > 1 \text{ 且 } \eta_d > 1) \\ H_3 & (\eta_{bd} \leqslant 1) \end{cases} \tag{6.8}$$

式中：H_1 表示曲线 $E_2F_1F_2G_2$（见图 6.6），其表达式为

$$H_1 = \begin{cases} H_1' & [|\text{mod}(\theta_{dj}, 2\pi) - \theta_0 - \theta_e| \leqslant \theta_e] \\ 0 & (\text{其他}) \end{cases} \tag{6.9}$$

式中：mod()为求余函数；θ_{dj} 为第 j 个球与滚道之间的接触角，θ_e 为局部缺陷在圆周方向弧度量的 1/2。

H_2 表示曲线 $E_1F_1G_1$（见图 6.3），其表达式为

$$H_2 = \begin{cases} H_2' \sin \dfrac{0.5\pi[\text{mod}(\theta_{dj}, 2\pi) - \theta_0]}{\Delta T} & (\theta_0 \leqslant \text{mod}(\theta_{dj}, 2\pi) \leqslant \theta_0 + \Delta T \\ 0 & (\text{其他}) \end{cases} \tag{6.10}$$

式中：ΔT 表示为

$$\Delta T = \begin{cases} \arcsin \dfrac{L}{D_o} & (\text{外圈故障}) \\ \arcsin \dfrac{L}{D_i} & (\text{内圈故障}) \end{cases} \tag{6.11}$$

H_3 表示曲线 $E_1F_1F_2G_3$（见图 6.3），其表达式为

$$H_3 = \begin{cases} H_3' \sin \dfrac{0.25\pi}{\Delta T_1}[\text{mod}(\theta_{dj}, 2\pi) - \theta_0] & (\theta_0 \leqslant \text{mod}(\theta_{dj}, 2\pi) \leqslant \theta_1) \\ H_3' & (\theta_1 < \text{mod}(\theta_{dj}, 2\pi) < \theta_3) \\ H_3' \sin \dfrac{0.25\pi}{\Delta T_3}[\text{mod}(\theta_{dj}, 2\pi) - \theta_0] & (\theta_3 \leqslant \text{mod}(\theta_{dj}, 2\pi) \leqslant \theta_4) \\ 0 & (\text{其他}) \end{cases} \tag{6.12}$$

式中：ΔT_1 和 ΔT_3 表示为

$$\Delta T_1 = \Delta T_3 = \begin{cases} \arcsin \dfrac{0.5B}{D_o} & (\text{外圈故障}) \\ \arcsin \dfrac{0.5B}{D_i} & (\text{内圈故障}) \end{cases} \tag{6.13}$$

θ_{dj} 的表达式为

$$\theta_{dj} = \begin{cases} \dfrac{2\pi}{Z}(j-1) + \omega_c t + \theta_{0x} & (\text{外圈}) \\ \dfrac{2\pi}{Z}(j-1) + (\omega_c - \omega_s)t + \theta_{0x} & (\text{内圈}) \end{cases} \tag{6.14}$$

式中：θ_0 表示局部缺陷相对于第 j 个球之间的初始角位置，其表达式为

$$\theta_0=\begin{cases}\dfrac{2\pi}{Z}(j-1)+\theta_{\mathrm{di}} & (\text{外圈故障})\\[2ex] \dfrac{2\pi}{Z}(j-1)+\theta_{\mathrm{do}} & (\text{内圈故障})\end{cases} \tag{6.15}$$

式中：θ_{di} 和 θ_{do} 分别为内圈和外圈滚道表面局部缺陷与第 1 个球之间的初始角位置。假设 θ_0 的值为 0。缺陷类型 1，H_1' 值等于缺陷的高度；缺陷类型 2,3 和 4，H_2 和 H_3' 的值等于 H'_{sd}；缺陷类型 5，H_3' 的值等于局部缺陷的高度。

根据图 6.8 所示的球与局部缺陷边缘之间的接触关系，H_{d} 可以表示为

$$H_{\mathrm{d}}=0.5d-[(0.5d)^2-(0.5B)^2]^{0.5} \tag{6.16}$$

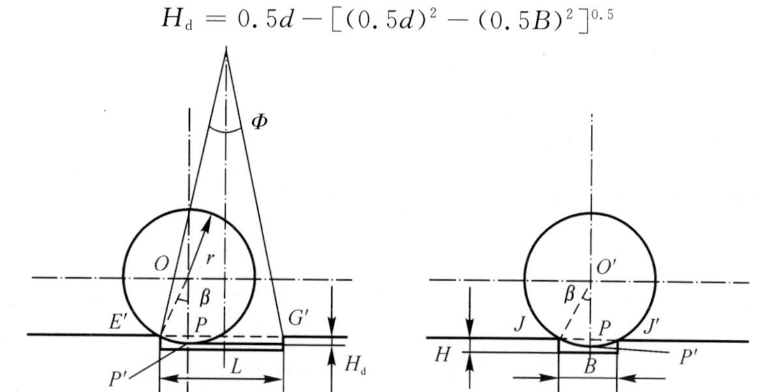

图 6.8　球与局部缺陷在 2 个正交方向的接触关系示意图

则 H'_{sd} 的表达式为

$$H'_{\mathrm{sd}}=\begin{cases}H & (H<H_{\mathrm{d}})\\ H_{\mathrm{d}} & (H\geqslant H_{\mathrm{d}})\end{cases} \tag{6.17}$$

6.3.2　球轴承局部缺陷时变刚度激励计算方法

缺陷类型 1,尺寸非常小的点缺陷或者裂纹,球与局部缺陷边缘之间的接触刚度 K_{d} 考虑为恒定值。则球与滚道之间的时变接触刚度 K_{e} 可表示为

$$K_{\mathrm{e}}=\begin{cases}K_{\mathrm{b1}} & [\,|\mathrm{mod}(\theta_{\mathrm{d}j},2\pi)-\theta_0-\theta_{\mathrm{e}}|\leqslant\theta_{\mathrm{e}}]\\ K & (\text{其他})\end{cases} \tag{6.18}$$

式中:K_{e} 为球与正常滚道之间的 Hertz 接触刚度;K_{b1} 为球与缺陷类型 1 边缘之间的接触刚度。

缺陷类型 2,球与滚道之间的时变接触刚度 K_{e} 的表达式为

$$K_{\mathrm{e}}=\begin{cases}K_{\mathrm{s1}} & [\theta_0\leqslant\mathrm{mod}(\theta_{\mathrm{d}j},2\pi)<0.5\theta_{\mathrm{d}}\ \text{且}\ 0.5\theta_{\mathrm{d}}<\mathrm{mod}(\theta_{\mathrm{d}j},2\pi)\leqslant\theta_{\mathrm{d}}]\\ K_{\mathrm{s2}} & [\mathrm{mod}(\theta_{\mathrm{d}j},2\pi)=0.5\theta_{\mathrm{d}}]\\ K & (\text{其他})\end{cases} \tag{6.19}$$

式中:K_{s1} 为球与缺陷类型 2 边缘之间存在单个接触点时的接触刚度;K_{s2} 为球与缺陷类型 2 边缘之间存在 2 个接触点时的接触刚度；θ_{d} 为缺陷在滚道圆周方向的弧度角,其表达式为

$$\theta_{\mathrm{d}}=\begin{cases}\theta_0+\arcsin\dfrac{L}{D_{\mathrm{i}}} & (\text{内圈故障})\\[2ex] \theta_0+\arcsin\dfrac{L}{D_{\mathrm{o}}} & (\text{外圈故障})\end{cases} \tag{6.20}$$

缺陷类型 3，球与滚道之间的时变接触刚度 K_e 的表达式为

$$K_e=\begin{cases}K_{t1} & [\mathrm{mod}(\theta_{dj},2\pi)=\theta_0 \text{ 且 } \mathrm{mod}(\theta_{dj},2\pi)=\theta_d] \\ K_{t3} & [\theta_0<\mathrm{mod}(\theta_{dj},2\pi)<0.5\theta_d \text{ 且 } 0.5\theta_d<\mathrm{mod}(\theta_{dj},2\pi)<0.5\theta_d] \\ K_{t4} & [\mathrm{mod}(\theta_{dj},2\pi)=0.5\theta_d] \\ K & (\text{其他})\end{cases} \tag{6.21}$$

式中：K_{t1}，K_{t3} 和 K_{t4} 分别为球与缺陷类型 3 边缘之间存在 1，3 和 4 个接触点时的接触刚度。

缺陷类型 4，球与滚道之间的时变接触刚度 K_e 的表达式为

$$K_e=\begin{cases}K_{r1} & [\mathrm{mod}(\theta_{dj},2\pi)=\theta_0 \text{ 且 } \mathrm{mod}(\theta_{dj},2\pi)=\theta_d] \\ K_{r3} & [\theta_0<\mathrm{mod}(\theta_{dj},2\pi)\leqslant\theta_1 \text{ 且 } \theta_2\leqslant\mathrm{mod}(\theta_{dj},2\pi)<\theta_d] \\ K_{r2} & [\theta_1<\mathrm{mod}(\theta_{dj},2\pi)<\theta_2] \\ K & (\text{其他})\end{cases} \tag{6.22}$$

式中：K_{r1}，K_{r2} 和 K_{r3} 分别为球与缺陷类型 4 边缘之间存在 1，2 和 3 个接触点时的接触刚度；θ_1 的表达式为

$$\theta_1=\begin{cases}\theta_0+\arcsin\dfrac{0.5B}{D_i} & (\text{内圈故障}) \\ \theta_0+\arcsin\dfrac{0.5B}{D_o} & (\text{外圈故障})\end{cases} \tag{6.23}$$

θ_2 的表达式为

$$\theta_2=\begin{cases}\theta_d-\arcsin\dfrac{0.5B}{D_i} & (\text{内圈故障}) \\ \theta_d-\arcsin\dfrac{0.5B}{D_o} & (\text{外圈故障})\end{cases} \tag{6.24}$$

缺陷类型 5，球与滚道之间的时变接触刚度 K_e 的表达式为

$$K_e=\begin{cases}K_{f1} & [\theta_0\leqslant\mathrm{mod}(\theta_{dj},2\pi)<\theta_{f1} \text{ 且 } \theta_{f2}<\mathrm{mod}(\theta_{dj},2\pi)\leqslant\theta_d] \\ K_{f2} & [\theta_{f1}\leqslant\mathrm{mod}(\theta_{dj},2\pi)\leqslant\theta_{f2}] \\ K & (\text{其他})\end{cases} \tag{6.25}$$

式中：K_{f1} 为球与缺陷类型 5 边缘之间存在 1 个接触点时的接触刚度；K_{f2} 为球与缺陷类型 5 底部接触时的接触刚度，考虑为单个球与平面之间的 Hertz 接触刚度；θ_{f1} 表示为

$$\theta_{f1}=\begin{cases}\arcsin\dfrac{\sqrt{(d/2)^2-(d/2-H)^2}}{D_i} & (\text{内圈故障}) \\ \arcsin\dfrac{\sqrt{(d/2)^2-(d/2-H)^2}}{D_o} & (\text{外圈故障})\end{cases} \tag{6.26}$$

θ_{f2} 表示为

$$\theta_{f2}=\begin{cases}\theta_d-\arcsin\dfrac{\sqrt{(d/2)^2-(d/2-H)^2}}{D_i} & (\text{内圈故障}) \\ \theta_d-\arcsin\dfrac{\sqrt{(d/2)^2-(d/2-H)^2}}{D_o} & (\text{外圈故障})\end{cases} \tag{6.27}$$

针对 Hertz 载荷-变形关系式不能准确描述球与局部缺陷边缘接触关系的问题，本章提出了描述球与局部缺陷边缘之间接触关系的新的载荷-变形关系式，其表达式为

$$F_{up} = K_{up}\delta_{up}^{\ n_{up}} \tag{6.28}$$

式中：u 为局部缺陷类型，p 为球与局部缺陷边缘之间的接触点数目，u 和 p 均由局部缺陷的尺寸参数决定；F_{up}，K_{up} 和 δ_{up} 分别为球与局部缺陷边缘之间的接触力、接触刚度和接触变形；n_{up} 为球与局部缺陷边缘之间的载荷-变形指数，根据式(6.28)，δ_{up} 可以表示为

$$\delta_{up} = \left(\frac{F_{up}}{K_{up}}\right)^{1/n_{up}} \tag{6.29}$$

令

$$M = \left(\frac{1}{K_{up}}\right)^{1/n_{up}} \tag{6.30}$$

$$N = \frac{1}{n_{up}} \tag{6.31}$$

则式(6.30)可以表示为

$$K_{up} = \frac{1}{M^{1/N}} \tag{6.32}$$

单个滚道表面存在局部缺陷的球轴承，球与滚道的接触形式存在以下两种情况：

(1)球将与正常滚道和局部缺陷同时发生接触。

(2)球只与正常滚道接触。

这两种情况下，载荷-变形指数 n 和 n_{up} 的值不相等。情况(1)，球与内、外圈滚道之间的总接触刚度 K_e 不能直接采用 Hertz 接触关系式(2.14)进行求解。针对这个问题，本章提出新的求解方法，计算球与正常滚道和局部缺陷滚道之间的总接触变形，其表达式为

$$\delta_e = \delta_{normal} + \delta_{up} = \left(\frac{F}{K_{normal}}\right)^{1/n} + \left(\frac{F}{K_{up}}\right)^{1/n_{up}} \tag{6.33}$$

采用函数逼近方法，利用函数

$$\delta_e = \left(\frac{F}{K_e}\right)^{1/n_e} \tag{6.34}$$

近似代替式(6.33)，求解 K_e 和 n_e。则新的载荷-变形关系式可以表示为

$$F_e = K_e\delta_e^{\ n_e} \tag{6.35}$$

基于式(6.32)，建立描述滚动体与局部缺陷边缘之间的时变接触刚度和缺陷尺寸的新关系式，其表达式为

$$K_{up}(L,B,H) = \frac{1}{M(L,B,H)^{1/N(L,B,H)}} \tag{6.36}$$

式中：$M(L,B,H)$ 和 $N(L,B,H)$ 分别表示为

$$M(L,B,H) = \begin{cases} k_1L^2 + k_2L + k_3 & (B\text{ 和 }H\text{ 为恒值}) \\ k_1B^2 + k_2B + k_3 & (L\text{ 和 }H\text{ 为恒值}) \\ k_1H^2 + k_2H + k_3 & (L\text{ 和 }B\text{ 为恒值}) \end{cases} \tag{6.37}$$

$$N(L,B,H) = \begin{cases} c_1L^2 + c_2L + c_3 & (B\text{ 和 }H\text{ 为恒值}) \\ c_1B^2 + c_2B + c_3 & (L\text{ 和 }H\text{ 为恒值}) \\ c_1H^2 + c_2H + c_3 & (L\text{ 和 }B\text{ 为恒值}) \end{cases} \tag{6.38}$$

式中：k_1，k_2，k_3，c_1，c_2，c_3 表征与局部缺陷尺寸相关的实常数，可以通过有限元的方法进行求解。

局部缺陷仿真工况，见表 6.1。

表 6.1 不同局部缺陷工况的尺寸参数表

缺陷工况	L/ mm	B/ mm	H/ mm	η_{bd}	η_d
1	0.1	0.4	0.25	150.81	0.25
2	0.2	0.4	0.25	75.405	0.5
3	0.3	0.4	0.25	50.27	0.75
4	0.2	0.4	0.15	75.405	0.5
5	0.2	0.4	0.2	75.405	0.5
6	0.1	0.1	0.25	150.81	1
7	0.2	0.2	0.25	75.405	1
8	0.3	0.3	0.25	50.27	1
9	0.2	0.2	0.15	75.405	1
10	0.2	0.2	0.2	75.405	1
11	1	0.1	0.25	150.81	10
12	1	0.2	0.25	75.405	5
13	1	0.3	0.25	50.27	3.33
14	0.3	0.2	0.25	75.405	1.5
15	0.4	0.2	0.25	75.405	2
16	0.5	0.2	0.25	75.405	2.5
17	1	0.2	0.15	75.405	5
18	1	0.2	0.2	75.405	5

时变接触刚度与局部缺陷尺寸关系表达式系数见表 6.2。

表 6.2 时变接触刚度与局部缺陷尺寸关系表达式系数表

缺陷类型	缺陷尺寸	接触点数目	M			N		
			k_1	k_2	$k_3/10^{-7}$	c_1	c_2	c_3
$\tau<1$	L	1	0	0	6.197 1	0	0	0.966 9
		2	0	$-3.260\ 0\times10^{-8}$	3.509 9	0	−0.003 5	0.939 8
	H	1	0	$4.480\ 0\times10^{-8}$	6.110 8	0	0.002 0	0.966 5
		2	0	$7.900\ 0\times10^{-9}$	3.424 3	0	0.005 0	0.939 7
$\tau=1$	$L(B)$	1	0	$2.029\ 0\times10^{-7}$	5.626 1	0.190	−0.082 0	0.974 5
		3	4.135×10^{-7}	$-5.805\ 0\times10^{-8}$	2.695 6	−0.070	−0.087 0	0.936 4
		4	7.905×10^{-7}	$-1.431\ 5\times10^{-7}$	2.232 5	−0.140	−0.159 0	0.943 3
	H	1	0	$3.214\ 3\times10^{-6}$	0.244 7	0	0.625 0	0.852 1
		3	0	$6.100\ 0\times10^{-9}$	2.733 0	0	0.020 0	0.915 8
		4	4.000×10^{-9}	$4.000\ 0\times10^{-9}$	2.252 8	0	0.020 0	0.905 5

续表

缺陷类型	缺陷尺寸	接触点数目	M			N		
			k_1	k_2	$k_3/10^{-7}$	c_1	c_2	c_3
$\tau>1$	L	1	0	0	6.1561	0	0	0.965 7
		2	-2.900×10^{-8}	$2.780\ 0\times10^{-8}$	3.380 6	0	0	0.938 2
		3	-1.500×10^{-9}	$1.650\ 0\times10^{-9}$	2.747 3	0	0	0.916 3
	B	1	0	$2.029\ 0\times10^{-7}$	5.626 2	0.190	−0.082 0	0.974 5
		2	0	$-3.855\ 0\times10^{-8}$	3.529 3	−0.030	0.008 0	0.938 3
		3	5.675×10^{-7}	$-1.501\ 5\times10^{-7}$	2.794 2	−0.065	−0.083 5	0.936 6
	H	1	0	$5.550\ 0\times10^{-8}$	6.011 6	0	0.002 0	0.966 3
		2	0	$7.800\ 0\times10^{-9}$	3.424 8	0	−0.007 0	0.936 9
		3	0	$-2.260\ 0\times10^{-8}$	2.783 0	0	−0.012 0	0.914 2

6.3.3 圆柱滚子轴承时变位移激励模型

球轴承局部缺陷的动力学建模方法同样适用于局部缺陷圆柱滚子轴承的动力学模型的建模。采用式(6.6)和式(6.7)的方法，定义滚子的直径和局部缺陷的最小尺寸的比值以及局部缺陷的长度和宽度的比值，以建立时变位移激励和时变接触刚度激励动力学模型。

1. 时变位移激励

缺陷类型 1，其时变位移激励可采用式(6.9)的方法描述。

缺陷类型 2，其时变位移激励可采用式(6.10)的方法描述。

缺陷类型 3 和缺陷类型 4，因滚子长度尺寸大于缺陷宽度尺寸，其位移激励考虑为 0。

缺陷类型 5，其时变位移激励可采用式(6.12)的方法描述。

2. 时变接触刚度激励

缺陷类型 1，滚子与滚道的时变接触刚度可采用式(6.18)的方法描述。

缺陷类型 2、缺陷类型 3 和缺陷类型 4，滚子与滚道的时变接触刚度可采用式(6.19)的方法描述。

缺陷类型 5，滚子与滚道的时变接触刚度可采用式(6.21)和式(6.22)的方法描述。

3. 载荷-变形关系式

局部缺陷圆柱滚子轴承，滚子与缺陷滚道之间的载荷-变形关系可采用式(6.28)～式(6.35)的方法描述。

4. 时变位移激励与时变接触刚度激励耦合的圆柱滚子轴承局部缺陷动力学模型

圆柱滚子轴承局部缺陷动力学模型可采用式(6.40)和式(6.41)的方法描述。

6.4 滚动轴承局部缺陷有限元数值仿真

6.4.1 球轴承有限元计算模型

采用显式动力学有限元方法进行局部缺陷球轴承有限元模型的求解计算，获取局部缺陷表面轮廓形状与其产生的冲击激励特征之间的关系，以归纳局部缺陷表面轮廓的简化模型及其冲击激励特征的基本表征模型。分析计算的有限元模型示例如图 6.9 所示。球轴承 6308 计算模型的尺寸参数见表 6.1。轴承的保持架采用四节点的四面体单元离散；轴承内圈、球和外圈采用八节点的六面体单元离散，单元的每个节点具有 3 个方向的平动自由度。整个有限元模型的单元数为 641 450，节点数为 719 654。

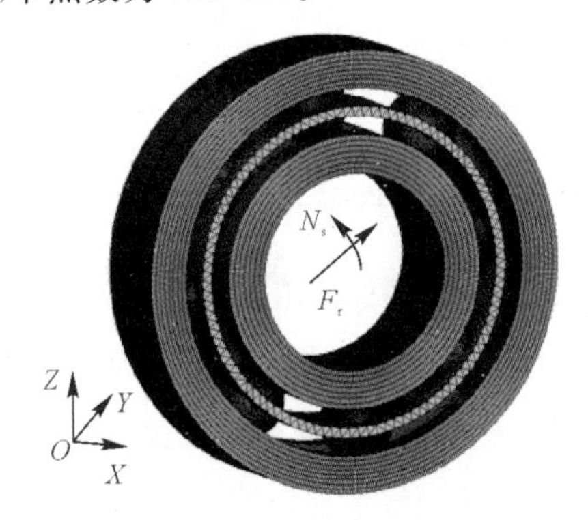

图 6.9 球轴承计算有限元模型

有限元模型将内圈、球和外圈定义为线弹性材料模型，保持架定义为刚性材料模型；内圈、球和外圈的材料为 GCr15 钢，其弹性模量为 207 GPa，密度为 783 0 kg/m^3，泊松比为 0.3；保持架的材料为冷轧钢板，其材料性能参数与其他部件一致。

轴承外圈外表面的所有节点采用固定约束，即约束 X，Y 和 Z 方向的平动自由度和转动自由度；内圈内表面的所有节点约束 X 方向的平动自由度和 Y，Z 方向的转动自由度。内圈的内表面施加径向力 F_r 和转速 N_s。径向力的加载时间为 0～0.013 s，0.013 s 之后保持恒定的径向力；径向力稳定 0.005 s 之后施加转速，加载时间为 0.018～0.023 s，0.023 s 之后保持恒定转速。球与内、外圈之间，球与保持架之间的接触定义为干接触模型。实际中，轴承内部存在润滑油，水动力润滑条件下，球与内、外圈之间，球与保持架之间的接触刚度小于 Hertz 接触条件下的接触刚度。然而，油膜在弹性流体动力润滑条件下，接触体之间的接触阻尼很小，且阻尼在弹性流体动力润滑条件下的影响很小，可将接触体之间的接触定义为 Hertz 接触或者任意的干接触模型。因此，假设轴承处于弹性流体动力润滑条件下，将球与内、外圈之间，球与保持架之间的接触定义为干接触模型，取静摩擦因数为 0.1，动摩擦因数为 0.002。

选取 5 种局部缺陷工况，其计算参数见表 6.3，研究球轴承滚道表面局部缺陷形状与其冲击响应特征之间的关系。

表 6.3　选取的局部缺陷尺寸参数

缺陷工况	长度(L)/mm	宽度(B)/mm	高度(H)/mm	半径(R)/mm	长宽比(η_d)
1	1.5	2.5	0.25	—	0.6
2	2.5	2.5	0.25	—	1
3	6.5	2.5	0.25	—	2.6
4	1.55	—	—	—	—
5	—	—	—	1.41	—

仿真工况：内圈转速分别为 500 r/min，750 r/min 和 1 000 r/min，径向力分别为 4 000 N，5 000 N 和 6 000 N。由于径向力施加在 Y 方向，因此主要分析轴承在 Y 方向的冲击波形特征。

6.4.2　局部缺陷表面轮廓形状与轴承冲击波形特征之间的关系

内圈转速为 500 r/min，径向力为 5 000 N，正常球轴承和局部缺陷球轴承内圈中心点在 Y 方向 0.058～0.068 s 的振动位移响应时域波形如图 6.10 所示。

图 6.10 显示，球通过局部缺陷过程中，轴承产生明显的冲击激励，导致局部缺陷球轴承的振动位移幅值大于正常轴承；局部缺陷诱发的冲击波形的持续时间随着缺陷尺寸的增大而增大；缺陷工况 2(正方形)、缺陷工况 4(正六边形)和缺陷工况 5(圆形)，冲击波形的差异较小且与半正弦函数波形相似；缺陷工况 1，表面轮廓为长宽比小于 1 的矩形，其冲击波形也与半正弦函数波形相似；缺陷工况 3，表面轮廓为长宽比大于 1 的矩形，其冲击波形可近似为两个半正弦函数波形和 1 个矩形函数波形的组合形式，即球进入和退出缺陷时，其冲击波形近似为半正弦函数波形，而球在离开缺陷初始边且未与其结束边接触时，其冲击波形近似为矩形函数波形。结果表明，与正六边形和圆形表面轮廓的局部缺陷表征模型相比，采用等面积正方形表面轮廓的局部缺陷表征模型可保证其冲击波形的特征；基于单一函数，采用正方形或圆形表面轮廓形态的局部缺陷时变位移激励模型，无法准确表征表面轮廓形态为长宽比小于或大于 1 的矩形形状局部缺陷的振动响应特征。

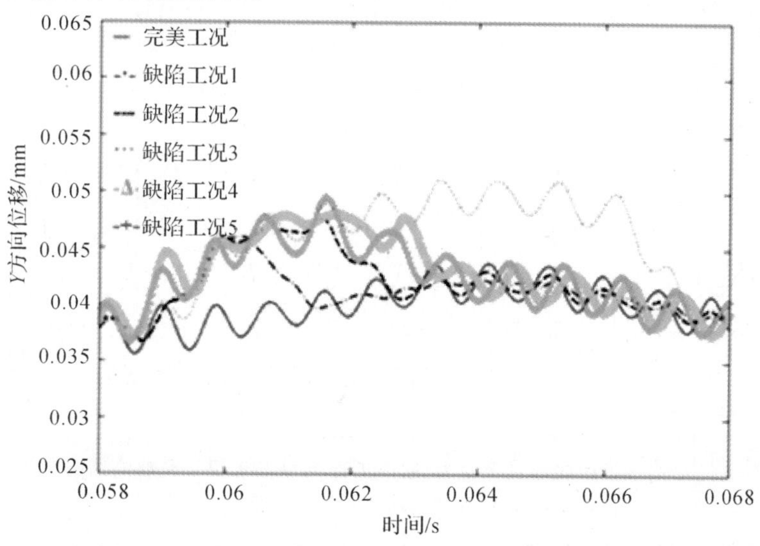

图 6.10　正常球轴承和局部缺陷球轴承内圈中心点在 Y 方向的振动位移时间历程曲线

不同转速和径向力，缺陷工况 2(正方形)、缺陷工况 4(正六边形)和缺陷工况 5(圆形)，球轴承内圈中心点在 Y 方向振动位移响应的时域冲击波形，如图 6.11 所示。图 6.11 显示，缺陷工况 2、缺陷工况 4 和缺陷工况 5，内圈转速为 500 r/min 时，其冲击波形的起始时间为 0.058 s，持续时间分别为 0.003 3 s，0.003 9 s 和 0.004 3 s；内圈转速为 750 r/min 时，其冲击波形的起始时间为 0.046 s，持续时间分别为 0.002 5 s，0.002 7 s 和 0.003 0 s；内圈转速为 1 000 r/min 时，其冲击波形的起始时间为 0.004 0 s，持续时间分别为 0.001 8 s，0.001 9 s 和 0.002 1 s；局部缺陷引起的冲击波形幅值为 0.025～0.062 mm，随着内圈转速和径向力增大而增大。

局部缺陷诱发的冲击波形为时变波形，且正方形、正六边形和圆形缺陷工况的冲击波形均与半正弦波形相似，但其小幅值波动波形的差异较大，且随着转速和径向力的增加差异逐渐增大。这是由于正方形、正六边形和圆形缺陷的边缘形状不同，造成球与缺陷边缘之间的接触形式不同，导致局部缺陷产生的激励机理不同，即球与局部缺陷边缘之间的接触点数目不同。缺陷工况 2（正方形）的起始边和结束边为垂直于球运动方向的直线，侧边为与球运动方向平行的直线；缺陷工况 4（正六边形）的起始边和结束边也为垂直于球运动方向的直线，其侧边为夹角为 120°的直线，与球运动方向的夹角为 30°；缺陷工况 5 表面为圆形，球始终与弧线接触。图 6.11 的计算结果表明，局部缺陷产生的冲击波形特征与缺陷的表面轮廓形状密切相关。

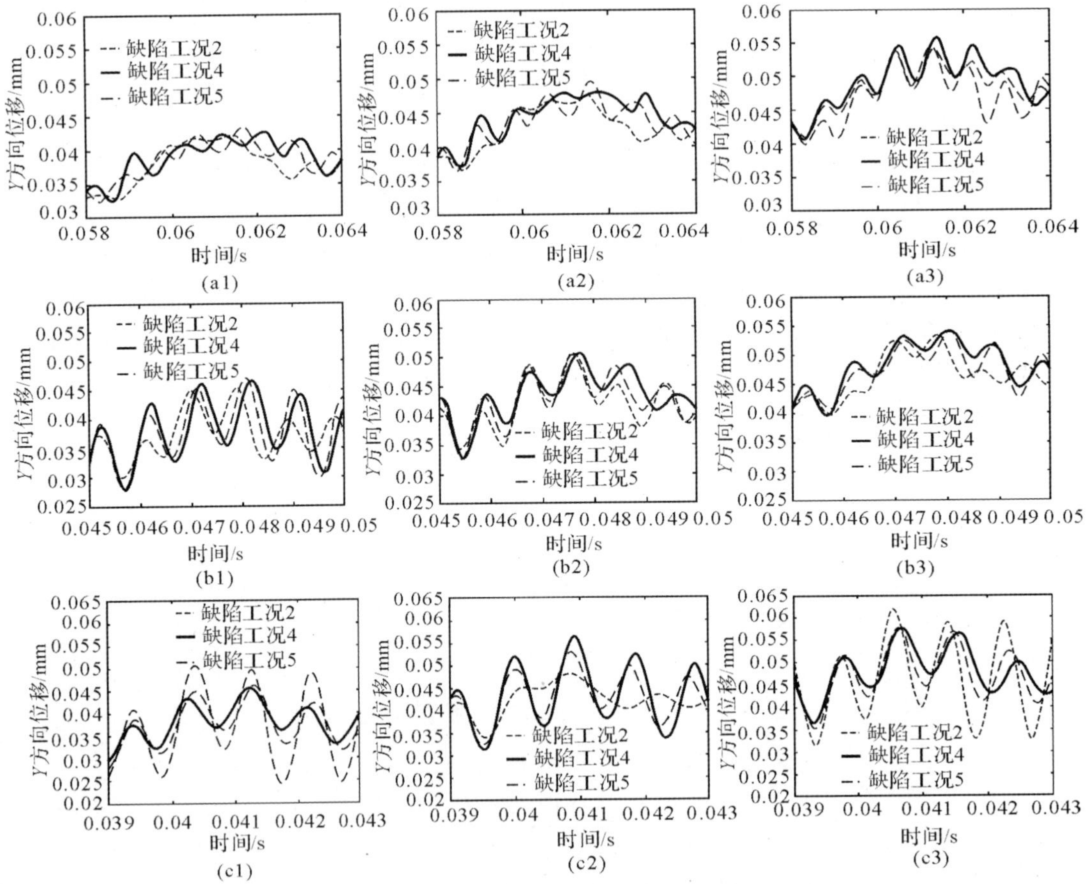

图 6.11 不同转速和径向力，缺陷工况 2、缺陷工况 4 和缺陷工况 5，内圈中心点 Y 方向振动位移时域波形

(a1) N_s=500 r/min，F_r=4 000 N；(a2) N_s=500 r/min，F_r=5 000 N；(a3) N_s=500r/min，F_r=6 000 N；(b1) N_s=750 r/min，F_r=4 000 N；(b2) N_s=750 r/min，F_r=5 000 N；(b3) N_s=750 r/min，F_r=6 000 N；(c1) N_s=1 000 r/min，F_r=4 000 N；(c2) N_s=1 000 r/min，F_r=5 000 N；(c3) N_s=1 000 r/min，F_r=6 000 N

6.4.3　局部缺陷的长宽比与轴承冲击波形特征的关系

不同转速和径向力，缺陷工况 1、缺陷工况 2 和缺陷工况 3，球轴承内圈中心点在 Y 方向的振动位移响应时域冲击波形如图 6.12 所示。图 6.12 显示，球通过局部缺陷的过程中，轴承同样产生了明显的冲击振动。内圈转速为 500 r/min 时，缺陷工况 1、缺陷工况 2 和缺陷工况 3 诱发的冲击波形的起始时间为 0.058 s，其持续时间分别为 0.002 0 s，0.003 3 s 和0.008 2 s。内圈转速为 750 r/min时，冲击波形的起始时间为 0.046 s，其持续时间分别为0.001 4 s，0.002 5 s 和 0.005 5 s。内圈转速为 1 000 r/min 时，冲击波形的起始时间为0.004 0 s，其持续时间分别为 0.001 0 s，0.001 8 s 和 0.004 0 s。随着内圈转速和径向力的增大，局部缺陷诱发的冲击波形幅值随之增大，其幅值为 0.025～0.063 mm。

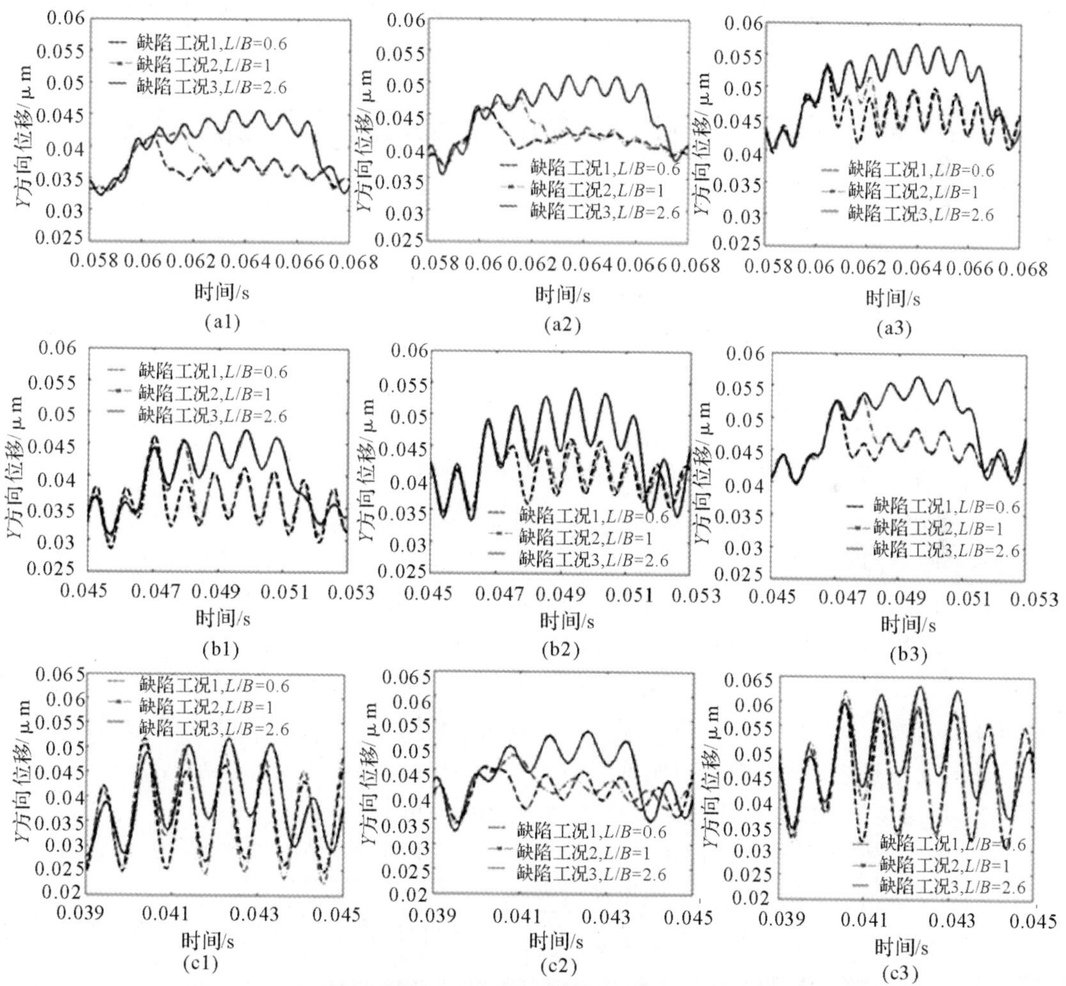

图 6.12　不同转速和径向力，缺陷工况 1、缺陷工况 2 和缺陷工况 3，轴承内圈中心点 Y 方向振动位移时域波形

(a1) N_s=500 r/min，F_r=4 000N；(a2) N_s=500 r/min，F_r=5 000 N；(a3) N_s=500 r/min，F_r=6 000 N；
(b1) N_s=750 r/min，F_r=4 000 N；(b2) N_s=750 r/min，F_r=5 000 N；(b3) N_s=750 r/min，F_r=6 000 N；
(c1) N_s=1 000 r/min，F_r=4 000 N；(c2) N_s=1 000 r/min，F_r=5 000 N；(c3) N_s=1 000 r/min，F_r=6 000 N

图 6.12 也显示，局部缺陷诱发的冲击波形为时变波形，且球与缺陷工况 1、缺陷工况 2 和缺陷工况 3 的起始边接触过程中的波形基本一致，这是由于缺陷工况 1、缺陷工况 2 和缺陷工况 3 的起始边形状均为直线形状；但球离开缺陷起始边后，缺陷工况 1、缺陷工况 2 和缺陷工况 3 诱发的冲击波形的形状存在明显差异；缺陷工况 1 和缺陷工况 2 的冲击波形均与半正弦波形相似，这是由于缺陷工况 1 和缺陷工况 2 的表面轮廓分别为长宽比小于和等于 1 的矩形形状，球离开缺陷的起始边后，将迅速与缺陷的结束边接触直至离开缺陷区域。缺陷工况 3 的表面轮廓为长宽比大于 1 的矩形形状，球与缺陷起始边和结束边接触的过程中，缺陷诱发的冲击波形也与半正弦波形近似，但球离开缺陷起始边后直到与结束边接触之前，球只与缺陷的两条侧边接触，球与缺陷的两条侧边之间的接触点数目保持为 2，因此这段时间内其冲击波形为时不变波形，这段波形存在的小幅值波动是由球与缺陷边缘之间的弹性接触变形引起的。图 6.12 的结果表明，局部缺陷诱发的冲击波形特征与缺陷尺寸和表面轮廓形状密切相关。

6.5 基于分段函数的滚动轴承局部缺陷动力学建模

基于分段函数的时变位移激励与时变接触刚度激励滚动轴承局部缺陷动力学建模分析算法的流程图如图 6.13 所示，其具体流程与算法如下：

(1)定义滚动轴承的几何尺寸参数、转速和载荷，局部缺陷的几何尺寸和位置参数。

(2)计算滚动体的直径与局部缺陷最小尺寸的比值和局部缺陷长度与宽度的比值。

(3)计算滚动体与正常轴承滚道之间的非线性接触刚度。

(4)根据滚动体的直径与局部缺陷最小尺寸的比值和局部缺陷长度与宽度的比值，构造基于分段函数的局部缺陷模型。

(5)计算滚动体与缺陷边缘之间的时变位移激励和时变接触刚度激励。

(6)计算滚动轴承每个滚动体的角位置。

(7)判断滚动体是否进入局部缺陷的位置，如果滚动体进入局部缺陷位置，则考虑滚动体与局部缺陷边缘之间的时变位移激励和时变接触刚度激励，否则，不考虑滚动体与局部缺陷边缘之间的时变位移激励和时变接触刚度激励。

(8)采用定步长四阶龙格库塔法求解式(6.40)和式(6.41)。

(9)判断求解时间是否大于设定时间，如果大于设定时间，则结束求解，否则，继续求解。

(10)获取滚动轴承的时域和频域振动信号。

基于 2 自由度正常球轴承动力学模型，引入时变位移激励和时变接触刚度激励耦合的局部缺陷模型，局部缺陷滚动轴承的 2 自由度动力学方程可表示为

$$m\ddot{x}+c\dot{x}+\sum_{j=1}^{Z}K_{e}\zeta_{j}\ (x\cos\theta_{j}+y\sin\theta_{j}-\gamma-H')^{n_{e}}\cos\theta_{j}=w_{x} \tag{6.39}$$

$$m\ddot{y}+c\dot{y}+\sum_{j=1}^{Z}K_{e}\zeta_{j}\ (x\cos\theta_{j}+y\sin\theta_{j}-\gamma-H')^{n_{e}}\sin\theta_{j}=w_{y} \tag{6.40}$$

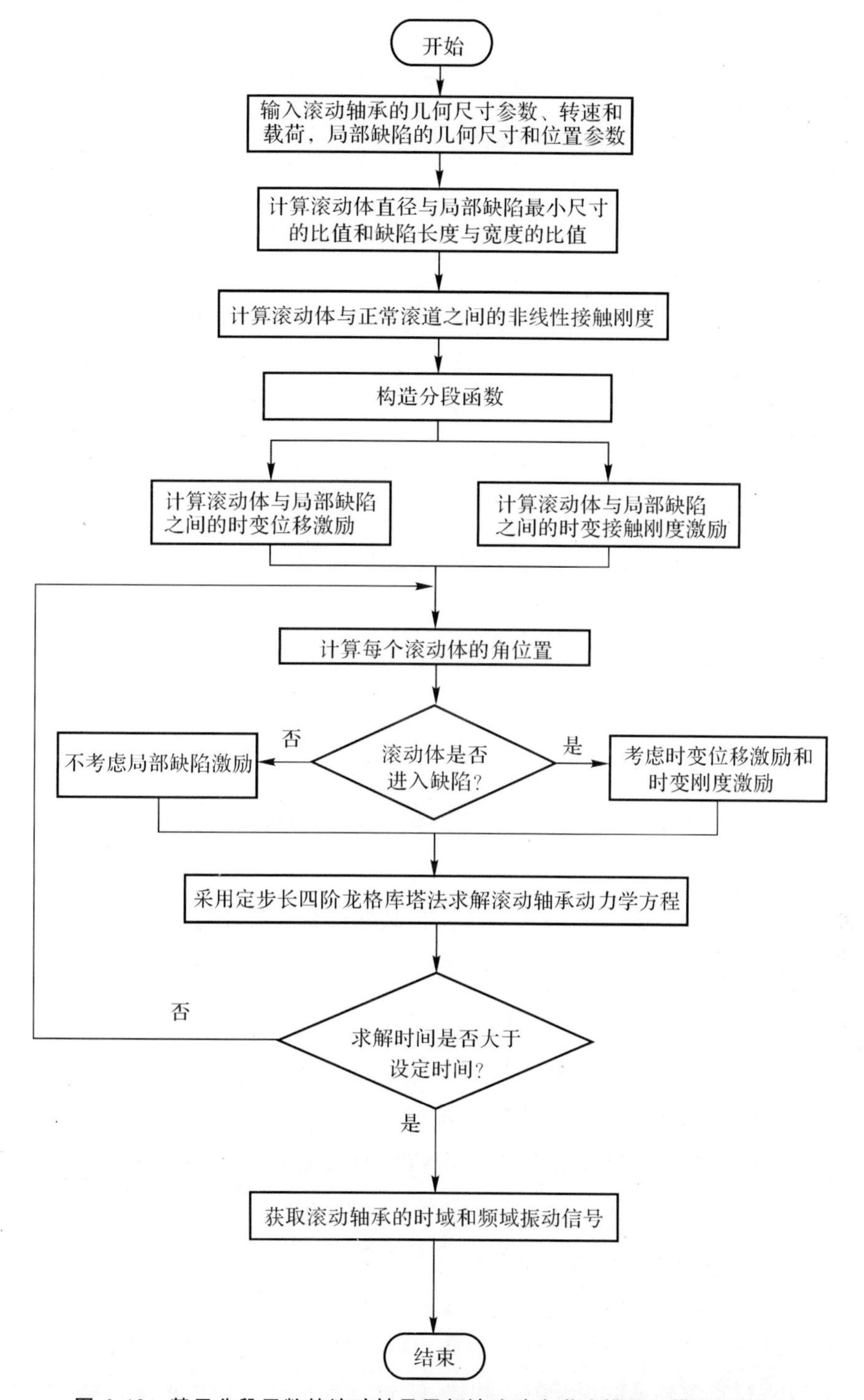

图 6.13　基于分段函数的滚动轴承局部缺陷动力学建模分析算法流程图

球轴承局部缺陷的动力学建模方法同样适用于局部缺陷圆柱滚子轴承的动力学模型的建模。采用式(6.6)和式(6.7)的方法，定义滚子的直径和局部缺陷的最小尺寸的比值以及局部缺陷的长度和宽度的比值，以建立时变位移激励和时变接触刚度激励动力学模型。

1.时变位移激励

缺陷类型1,其时变位移激励可采用式(6.9)的方法描述。

缺陷类型2,其时变位移激励可采用式(6.10)的方法描述。

缺陷类型3和缺陷类型4,因滚子长度尺寸大于缺陷宽度尺寸,其位移激励考虑为0。

缺陷类型5,其时变位移激励可采用式(6.12)的方法描述。

2.时变接触刚度激励

缺陷类型1,滚子与滚道的时变接触刚度可采用式(6.18)的方法描述。

缺陷类型2、缺陷类型3和缺陷类型4,滚子与滚道的时变接触刚度可采用式(6.19)的方法描述。

缺陷类型5,滚子与滚道的时变接触刚度可采用式(6.21)和式(6.22)的方法描述。

3.载荷-变形关系式

局部缺陷圆柱滚子轴承,滚子与缺陷滚道之间的载荷-变形关系可采用式(6.28)～式(6.35)的方法描述。

4.时变位移激励与时变接触刚度激励耦合的圆柱滚子轴承局部缺陷动力学模型

圆柱滚子轴承局部缺陷动力学模型可采用式(6.40)和式(6.41)的方法描述。

6.6 仿真结果与影响分析

以深沟球轴承6308为例,研究滚道表面局部缺陷形状和尺寸与滚动轴承振动响应特征之间的关系。仿真工况如表6.1所示。假设$m=0.6$ kg,$c=200$ N·s/m,$w_x=0$ N,$w_y=20$ N,$N_s=2\ 000$ r/min,系统的初始位移$x_0=10^{-6}$ m和$y_0=10^{-6}$ m,初始速度$\dot{x}_0=0$ m/s和$\dot{y}_0=0$ m/s,求解的时间步长$\Delta t=5\times10^{-6}$ s。运用定步长四阶龙格库塔方法求解式(6.40)和式(6.41),获取滚动轴承的振动响应特征。

6.6.1 局部缺陷时变位移和时变接触刚度激励耦合的滚动轴承动力学模型验证

外圈滚道局部缺陷,缺陷工况1,长度$L=0.04$ mm,宽度$B=0.04$ mm,高度$H=0.04$ mm,角位置$\theta_{d0}=0°$,局部缺陷球轴承的振动响应的时域波形及频谱图如图6.14所示。结果显示,局部缺陷轴承与正常轴承在X方向的振动位移、振动速度、振动加速度响应以及振动位移频谱之间的差异较小,其原因是径向力作用在Y方向,且尺寸较小的局部缺陷对轴承在X方向的振动特性影响较小;与正常轴承的振动响应相比,缺陷轴承在Y方向的振动位移、振动速度和振动加速度的幅值均增大;球通过局部缺陷时,轴承在Y方向的振动加速度响应存在明显的冲击特征,其中,正常轴承的振动加速度峰值仅为0.07 m/s^2,而局部缺陷轴承的振动加速度峰值为0.98 m/s^2,其值为正常轴承的14倍。结果表明,即使是较小尺寸的局部缺陷,也能对轴承的振动水平造成剧烈影响。

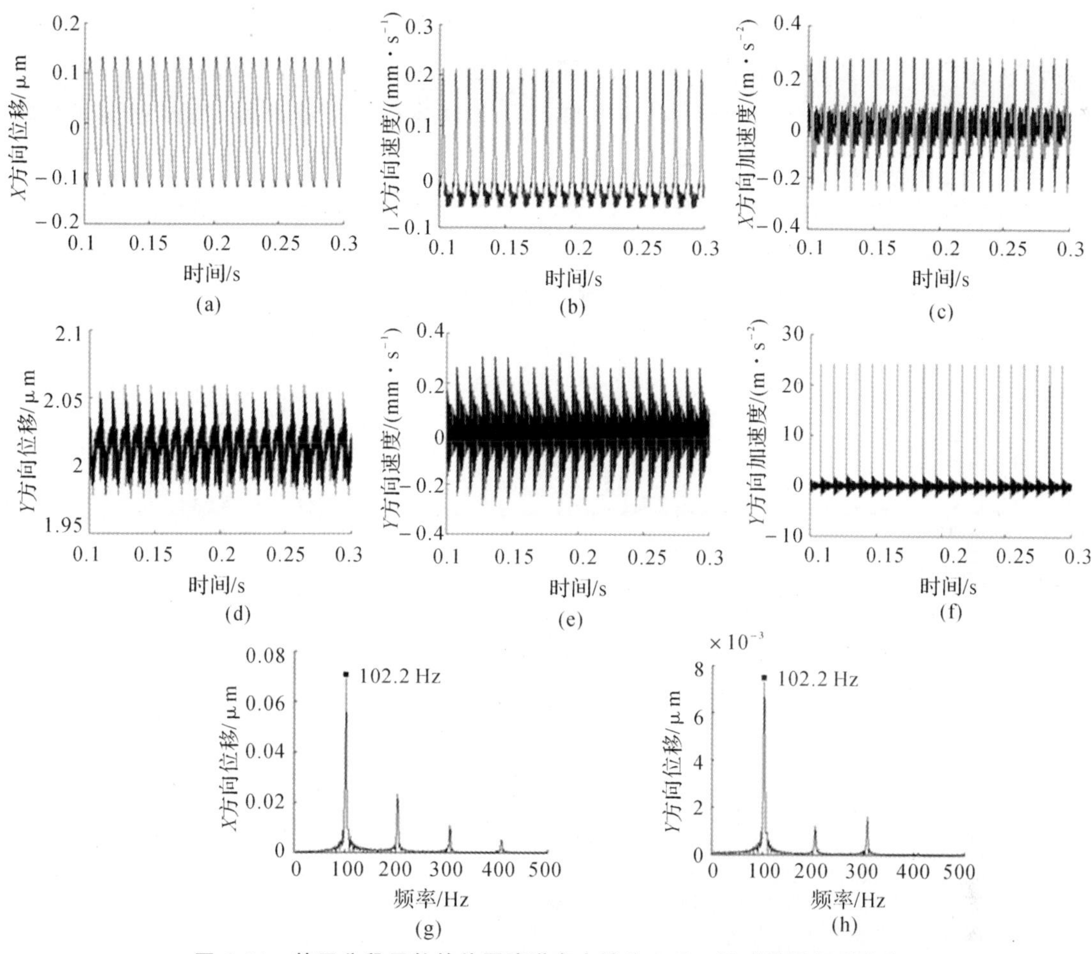

图 6.14 基于分段函数的外圈滚道存在缺陷工况 1 的球轴承振动响应

(a)X 方向振动位移响应;(b)X 方向振动速度响应;(c)X 方向振动加速度响应;(d)Y 方向振动位移响应;(e)Y 方向振动速度响应;(f)Y 方向振动加速度响应;(g)X 方向振动位移的频谱图;(h)Y 方向振动位移的频谱图

Patel 等人的时不变位移激励局部缺陷模型,时变位移激励局部缺陷模型与时变位移激励和时变接触刚度激励耦合的局部缺陷模型计算获得的轴承内圈在 Y 方向振动加速度的时域波形对比分析结果如图 6.15 所示。图 6.15 显示,时变位移激励和时变接触刚度激励耦合的局部缺陷模型计算获得的振动加速度响应的时域波形与时不变、时变位移激励局部缺陷模型的计算结果差异较大。这是由于时不变、时变位移激励局部缺陷模型只考虑了局部缺陷诱发的时不变或者时变位移激励,而时变位移激励和时变接触刚度激励耦合的局部缺陷模型同时考虑了局部缺陷诱发的时变位移激励和时变接触刚度激励。图 6.15 也显示,时不变位移激励局部故障模型只能描述滚动体通过局部故障过程中,在点 A_i 和点 B_i($i=1$, 2 和 3)之间的时不变冲击阶段;时变位移激励局部故障模型不仅可以描述点 A_1 和 B_1,点 A_2 和 B_2,点 a_3 和 b_3,以及点 c_3 和 d_3 之间的时变冲击阶段,也能够描述点 b_3 和 c_3 之间的时不变阶段;而时变位移激励和时变接触刚度激励耦合的局部缺陷模型既可以描述点 A_1 和 B_1，点 A_2 和 B_2，点 A_3 和 E_3，以及点 F_3 和 B_3 之间的时变冲击阶段，也可以描述点 E_3 和 F_3 之间的时不变阶段，还可以描述在点 E_3 和 F_3 处由于滚动体与局部故障边缘之间接触点变化(由 3 个接触点变为 2 个接触点)引起的冲击激励。图 6.15 的计算结果表明，滚动体在通过局部故障过程中，局部故障引起的时变接触刚度激励对轴承振动特性的影响大于时变位移激励，尤其是故障尺寸较小的情况。这是因为局部故障较小时，故障产生的时变位移激励的幅值较小，滚动体与故障边缘之间的时变接触刚度激励的影响较大；而局部故障尺寸较大时，故障产生的时变位移激励的幅值较大，导致滚动体与故障边缘之间的时变接触刚度激励的影响减小。

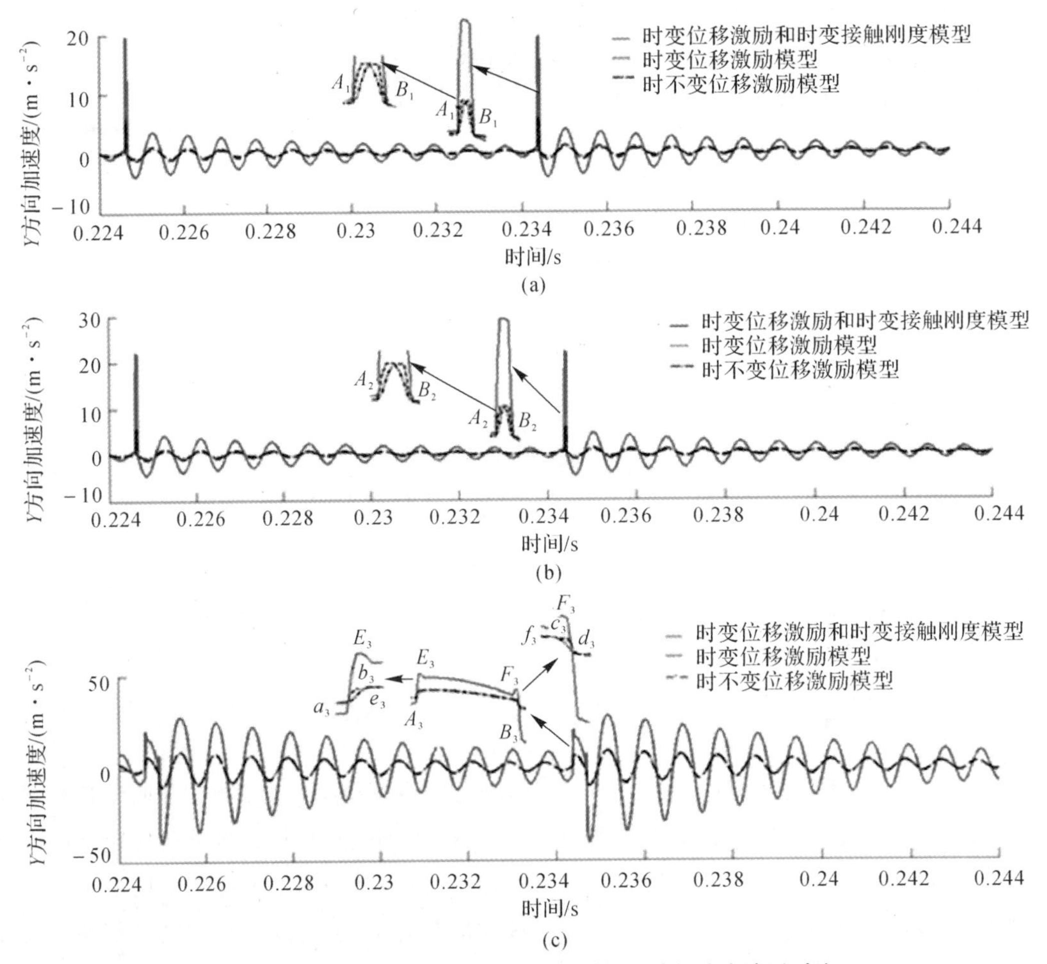

图 6.15　不同局部缺陷模型 Y 方向时域振动加速度波形对比

(a)缺陷工况 1；(b)缺陷工况 6；(c)缺陷工况 11

时不变位移激励局部缺陷模型，时变位移激励局部缺陷模型与时变位移激励和时变接触刚度激励耦合的局部缺陷模型计算获得的轴承内圈在 Y 方向位移频谱的对比分析结果如图 6.16 所示。

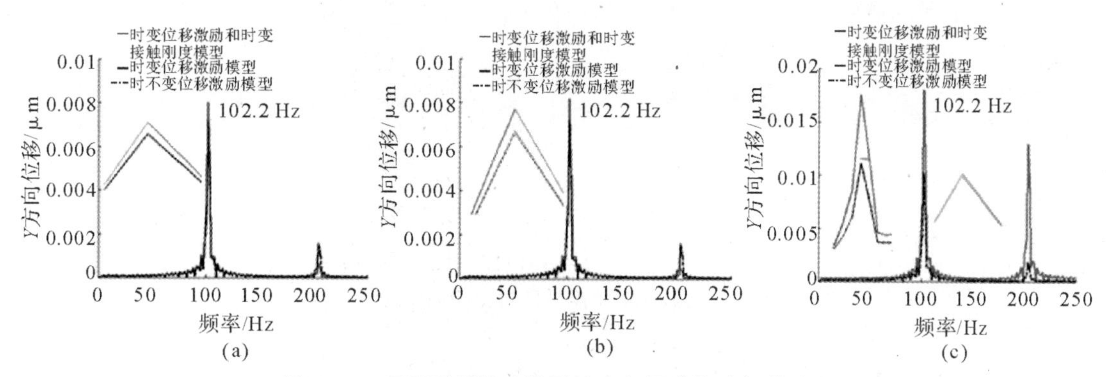

图 6.16　不同局部缺陷模型 Y 方向振动位移频谱对比

(a)缺陷工况 1;(b)缺陷工况 6;(c)缺陷工况 11

图 6.16 显示,时不变位移激励局部缺陷模型,时变位移激励局部缺陷模型与时变位移激励和时变接触刚度激励耦合的局部缺陷模型计算获得的轴承内圈在 Y 方向振动位移频谱在外圈通过频率(BPFO)102.2 Hz 及其倍频处均存在峰值,但其峰值存在一定差异,尤其是缺陷工况 11。其中,时变位移激励和时变接触刚度激励耦合的局部缺陷模型对应的幅值大于时不变、时变位移激励局部缺陷模型。

图 6.15 和图 6.16 的结果表明,局部缺陷诱发的时变接触刚度激励对轴承振动特征的影响较大。因此,滚动轴承局部缺陷动力学建模过程中,在考虑缺陷引起的时变位移激励的同时也必须考虑其时变接触刚度的影响。

6.6.2　局部缺陷尺寸对轴承振动响应特征影响规律的分析

时不变位移激励局部缺陷模型,时变位移激励局部缺陷模型与时变位移激励和时变接触刚度激励耦合的局部缺陷模型计算获得的轴承内圈在 Y 方向的振动加速度响应的 RMS 值和峭度值随局部缺陷长度和宽度的变化关系曲线分别如图 6.17 和图 6.18 所示。

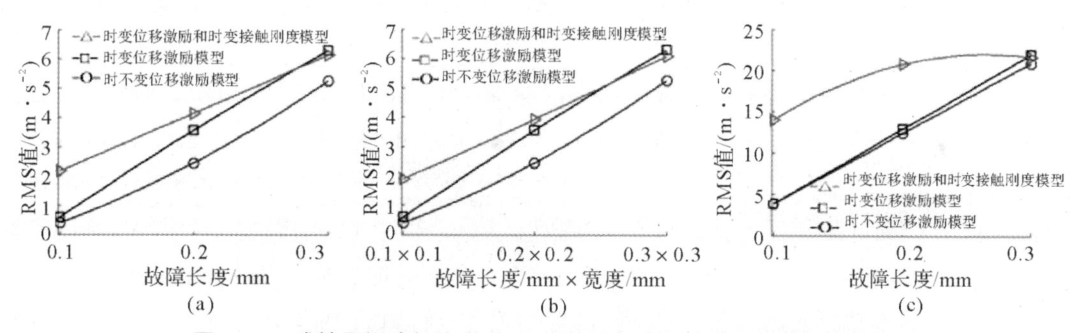

图 6.17　球轴承振动加速度 RMS 值随局部缺陷长度和宽度变化曲线

(a)B=0.2 mm,H=0.25 mm;(b)H=0.25 mm;(c)L=1 mm,H=0.25 mm

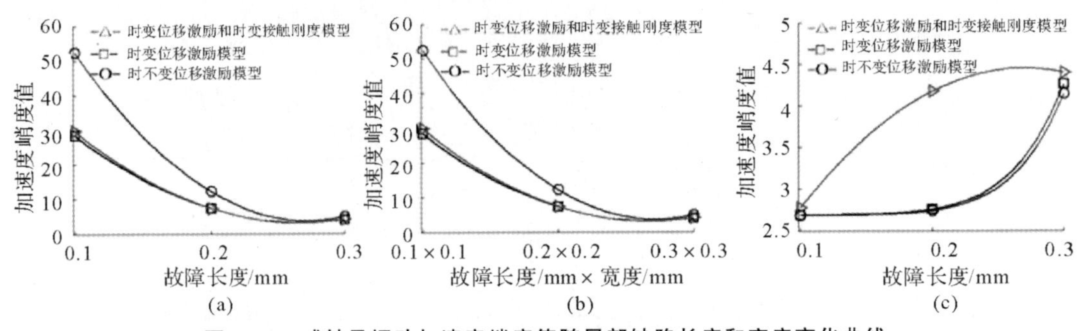

图 6.18 球轴承振动加速度峭度值随局部缺陷长度和宽度变化曲线

(a)$B=0.2$ mm, $H=0.25$ mm; (b)$H=0.25$ mm; (c)$L=1$ mm, $H=0.25$ mm

图 6.17 显示，随着局部缺陷长度和宽度尺寸的增大，时不变位移激励局部缺陷模型，时变位移激励局部缺陷模型与时变位移激励和时变接触刚度激励耦合的局部缺陷模型计算获得的振动加速度响应的 RMS 值也随之增大；时变位移激励和时变接触刚度激励耦合的局部缺陷模型的 RMS 值的幅值大于时不变位移激励局部缺陷模型和时变位移激励局部缺陷模型，这是因为时变位移激励和时变接触刚度激励耦合的局部缺陷模型对应的滚动体与局部缺陷边缘之间的接触刚度小于时不变位移激励局部缺陷模型和时变位移激励局部缺陷模型对应的 Hertz 接触刚度。同时，图 6.17 显示，局部缺陷长度和宽度不大于 0.2 mm 时，滚动体与缺陷边缘之间的时变接触刚度对轴承振动特性的影响较大。图 6.18(a)(b)显示，缺陷工况 2 和缺陷工况 3，轴承振动加速度响应的峭度值随局部缺陷长度的增大而减小；时变位移激励和时变接触刚度激励耦合的局部缺陷模型与时变位移激励局部缺陷模型的幅值差异较小，且较时不变位移激励局部缺陷模型的幅值小，这是因为时不变位移激励局部缺陷模型将局部缺陷产生的激励定义为矩形函数，使得滚动体在通过局部缺陷过程产生的振动加速度波形不光滑造成的，如图 6.15 所示。图 6.18(c)显示，缺陷工况 4、轴承振动加速度响应的峭度值随局部缺陷长度增大而增大；时变位移激励和时变接触刚度激励耦合的局部缺陷模型的幅值较时不变位移激励局部缺陷模型和时变位移激励局部缺陷模型的幅值大，这是因为时变位移激励和时变接触刚度激励耦合的局部缺陷模型考虑了滚动体与缺陷边缘之间接触点变化引起的接触刚度变化，而局部缺陷在接触点变化时将产生局部冲击（点 E_3 和 F_3 位置的冲击波形），如图 6.15(c)所示。

时变位移激励和时变接触刚度激励耦合的局部缺陷模型计算获得的轴承内圈在 Y 方向振动加速度响应的 RMS 值和峭度值随局部缺陷高度尺寸的变化曲线如图 6.19 所示。图 6.19显示，随局部缺陷高度尺寸增大，RMS 值逐渐增大，这是因为轴承振动加速度响应的幅值随局部缺陷高度尺寸增大而增大。图 6.19 同时显示，随着局部缺陷高度尺寸增大，峭度值逐渐减小，这是由随着局部缺陷高度尺寸增大，轴承振动加速度波形幅值之间的差值减小引起的。而采用时不变和时变位移激励局部缺陷模型无法获得图 6.19 所示的结果。图 6.19 的结果表明，时变位移激励和时变接触刚度激励耦合的局部缺陷模型，相对于时不变和时变位移激励局部缺陷模型，能够更准确地描述局部缺陷诱发的时变位移激励和时变接触刚度激励。

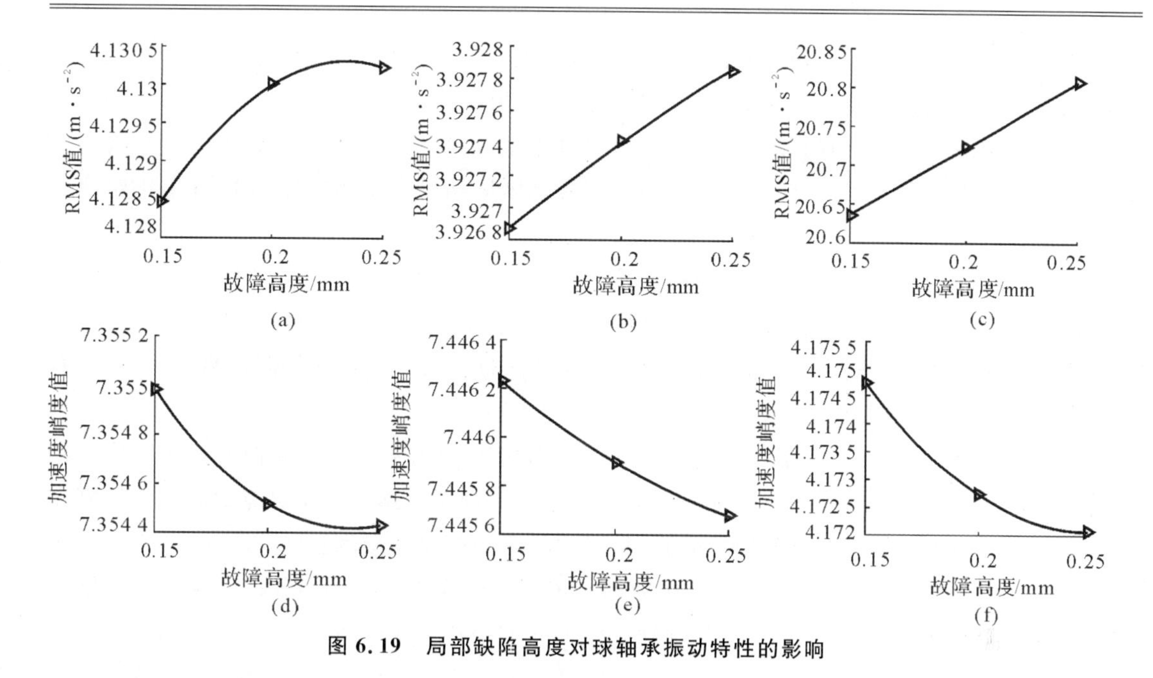

图 6.19　局部缺陷高度对球轴承振动特性的影响

(a)$L=0.2$ mm, $B=0.4$ mm;(b)$L=0.2$ mm, $B=0.2$mm;(c)$L=1$ mm, $B=0.2$ mm;
(d)$L=0.2$ mm, $B=0.4$ mm;(e)$L=0.2$ mm, $B=0.2$ mm;(f)$L=1$ mm, $B=0.2$ mm

6.7　本章小结

本章根据局部缺陷的实际表面轮廓形态，提出了滚动轴承局部缺陷表面轮廓简化表征模型，分析了不同轮廓形状的局部缺陷的内部激励机理；研究了局部缺陷形状、尺寸、径向力和内圈转速对轴承振动响应特征的影响规律，提出了不同轮廓的局部缺陷诱发的冲击波形的基本表征模型；根据滚动体的直径与局部缺陷最小尺寸的比值和局部缺陷长度与宽度的比值，构建了局部缺陷形状和尺寸与时变位移激励和时变刚度激励之间的关系表达式，建立了滚动体与局部缺陷边缘之间的接触力-变形关系式；提出了时变位移激励和时变接触刚度激励耦合的滚动轴承局部缺陷动力学模型，研究了局部缺陷长度、宽度和高度尺寸对轴承振动响应特征的影响规律。主要结论如下：

(1)局部缺陷产生的冲击波形为时变波形；局部缺陷的表面轮廓为长宽比小于或等于 1 的矩形、正六边形或圆形时，可采用半正弦函数波形对其冲击波形进行描述；局部缺陷的表面轮廓为长宽比大于 1 的矩形时，可采用半正弦函数和矩形函数的组合波形对其冲击波形进行描述。

(2)局部缺陷的形状和尺寸对其冲击特征波形影响较大；径向力、轴向力和内圈转速对局部缺陷的冲击特征波形影响较小。

(3)滚动体与局部缺陷边缘之间接触点数目随滚动体与局部缺陷边缘之间的接触位置变化而变化；局部缺陷诱发的冲击激励为时变激励，包括时变位移激励和时变接触刚度激励；局部缺陷诱发的时变位移激励和时变接触刚度激励取决于局部缺陷的形状、滚动体的直径与局部缺陷最小尺寸的比值以及局部缺陷长度与宽度的比值。

(4)滚动轴承滚道表面局部缺陷动力学建模过程中,可采用矩形形状描述滚动轴承滚道表面局部缺陷表面轮廓形态,且应该考虑滚动体与局部缺陷边缘之间的接触点数目变化对滚动体与局部缺陷边缘之间接触变形的影响。

(5)滚动体与局部缺陷边缘之间接触点数目的变化将导致滚动体与局部缺陷边缘之间接触刚度变化,且其接触刚度的值取决于局部缺陷的长度、宽度和高度尺寸;滚动轴承局部缺陷动力学建模过程中,必须根据局部缺陷的长宽比选用不同函数构建局部缺陷模型,且需要同时考虑局部缺陷引起的时变位移激励和时变接触刚度激励的影响。

(6)与目前时不变和时变位移激励局部缺陷模型相比,时变位移激励和时变接触刚度激励耦合的局部缺陷模型能够完整地描述由于滚动体与局部缺陷边缘之间接触点引起的接触刚度变化,即可以描述滚动体与不同类型的局部缺陷边缘之间的时变接触特性。

(7) $\eta_{bd}>1$ 且$\eta_d\leqslant 1$ 时,采用矩形函数和半正弦函数局部缺陷模型获得的局部缺陷轴承的振动响应的差异较小;半正弦函数局部缺陷模型能够描述 $\eta_{bd}>1$ 且$\eta_d\leqslant 1$ 的局部缺陷产生的时变冲击激励。$\eta_{bd}>1$ 且 $\eta_d>1$ 或者 $\eta_{bd}\leqslant 1$ 时,采用矩形函数、半正弦函数和分段函数局部缺陷模型计算获得的局部缺陷轴承的振动响应差异较大;分段函数局部缺陷能够更加准确地描述不同类型的局部缺陷产生的时变冲击激励。

(8)采用不同函数的局部缺陷模型计算获得的局部缺陷产生的时域冲击激励波形存在较大差异;局部缺陷长宽比和局部缺陷引起的时变接触刚度激励对轴承振动加速度响应的时域冲击波形、RMS 值以及峭度值均有较大影响;局部缺陷的长度和宽度尺寸对局部缺陷产生的冲击波形的影响较小。

参 考 文 献

[1] TANDON N,CHOUDHURY A. A review of vibration and acoustic measurement methods for the detection of defects in rolling element bearings [J]. Tribology International,1999,32(8):469 - 480.

[2] HARRIS T A,KOTZALAS M N. Rolling bearing analysis-essential concepts of bearing technology[M]. 5th ed. New York:Taylor and Francis,2007.

[3] PALMGREN A. Ball and roller bearing engineering [M]. Lulea:SKF Industries Inc. ,1959.

[4] RAFSANJANI A,ABBASION S,FARSHIDIANFAR A. Nonlinear dynamic modeling of surface defects in rolling element bearing systems [J]. Journal of Sound and Vibration, 2009,319(3/4/5):1150 - 1174.

[5] CAO M,XIAO J. A comprehensive dynamic model of double-row spherical roller bearing-modeling development and case studies on surface defects,preloads,and radial clearance [J]. Mechanical Systems and Signal Processing,2007,22(2):467 - 489.

[6] TANDON N,CHOUDHURY A. An analytical model for the prediction of the vibration response of rolling element bearings due to a localized defect [J]. Journal of Sound and Vibration,1997,205(3):275 - 292.

[7] PATIL M S,MATHEW J,RAJENDRAKUMAR P K,et al. A theoretical model to predict the effect of the localized defect on vibrations associated with ball bearing [J]. International Journal of Mechanical Sciences,2010,52(9):1193 - 1201.

[8] MEHDIGOLI H,RAHNEJAT H,GOHAR R. Vibration response of wavy surfaced disc in elasohydrodynamic rolling contact [J]. Wear,1990,139(1):1 - 15.

[9] DAREING D W,JOHNSON K L. Fluid film damping of rolling contact vibrations [J]. Journal of Mechanical Engineering,1975,17(4):214 - 218.

[10] PATEL V N,TANDON N,PANDEY R K. A dynamic model for vibration studies of deep groove ball bearings considering single and multiple defects in races [J]. Journal of Tribology,2010,132(4):041101.

第7章 滚动轴承偏置和偏斜局部缺陷动力学建模与数值仿真

7.1 引　　言

到目前为止，有众多学者针对轴承局部缺陷的建模方法问题开展了研究并取得了可观的成果，但这些动力学模型中均假设局部缺陷位于滚道中心线，而在实际情况中，局部缺陷可能发生于滚道中心线及附近位置、局部缺陷拓展方向，并不完全与滚道中心线平行，而之前学者提出的动力学模型仅考虑了中心线局部缺陷，并不能表征偏斜、偏置局部缺陷。因此，本章提出偏置和偏斜局部缺陷的位移激励模型，建立偏置和偏斜局部缺陷的角接触球轴承动力学模型，研究局部缺陷偏置距离、偏斜角度对轴承振动特性的影响规律。

7.2 偏置和偏斜局部缺陷动力学建模方法

图7.1为不同种类局部缺陷的实物图及示意图。其中，图7.1(a1)为中心线局部缺陷的实物图片，其示意图如7.1(a2)所示，此时局部缺陷中心线与滚道中心线重合；图7.1(b1)为偏斜局部缺陷的实物图片，其示意图如图7.1(b2)所示，此时局部缺陷中心线相对滚道中心线偏斜了一定角度；图7.1(c1)为偏置局部缺陷的实物图片，其示意图如图7.1(c2)所示，此时局部缺陷中心线相对滚道中心线偏置了一定距离。

(a1)

(b1)

(c1)

图7.1　不同种类局部缺陷的实物图及示意图

(a1)中心线局部缺陷实物图；(b1)偏斜局部缺陷实物图；(c1)偏置局部缺陷实物图

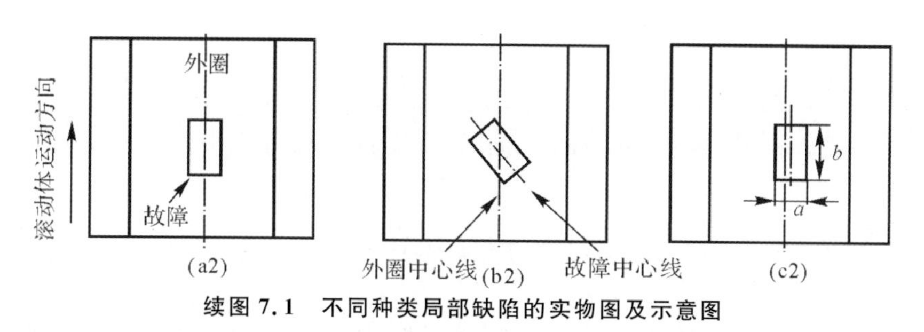

续图 7.1　不同种类局部缺陷的实物图及示意图

(a2)中心线局部缺陷示意图；(b2)偏斜局部缺陷示意图；(c2)偏置局部缺陷示意图

根据滚动体与局部缺陷的相对位置关系，可以将局部缺陷造成的时变位移激励划分为两种情况。情况一：滚动体进入局部缺陷后立刻离开，该类局部缺陷产生的时变位移激励由半正弦函数表示，如图 7.2(a)所示；情况二：滚动体进入局部缺陷后，在局部缺陷内某一深度滚动一段距离后再离开，该类局部缺陷产生的时变位移激励由分段函数表示，如图 7.2(b)所示。

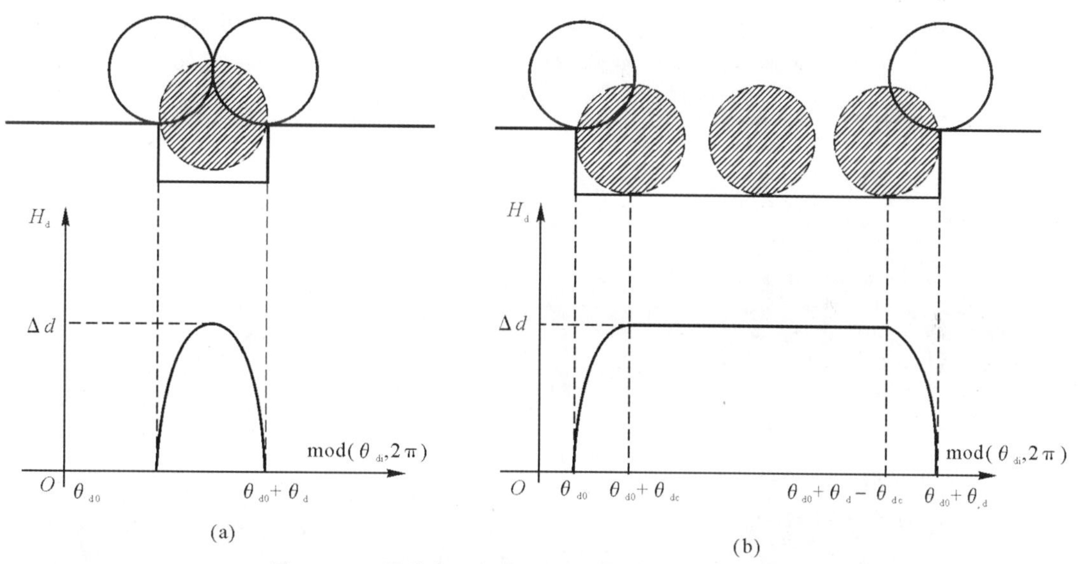

图 7.2　不同种类局部缺陷造成的时变位移激励函数

(a)半正弦函数；(b)分段函数

半正弦函数表达式如下：

$$H_d=\begin{cases}\Delta d\sin\left\{\dfrac{\pi}{\theta_d}\left[\mathrm{mod}(\theta_{di},2\pi)-\theta_{d0}\right]\right\} & \left[0\leqslant \mathrm{mod}(\theta_{di},2\pi)-\theta_{d0}\leqslant\theta_d\right]\\ 0 & (\text{其他})\end{cases}\tag{7.1}$$

式中：Δd 表示滚动体落入局部缺陷的最大深度；θ_d 表示局部缺陷沿滚道方向尺寸对应角度的弧度值；mod 表示求余函数；θ_{di}表示滚动体相对于 X 轴的角位置；θ_{d0}表示局部缺陷初始位置对应角度。

分段函数表达式如下：

$$H_d = \begin{cases} \Delta d\sin\left\{\dfrac{\pi}{2\theta_{dc}}\left[\bmod(\theta_{di},2\pi)-\theta_{d0}\right]\right\} & [0 \leqslant \bmod(\theta_{di},2\pi)-\theta_{d0} \leqslant \theta_{dc}] \\ \Delta d & [\theta_{dc} < \bmod(\theta_{di},2\pi)-\theta_{d0} \leqslant \theta_{d}-\theta_{dc}] \\ \Delta d\sin\left\{\dfrac{\pi}{2\theta_{dc}}\left[\bmod(\theta_{di},2\pi)-\theta_{d0}\right]\right\} & [\theta_{d}-\theta_{dc} < \bmod(\theta_{di},2\pi)-\theta_{d0} \leqslant \theta_{d}] \\ 0 & (\text{其他}) \end{cases} \tag{7.2}$$

式中：θ_{dc}表示滚动体刚进入局部缺陷位置与滚动体初次达到局部缺陷最大深度位置的距离对应角度。

为了探究局部缺陷偏置距离、偏斜角度对轴承振动特性的影响，利用上述时变位移激励函数对正方形($a=b$)偏置、偏斜局部缺陷和长方形($a<b$)偏置、偏斜局部缺陷开展了建模方法研究。其中，a 和 b 分别表示局部缺陷宽度和长度尺寸，如图 7.1 所示。

7.2.1 偏置局部缺陷建模方法

滚动体通过偏置局部缺陷的过程中，滚动体与局部缺陷接触关系示意图如图 7.3 所示。图 7.3 显示，滚动体通过局部缺陷过程中，伴随局部缺陷尺寸和偏置距离的变化，滚动体可能与局部缺陷的不同边界接触，局部缺陷造成的时变位移激励也会相应发生变化。为了方便后文进一步分析偏置距离的影响，定义局部缺陷中心线与滚道中心线的垂直距离为局部缺陷偏置距离 L，按照逆时针方向定义局部缺陷的四条边界依次为Ⅰ、Ⅱ、Ⅲ、Ⅳ，如图 7.3(a)所示。

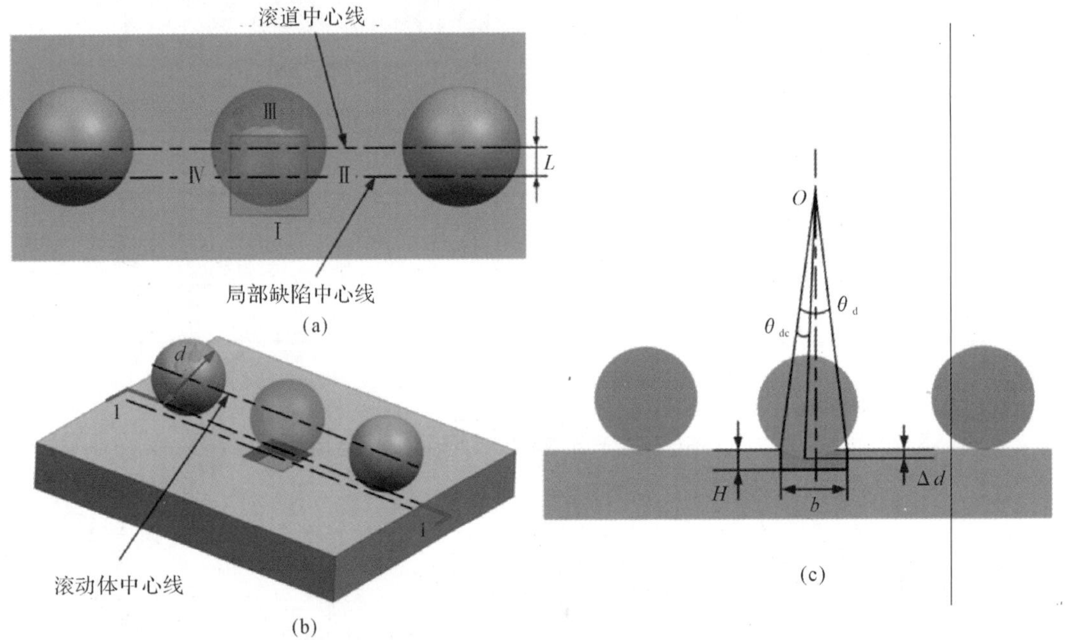

图 7.3 滚动体与偏置局部缺陷接触示意图

(a)俯视图；(b)轴测视图；(c)1—1 截面视图

滚动体与偏置局部缺陷接触点示意图如图 7.4 所示。图 7.4 显示，根据滚动体与偏置局部缺陷接触点情况不同，可将偏置局部缺陷定义为两类：第一类偏置局部缺陷为小尺寸缺陷($\Delta d<H$)，此时滚动体通过局部缺陷过程中依次与局部缺陷边界Ⅳ、Ⅲ、Ⅱ、Ⅰ接触，如图 7.4(a)所示；

第二类偏置局部缺陷为大尺寸缺陷($\Delta d = H$),此时滚动体通过局部缺陷过程中依次与局部缺陷边界Ⅳ、局部缺陷底部和边界Ⅱ接触,如图 7.4(b)所示。需要特别说明,此处"接触点"表示无面积标记点,仅是为方便说明而引入的概念,本章未考虑滚动体与局部缺陷实际接触椭圆的影响。

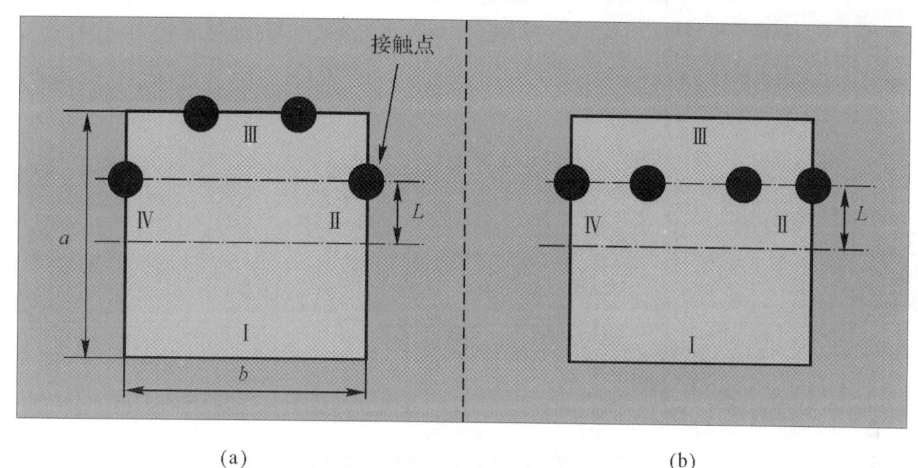

图 7.4　滚动体与偏置局部缺陷接触点示意图

(a)第一类偏置局部缺陷;(b)第二类偏置局部缺陷

由上述分析可知,对于两种偏置局部缺陷,滚动体都将保持在局部缺陷 Δd 深度上滚动一段距离。因此,偏置局部缺陷造成的时变位移激励可由式(7.2)所示分段函数定义,式(7.2)中 Δd 可表示为

$$\Delta d = \begin{cases} 0.5d_b - \sqrt{(0.5d_b)^2 - (0.5a - L)^2} & (L < 0.5a) \\ 0 & (L \geqslant 0.5a) \\ H & (\Delta d \geqslant H) \end{cases} \tag{7.3}$$

式中:d_b 表示滚动体直径;a 表示局部缺陷宽度;b 表示局部缺陷长度;H 表示局部缺陷深度;L 表示局部缺陷中心线与外圈滚道中心线偏置距离。式(7.2)中 θ_d 和 θ_{dc} 分别表示为

$$\theta_d = \frac{b}{0.5d_m} \tag{7.4}$$

$$\theta_{dc} = \frac{\sqrt{(0.5d)^2 - (0.5d - \Delta d)^2}}{0.5d_m} \tag{7.5}$$

7.2.2　偏斜局部缺陷建模方法

滚动体通过偏斜局部缺陷的过程中,滚动体与局部缺陷接触关系示意图如图 7.5 所示。图 7.5 显示,与偏置局部缺陷相似,滚动体通过偏斜局部缺陷过程中,局部缺陷造成的时变位移激励也会随局部缺陷尺寸和偏斜角度发生变化。为了方便后文进一步分析偏斜角度的影响,定义局部缺陷中心线与滚道中心线的夹角为局部缺陷偏斜角度 β,按照逆时针方向定义局部缺陷的四条边界依次为Ⅰ、Ⅱ、Ⅲ、Ⅳ,如图 7.5(a)所示。

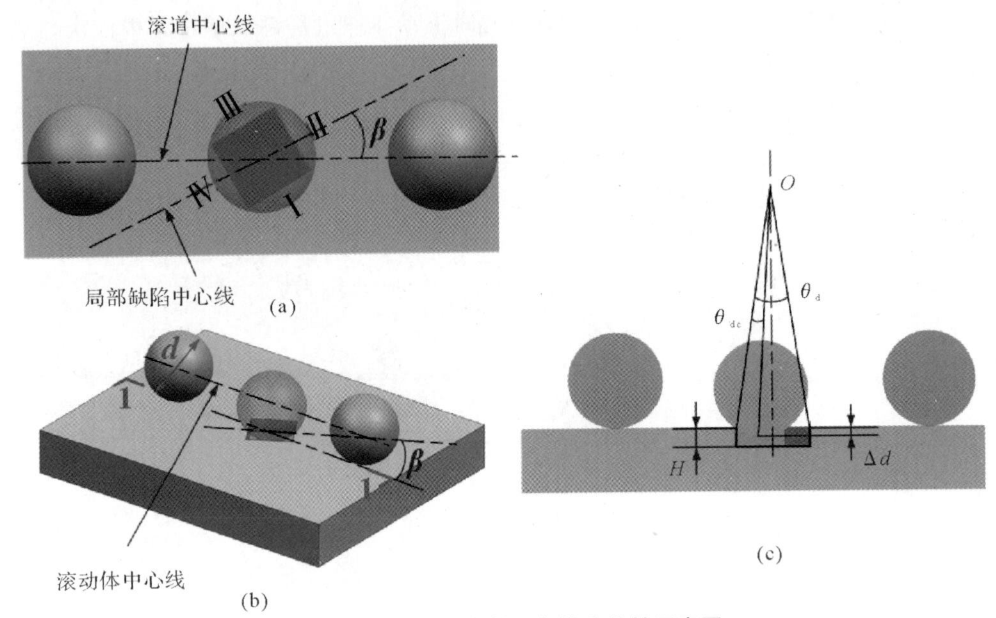

图 7.5 滚动体与偏斜局部缺陷接触示意图

(a)俯视图；(b)轴测视图；(c)1—1 截面视图

滚动体与偏斜局部缺陷接触点示意图如图 7.6 所示。图 7.6 显示，根据滚动体与偏斜局部缺陷接触点情况不同，可将偏斜局部缺陷定义为三类：第一类偏斜局部缺陷为小尺寸缺陷($\Delta d < H$)，此时滚动体通过局部缺陷过程中依次与局部缺陷边界Ⅳ、Ⅲ、Ⅰ、Ⅱ接触，如图 7.6(a)所示。第二类偏斜局部缺陷为大尺寸正方形缺陷($a=b,\Delta d=H$)：当局部缺陷偏斜角度$\beta<(\beta_2=\pi/4)$时，滚动体通过局部缺陷过程中依次与局部缺陷边界Ⅳ、局部缺陷底部和边界Ⅱ接触，如图7.6(b)所示；当局部缺陷偏斜角度$(\beta_2=\pi/4)\leqslant\beta\leqslant\pi/2$时，滚动体依次与局部缺陷边界Ⅲ、局部缺陷底部和边界Ⅰ接触，如图 7.6(c)所示。第三类偏斜局部缺陷为大尺寸长方形缺陷($a<b,\Delta d=H$)：当局部缺陷偏斜角度$\beta<\beta_1$时，此时滚动体依次与局部缺陷边界Ⅳ、局部缺陷底部和边界Ⅱ接触，如图 7.6(d)所示；当局部缺陷偏斜角度$\beta_1\leqslant\beta\leqslant\beta_2$时，滚动体依次与局部缺陷边界Ⅳ、边界Ⅲ、局部缺陷底部和边界Ⅰ接触，如图 7.6(e)所示；当局部缺陷偏斜角度$\beta_2\leqslant\beta\leqslant\pi/2$时，此时滚动体依次与局部缺陷边界Ⅲ、局部缺陷底部和边界Ⅰ接触，如图7.6(f)所示。

由上述分析可知，第一类偏斜局部缺陷造成的时变位移激励可由式(7.1)所示半正弦函数定义，式(7.1)中Δd和θ_d分别表示如下：

$$\Delta d=\begin{cases}0.5d-\sqrt{(0.5d)^2-(0.5a)^2} & (\Delta d<H)\\ H & (\Delta d\geqslant H)\end{cases} \tag{7.6}$$

$$\theta_d=\begin{cases}\dfrac{b}{r_d\cos\beta} & (\beta<\beta_2)\\ \dfrac{a}{r_d\sin\beta} & (\beta\geqslant\beta_2)\end{cases} \tag{7.7}$$

式中：β_2表示为

$$\beta_2=\arctan\frac{a}{b} \tag{7.8}$$

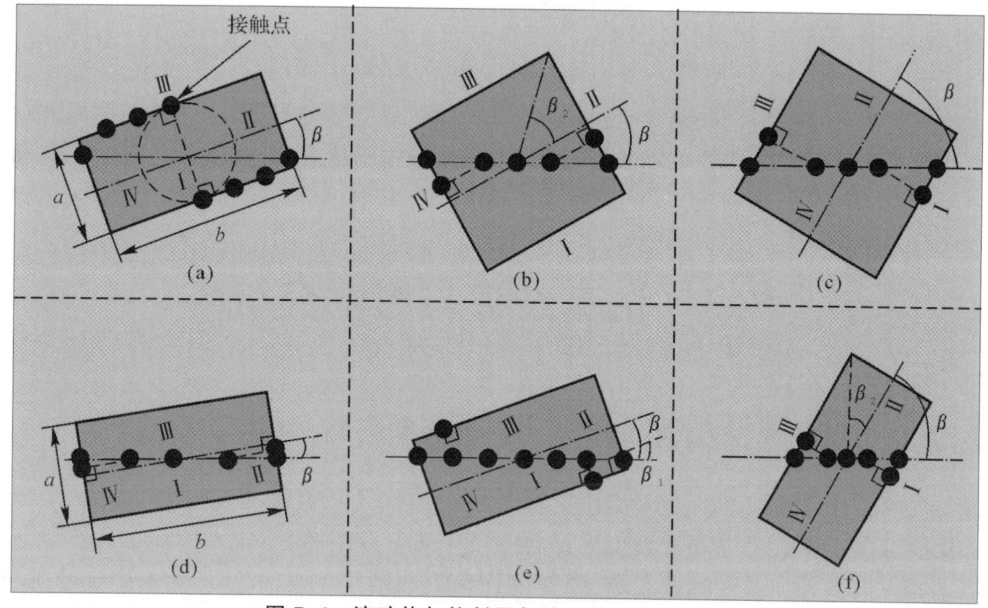

图 7.6　滚动体与偏斜局部缺陷接触点示意图

(a)第一类偏斜局部缺陷；(b)第二类偏斜局部缺陷，$\beta<(\beta_2=\pi/4)$；(c)第二类偏斜局部缺陷，$(\beta_2=\pi/4)\leqslant\beta\leqslant\pi/2$；(d)第三类偏斜局部缺陷，$\beta<\beta_1$；(e)第三类偏斜局部缺陷，$\beta_1\leqslant\beta\leqslant\beta_2$；(f)第三类偏斜局部缺陷，$\beta_2\leqslant\beta\leqslant\pi/2$

第二类偏斜局部缺陷造成的时变位移激励可由式(7.2)所示分段函数定义，式(7.2)中 Δd 和 θ_d 分别由式(7.6)和式(7.7)表示，θ_{dc} 表示如下：

$$\theta_{dc}=\begin{cases}\dfrac{\sqrt{(0.5d)^2-(0.5d-H)^2}}{r_d\cos\beta} & (\beta<\beta_2)\\[2ex] \dfrac{\sqrt{(0.5d)^2-(0.5d-H)^2}}{r_d\sin\beta} & (\beta\geqslant\beta_2)\end{cases}\tag{7.9}$$

第三类偏斜局部缺陷造成的时变位移激励同理可由式(7.2)所示分段函数定义，式(7.2)中 Δd 和 θ_d 分别由式(7.6)和式(7.7)表示，θ_{dc} 表示如下：

$$\theta_{dc}=\begin{cases}\dfrac{\sqrt{(0.5d)^2-(0.5d-H)^2}}{r_d\cos\beta} & (0<\beta<\beta_1)\\[2ex] \dfrac{\sqrt{(0.5d)^2-(0.5d-H)^2}-a/2+b\tan\alpha/2}{r_d\sin\beta} & (\beta_1\leqslant\beta<\beta_2)\\[2ex] \dfrac{\sqrt{(0.5d)^2-(0.5d-H)^2}}{r_d\sin\beta} & (\beta_2\leqslant\beta<\pi/2)\end{cases}\tag{7.10}$$

式中：β_1 表示为

$$\beta_1=\arctan\frac{\dfrac{a}{2}-\sqrt{(0.5d)^2-(0.5d-H)^2}}{\dfrac{b}{2}-\sqrt{(0.5d)^2-(0.5d-H)^2}}\tag{7.11}$$

将上述分析得到的时变位移激励代入式(3.3)，得到考虑外圈局部缺陷影响的滚动体与内外圈弹性趋近量，如下式所示，便可将偏置、偏斜局部缺陷引入摩擦振动动力学模型中。

$$\left.\begin{aligned}\delta_{ij} &= \sqrt{(D_{aj}-X_{aj})^2+(D_{rj}-X_{rj})^2}-(r_i-0.5d_b)\\ \delta_{oj} &= \sqrt{X_{aj}{}^2+X_{rj}{}^2}-(r_o-0.5d_b+H_d)\end{aligned}\right\} \tag{7.12}$$

本章通过改变包括局部缺陷尺寸、偏置距离和偏斜角度等变量，对比分析不同局部缺陷偏置距离和偏斜角度下轴承内圈振动加速度时域波形、频谱结果，探究局部缺陷偏置距离和偏斜角度对轴承振动特性的影响规律。

7.3 仿真结果与影响分析

7.3.1 局部缺陷偏置距离的影响规律分析

保持内圈转速 $N_r=2\ 000$ r/min，设置轴向载荷 $F_z=500$ N，按照表 7.1 设定轴承参数，设定局部缺陷深度 $H=0.01$ mm。改变局部缺陷尺寸和偏置距离，对比不同局部缺陷偏置距离 L 下轴承 Y 方向振动加速度时域波形、频谱统计结果和轴承 Y 方向振动加速统计值 RMS 值(均方根值)和 PTP 值(峰-峰值)，研究局部缺陷偏置距离 L 对轴承振动特性的影响规律。

表 7.1　不同局部缺陷尺寸、偏置距离对应冲击脉冲幅值

缺陷尺寸/mm	偏置距离/mm	脉冲幅值/m·s^{-2}	缺陷尺寸/mm	偏置距离/mm	脉冲幅值/m·s^{-2}
$a=0.3$ $b=0.3$	0	136.8	$a=0.3$ $b=0.6$	0	192.3
	0.05	89.06		0.05	120.5
	0.10	26.84		0.10	32.9
$a=0.4$ $b=0.4$	0	232	$a=0.4$ $b=0.8$	0	345.8
	0.05	164.4		0.05	169.7
	0.15	33.14		0.15	21.2
$a=0.5$ $b=0.5$	0	231.9	$a=0.5$ $b=1$	0	201.8
	0.10	225.3		0.10	119.6
	0.20	26.25		0.20	19.46

7.3.1.1 偏置距离对内圈振动加速度的影响规律分析

综合考虑滚动体半径尺寸和局部缺陷深度，参照图 7.4(a)所示第一类偏置局部缺陷定义，设定共 6 组尺寸的第一类偏置局部缺陷，包括 3 组尺寸的方形偏置局部缺陷，分别为 $a=b=0.3$ mm，$a=b=0.4$ mm 和 $a=b=0.5$ mm；3 组尺寸的长方形偏置局部缺陷，分别为 $a=0.3$ mm，$b=0.3$ mm，$a=0.4$ mm，$b=0.8$ mm 和 $a=0.5$ mm，$b=1$ mm。针对宽度尺寸 $a=0.3$ mm的偏置局部缺陷，设定 3 组偏置距离分别为 0 mm，0.05 mm 和 0.15 mm；针对宽度尺寸 $a=0.4$ mm的偏置局部缺陷，设定偏置距离分别为 0 mm，0.05 mm 和 0.1 mm；针对宽度尺寸 $a=0.5$ mm 的偏置局部缺陷，设定偏置距离分别为 0 mm，0.1 mm 和 0.2 mm。获得局部缺陷偏置距离对轴承内圈 Y 方向振动加速时域波形的影响规律，如图 7.7 所示。图 7.7 显示，当滚动体通过局部缺陷过程中，轴承内圈 Y 方向振动加速度时域波形出现周期性冲击脉冲，并且伴

随局部缺陷偏置距离的变化，冲击脉冲波形相应发生变化。除此之外，局部缺陷形状会对冲击脉冲形状产生影响，正方形局部缺陷造成的冲击脉冲呈“锥形”衰减形式，而长方形缺陷造成的冲击脉冲呈“正弦”衰减形式。

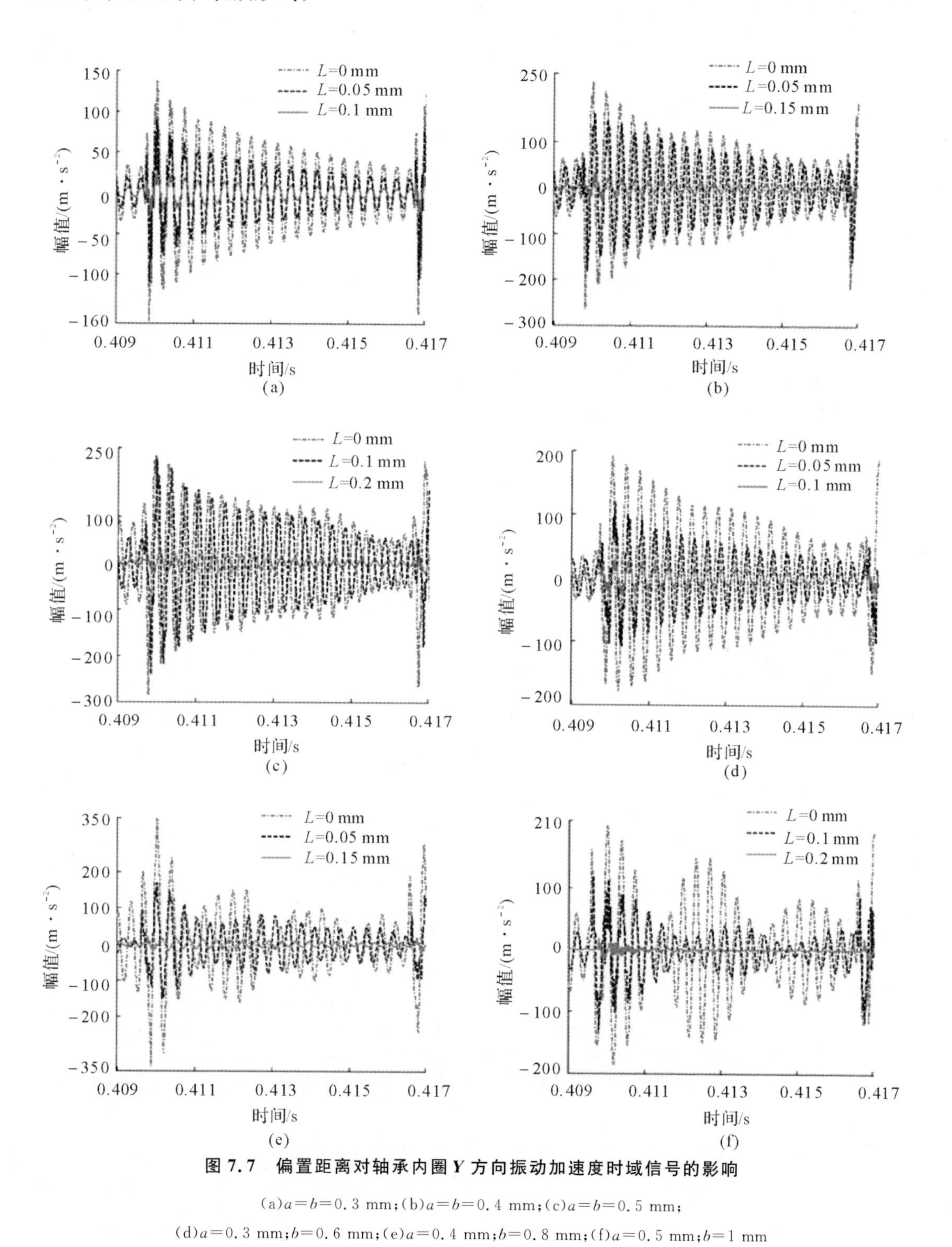

图 7.7　偏置距离对轴承内圈 Y 方向振动加速度时域信号的影响

(a)$a=b=0.3$ mm；(b)$a=b=0.4$ mm；(c)$a=b=0.5$ mm；

(d)$a=0.3$ mm；$b=0.6$ mm；(e)$a=0.4$ mm；$b=0.8$ mm；(f)$a=0.5$ mm；$b=1$ mm

统计获得不同局部缺陷尺寸、偏置距离对应轴承内圈 Y 方向振动加速度一个冲击脉冲的幅值，如表 7.1 所示。表 7.1 显示，局部缺陷尺寸和偏置距离会对轴承内圈 Y 方向振动加速冲击脉冲幅值造成影响，伴随局部缺陷偏置距离的增加，轴承内圈 Y 方向振动加速冲击脉冲幅值逐渐降低。

截取仿真模型平稳运行后 1 s 时长轴承内圈 Y 方向振动加速度，并利用傅里叶变换获得各局部缺陷尺寸和偏置距离工况下轴承内圈 Y 方向振动加速度频谱，频谱显示轴承内圈 Y 方向振动加速度周期性明显，其基频为 BPFO（外圈滚道通过频率）。为了探究局部缺陷偏置距离对轴承内圈 Y 方向振动加速度频率成分的影响规律，统计其基频 BFFO 和二倍谐频 2BPFO 的幅值随局部缺陷尺寸和偏置距离的变化，如图 7.8 所示。图 7.8 显示，伴随局部缺陷偏置距离的增加，其基频 BFFO 和二倍谐频 2BPFO 幅值逐渐减小。产生上述现象的原因是局部缺陷偏置距离增加会导致滚动体落入局部缺陷的最大深度 Δd 减小，滚动体通过局部缺陷时的位移激励幅值减小。

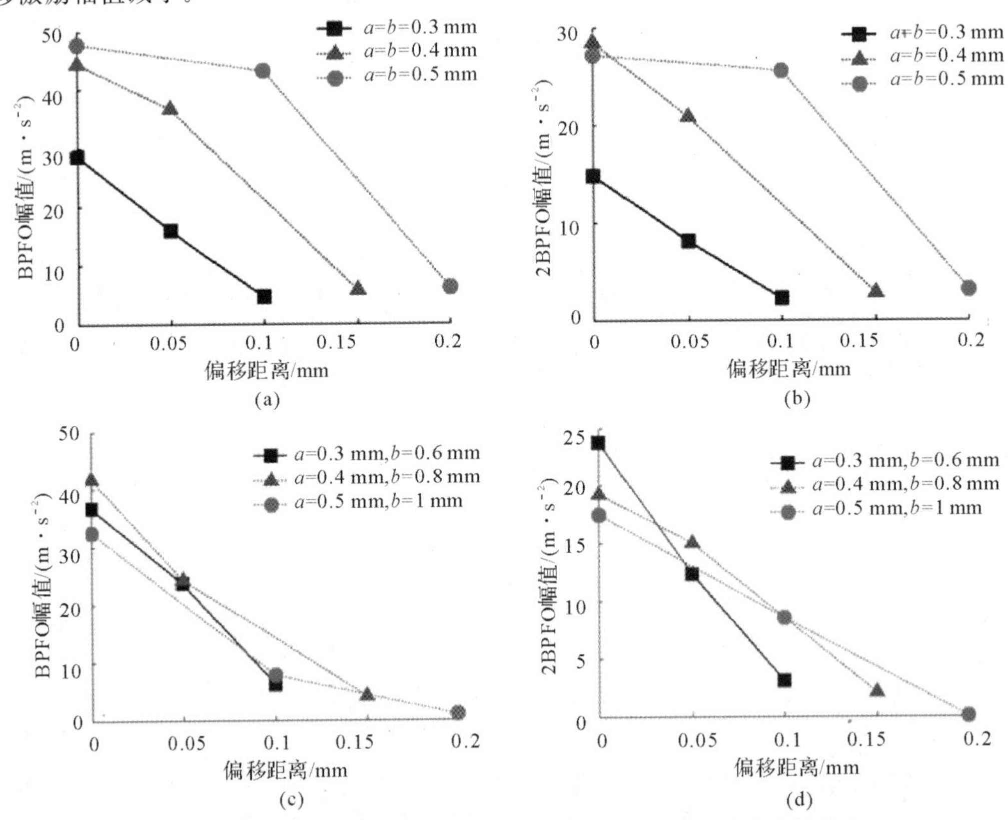

图 7.8 偏置距离对轴承内圈 Y 方向振动加速度信号频率成分的影响

(a)方形缺陷 BPFO 频率幅值；(b)方形缺陷 2BPFO 频率幅值；

(c)长方形缺陷 BPFO 频率幅值；(d)长方形缺陷 2BPFO 频率幅值

7.3.1.2 偏置距离对内圈振动加速度统计值的影响规律分析

截取仿真模型平稳运行后 1 s 时长轴承内圈 Y 方向振动加速度，获得正方形和长方形局部缺陷偏置距离对轴承内圈 Y 方向振动加速度统计特征值 RMS 值和峰-峰值的影响规律，分别如图7.9和图 7.10 所示。图 7.9 显示，伴随正方形局部缺陷偏置距离的增加，轴承内圈 Y 方向振动加速度 RMS 值和峰-峰值均呈现下降趋势，且当局部缺陷偏置距离与局部缺陷宽度尺寸满足 $L<a/3$ 关系时，RMS 值和峰-峰值下降幅度更大。

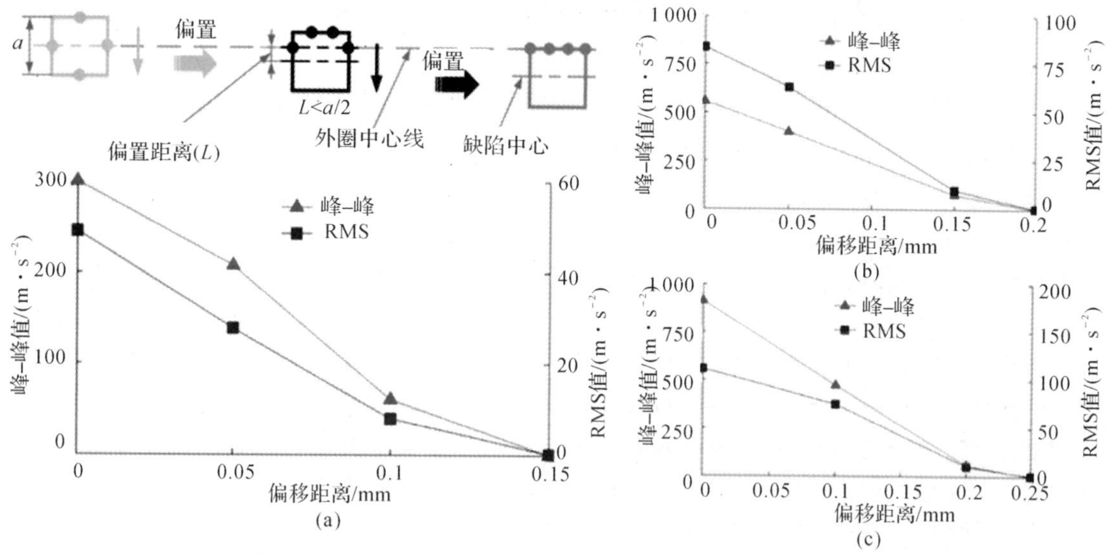

图 7.9　正方形缺陷偏置距离对轴承内圈 Y 方向振动加速度信号统计特征值的影响

(a)$a=b=0.3$ mm；(b)$a=b=0.4$ mm；(c)$a=b=0.5$ mm

图 7.10 显示，伴随长方形局部缺陷偏置距离的增加，轴承内圈 Y 方向振动加速度 RMS 值和峰-峰值与正方形局部缺陷情况类似，轴承内圈 Y 方向振动加速度 RMS 值和峰-峰值均伴偏置距离的增加而逐渐下降。

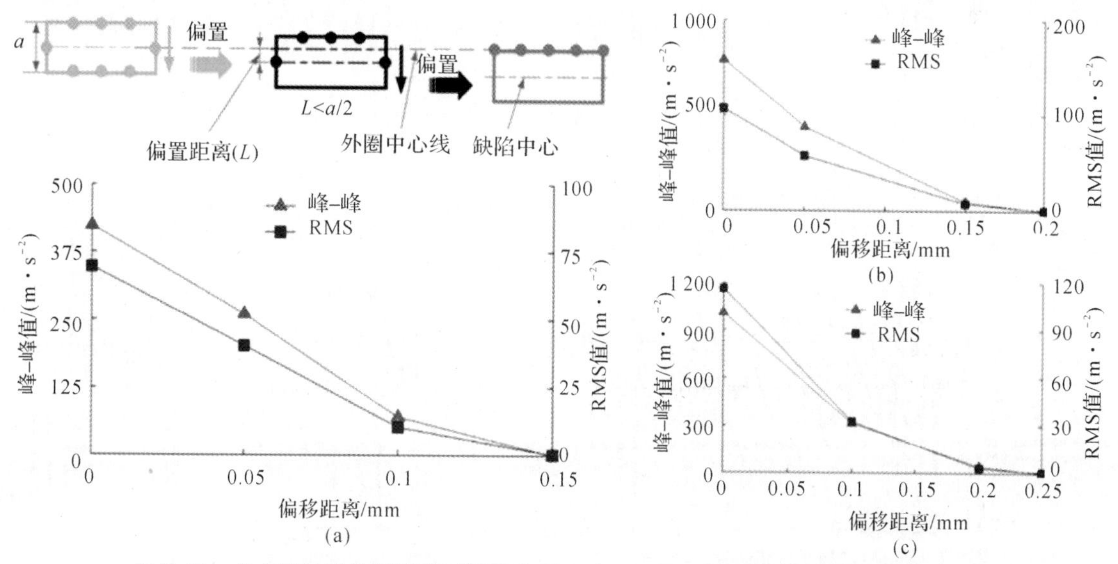

图 7.10　长方形缺陷偏置距离对轴承内圈 Y 方向振动加速度信号统计特征值的影响

(a)$a=0.3$ mm，$b=0.6$ mm；(b)$a=0.4$ mm，$b=0.8$ mm；(c)$a=0.5$ mm，$b=1$ mm

7.3.2 局部缺陷偏斜角度的影响规律分析

保持内圈转速 $N_r=2\ 000$ r/min，设置轴向载荷 $F_z=500$ N，按照表 7.1 所示设定轴承参数，设定局部缺陷深度 $H=0.01$ mm。改变局部缺陷尺寸和偏斜角度，对比不同局部缺陷偏斜角度 β 下轴承 Y 向振动加速度时域波形、频谱统计结果和轴承 Y 方向振动加速统计值 RMS 值(均方根值)和 PTP 值(峰-峰值)，研究局部缺陷偏斜角度 β 对轴承振动特性的影响规律。

7.3.2.1 偏斜角度对内圈振动加速度的影响规律分析

参照图 7.6(a)所示第一类偏斜局部缺陷定义，设定共 6 组尺寸的第一类偏置局部缺陷，包括 3 组尺寸的方形偏斜局部缺陷，分别为 $a=b=0.3$ mm，$a=b=0.4$ mm，$a=b=0.5$ mm；3 组尺寸的长方形偏斜局部缺陷，分别为 $a=0.3$ mm，$b=0.3$ mm；$a=0.4$ mm，$b=0.8$ mm 和 $a=0.5$ mm，$b=1$ mm。针对正方形偏斜局部缺陷，设定 4 组偏斜角度，分别为 0°，15°，30°和 45°；针对长方形偏斜局部缺陷，设定 4 组偏斜角度，分别为 0°，26.56°(β_2)，60°和 90°。获得局部缺陷偏斜角度对轴承内圈 Y 方向振动加速时域波形的影响，如图 7.11 所示。图 7.11 显示，当滚动体通过偏斜局部缺陷时，轴承内圈 Y 方向振动加速出现周期性冲击脉冲，并且伴随局部缺陷偏斜角度的变化，轴承内圈 Y 方向振动加速度冲击脉冲相应发生变化。如图 7.11 中各局部放大图所示，局部缺陷偏斜角度会对内圈 Y 方向振动加速度冲击脉冲的持续时间产生影响。

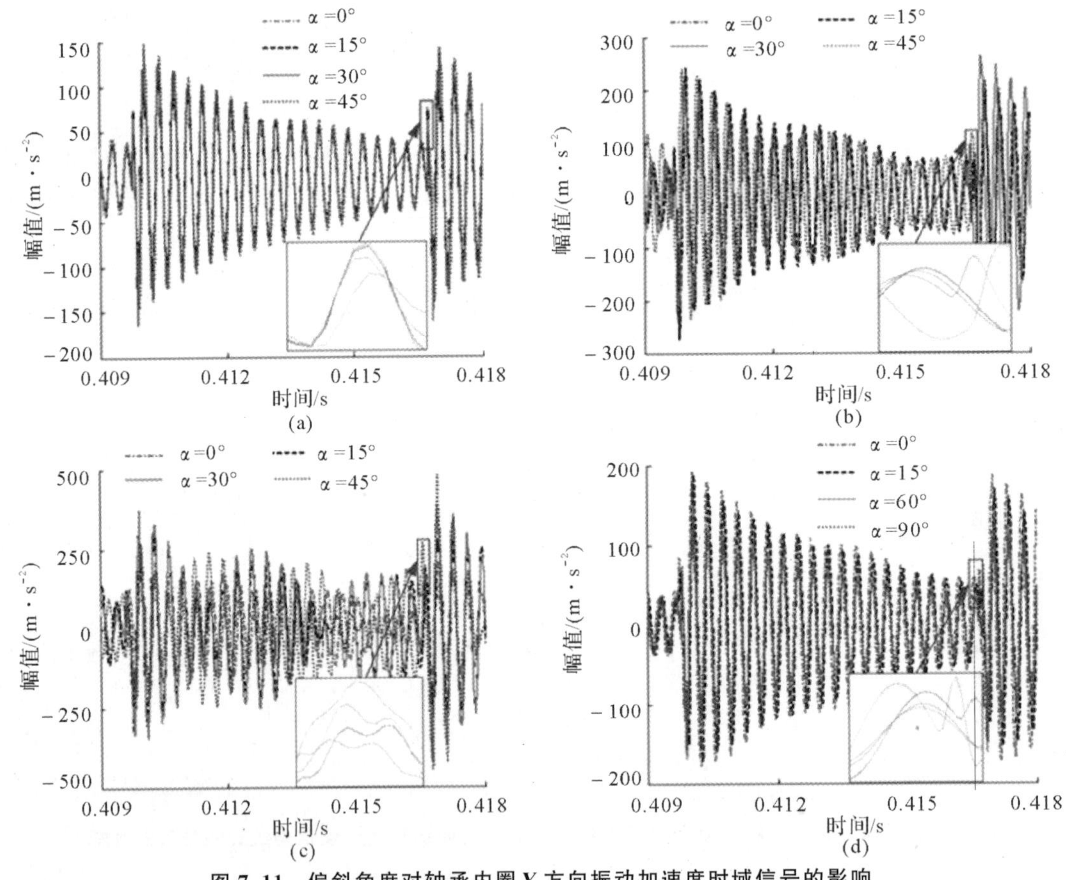

图 7.11 偏斜角度对轴承内圈 Y 方向振动加速度时域信号的影响

(a)$a=b=0.3$ mm；(b)$a=b=0.4$ mm；(c)$a=b=0.5$ mm；(d)$a=0.3$ mm，$b=0.6$ mm

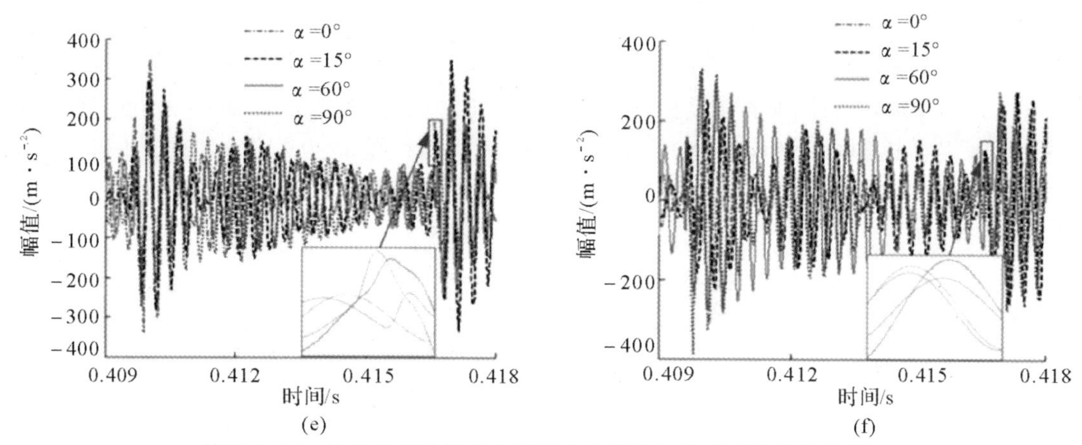

续图 7.11　偏斜角度对轴承内圈 Y 方向振动加速度时域信号的影响

(e)a=0.4 mm,b=0.8 mm;(f)a=0.5 mm,b=1 mm

统计获得不同局部缺陷尺寸、偏斜角度对应轴承内圈 Y 方向振动加速度波动持续时间，见表 7.2。表 7.2 显示，对于含正方形偏斜局部缺陷情况，伴随偏斜角度的增加，冲击脉冲持续时间逐渐增加，并在偏斜角度 $\beta=45°(\beta_2)$时冲击脉冲持续时间达到最大；对于含长方形偏斜局部缺陷情况，当偏斜角度 $0\leqslant\beta<\beta_2$ 时，伴随偏斜角度的增加，冲击脉冲持续时间逐渐增加，并在偏斜角度 $\beta=26.56°(\beta_2)$时冲击脉冲持续时间达到最大，当偏斜角度 $\beta_2\leqslant\beta<90°$时，冲击脉冲持续时间逐渐减小。

表 7.2　不同局部缺陷尺寸、偏斜角度对应轴承内圈 Y 方向振动加速度冲击脉冲持续时间

缺陷尺寸/mm	偏斜角度/(°)	脉冲持续时间/ms	缺陷尺寸/mm	偏斜角度/(°)	脉冲持续时间/ms
a=0.3 b=0.3	0	0.10	a=0.3 b=0.6	0	0.21
	15	0.11		26.56	0.23
	30	0.12		60	0.12
	45	0.15		90	0.10
a=0.4 b=0.4	0	0.14	a=0.4 b=0.8	0	0.28
	15	0.14		26.56	0.31
	30	0.16		60	0.16
	45	0.2		90	0.14
a=0.5 b=0.5	0	0.17	a=0.5 b=1	0	0.35
	15	0.18		26.56	0.39
	30	0.20		60	0.20
	45	0.25		90	0.17

截取仿真模型平稳运行后 1 s 时长轴承内圈 Y 方向振动加速度，并利用傅里叶变换获得各局部缺陷尺寸和偏斜工况下轴承内圈 Y 方向振动加速度频谱，频谱显示轴承内圈 Y 方向振动加速度周期性明显，其基频为 BPFO(外圈滚道通过频率)。为了探究局部缺陷偏斜角度对轴承内圈 Y 方向振动加速度频率成分的影响，统计其基频 BFFO 和二倍谐频 2BPFO 幅值随

局部缺陷尺寸和偏斜角度的变化，如图 7.12 所示。图 7.12 显示，当偏斜角度 $0 \leqslant \beta < \beta_2$ 时，伴随局部缺陷偏斜角度的增加，其基频 BFFO 和二倍谐频 2BPFO 幅值逐渐增大；当偏斜角度 $\beta_2 \leqslant \beta < 90°$ 时，伴随局部缺陷偏斜角度的增加，其基频 BFFO 和二倍谐频 2BPFO 幅值逐渐减小。上述现象是局部缺陷偏斜角度改变会导致局部缺陷尺寸对应角位置 θ_d 变化，滚动体通过局部缺陷过程中的位移激励持续时间的改变导致的，并且当偏斜角度 $\beta = \beta_2$ 时，局部缺陷尺寸对应角位置 θ_d 达到最大。

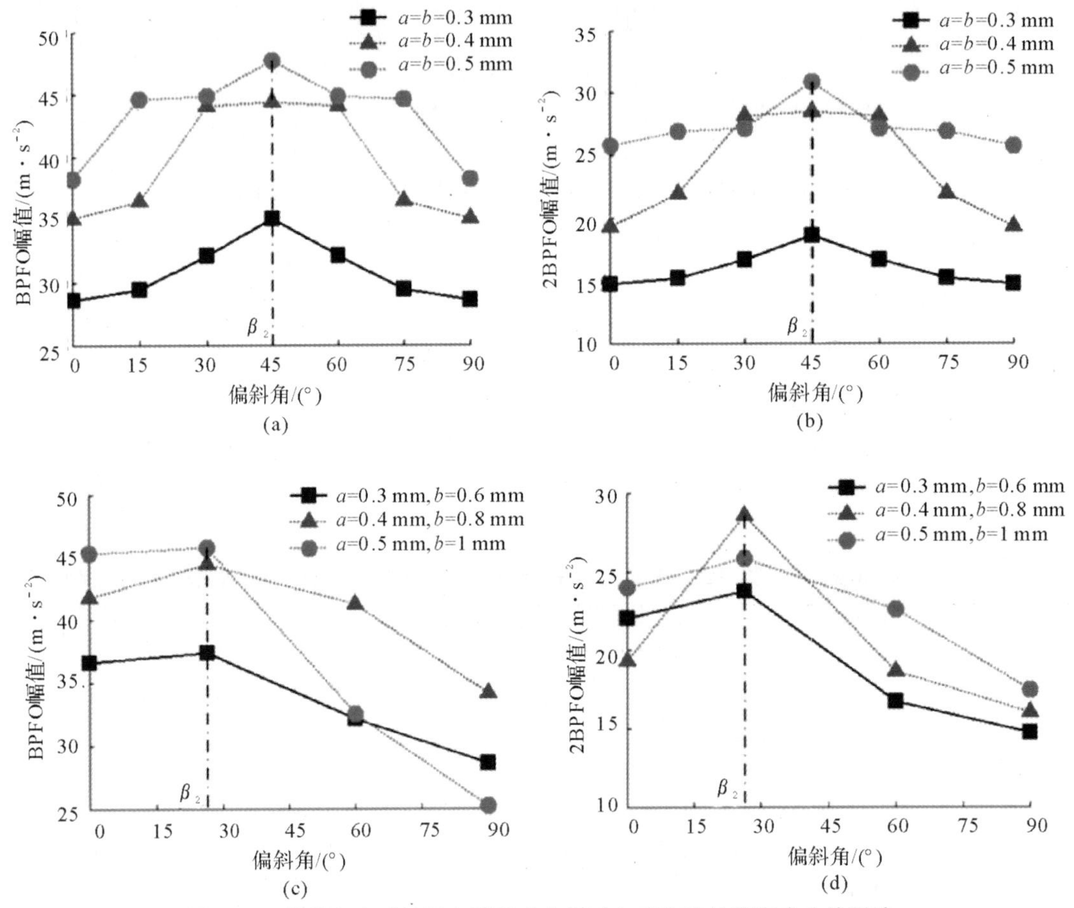

图 7.12 偏斜角度对轴承内圈 Y 方向振动加速度信号频率成分的影响

(a)方形缺陷 BPFO 频率幅值；(b)方形缺陷 2BPFO 频率幅值；

(c)长方形缺陷 BPFO 频率幅值；(d)长方形缺陷 2BPFO 频率幅值

7.3.2.2 偏斜角度对内圈振动加速度统计值的影响规律分析

截取仿真模型平稳运行后 1 s 时长轴承内圈 Y 方向振动加速度，获得正方形和长方形局部缺陷偏斜角度对轴承内圈 Y 方向振动加速度统计特征值 RMS 值和峰-峰值的影响规律，分别如图7.13和图 7.14 所示。图 7.13 显示，当偏斜角度 $0 \leqslant \beta < 45°$时，伴随正方形局部缺陷偏斜角度的增加，轴承内圈 Y 方向振动加速度 RMS 值和峰-峰值均逐渐增加；当偏斜角度 $\beta = 45°(\beta_2)$时，RMS 值和峰-峰值达到最大；考虑到正方形的对称特性，当偏斜角度 $45° \leqslant \beta < 90°$ 时，轴承内圈 Y 向振动加速度 RMS 值和峰-峰值伴随正方形局部缺陷偏斜角度的增加而

减小。

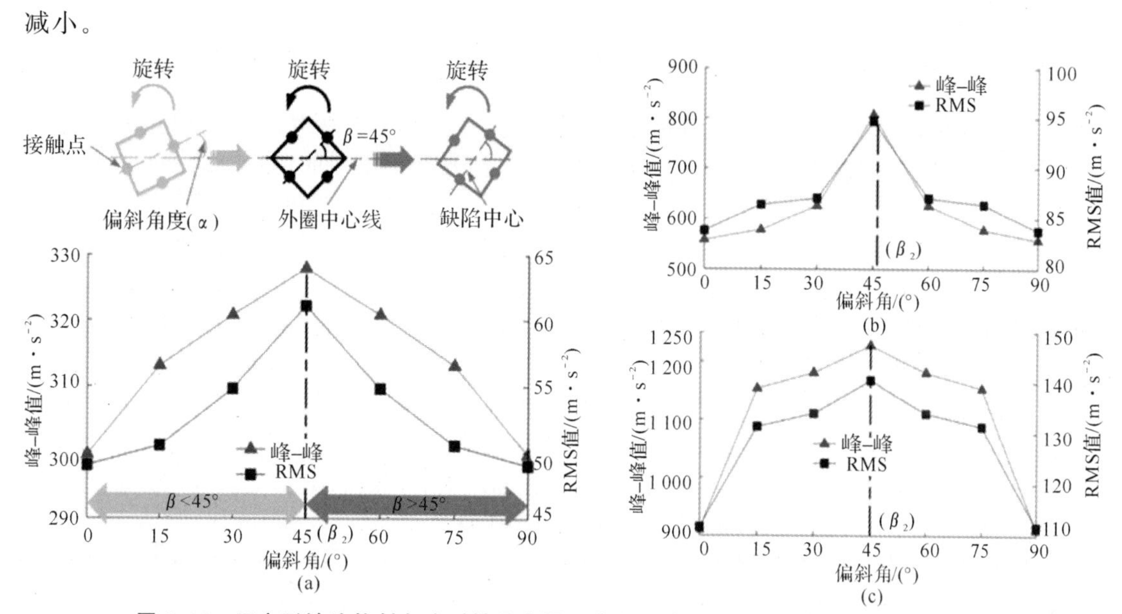

图 7.13　正方形缺陷偏斜角度对轴承内圈 Y 方向振动加速度信号统计特征值的影响

(a)$a=b=0.3$ mm;(b)$a=b=0.4$ mm;(c)$a=b=0.5$ mm

图 7.14 显示,当偏斜角度 $0\leqslant\beta<26.56°$时,伴随长方形局部缺陷偏斜角度的增加,轴承内圈 Y 方向振动加速度 RMS 值和峰-峰值均逐渐增大,当偏斜角度 $\beta=26.56°(\beta_2)$时,RMS 值和峰-峰值达到最大;当偏斜角度 $26.56°\leqslant\beta<90°$时,轴承内圈 Y 方向振动加速度 RMS 值和峰-峰值伴随长方形局部缺陷偏斜角度的增加而减小。

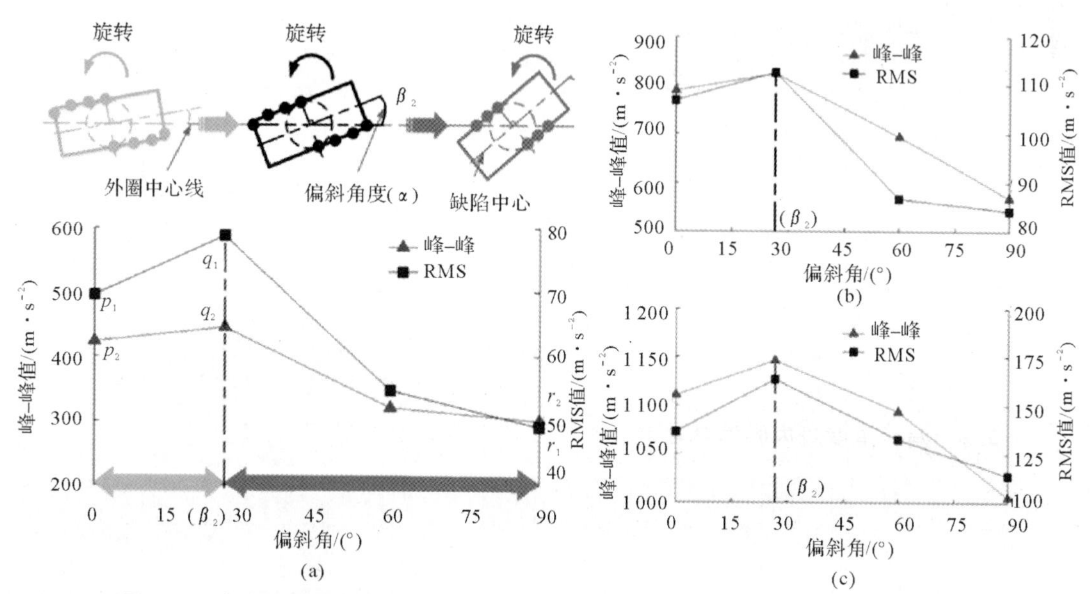

图 7.14　长方形缺陷偏斜角度对轴承内圈 Y 方向振动加速度信号统计特征值的影响

(a)$a=0.3$ mm,b=0.6 mm; (b)$a=0.4$ mm,$b=0.8$ mm; (c)$a=0.5$ mm,$b=1$ mm

7.3.3 局部缺陷对滚动体运动状态的影响规律分析

保持内圈转速 $N_r=2\ 000$ r/min，保持轴向载荷 $F_z=500$ N，改变局部缺陷尺寸，对比分析不同局部缺陷尺寸下滚动体公转角速度、自转角速度、滚动体与滚道间相对滑动速度和摩擦力情况，研究局部缺陷尺寸对滚动体运动状态的影响规律。由于正方形和长方形局部缺陷尺寸对滚动体运动状态影响规律类似，为避免结果重复，本节仅列出正方形局部缺陷的结果。

改变正方形局部缺陷尺寸分别为 $a=b=0.3$ mm，$a=b=0.4$ mm，$a=b=0.5$ mm，运用摩擦振动动力学模型，得到局部缺陷尺寸对滚动体运动状态的影响规律，如图 7.15 所示。图 7.15显示，局部缺陷会对滚动体运动状态产生较大的影响，滚动体通过局部缺陷过程中，滚动体公转角速度和绕 Z 轴自转角速度均出现一定程度提升，且提升幅值伴随局部缺陷尺寸的增加而增加，如图 7.15(a)(b)所示。这是由于局部缺陷造成轴承内圈振动出现周期性冲击脉冲，并且伴随局部缺陷尺寸的增大，冲击脉冲幅值逐渐增大，导致滚动体与内、外圈接触载荷出现骤增，从而造成如图 7.15(c)(d)所示滚动体与内、外圈滚道间摩擦力大幅增加，最终造成滚动体公转角速度和绕 Z 轴自转角速度出现提升的现象。同时，滚动体公转角速度和绕 Z 轴自转角速度波动会导致滚动体与内、外圈接触处相对滑动速度增大，如图 7.15(e)(f)所示。对比各局部缺陷尺寸下滚动体运动状态可知，伴随局部缺陷尺寸增大，滚动体运动状态稳定性逐渐降低，滚动体与滚道间打滑现象加剧。

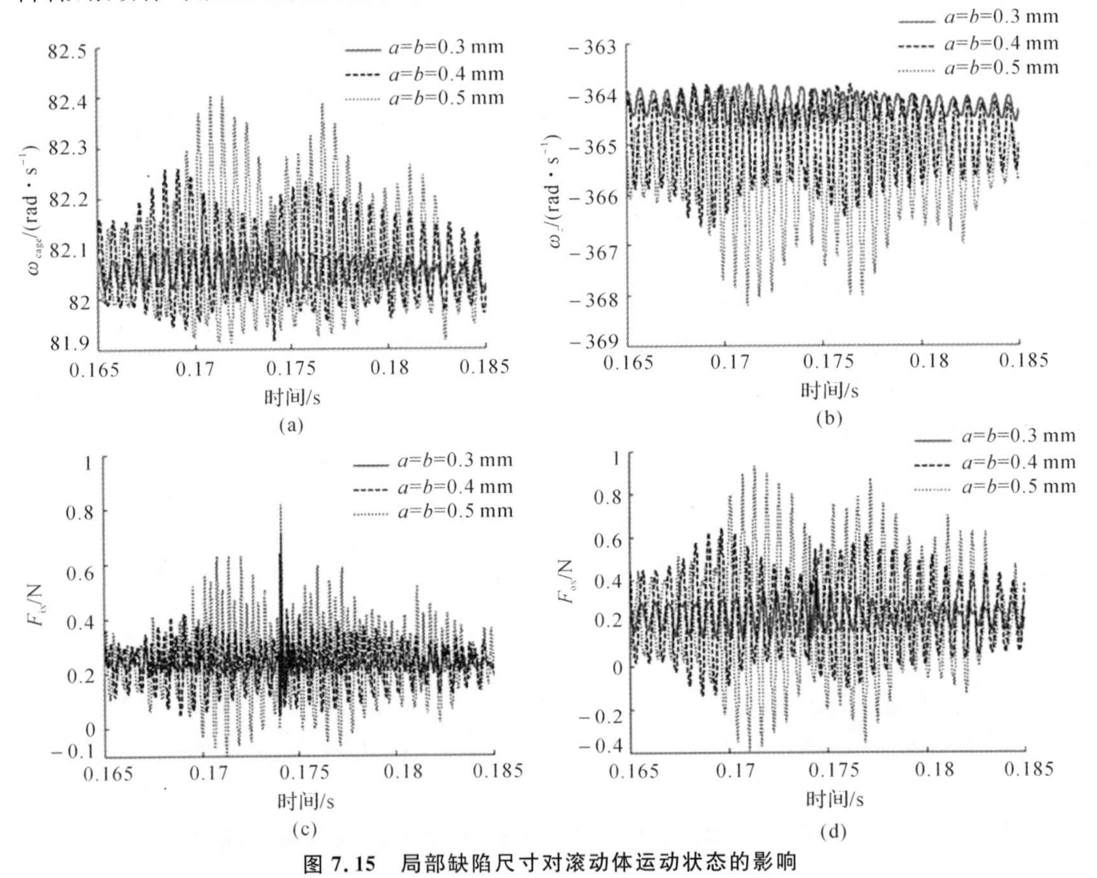

图 7.15 局部缺陷尺寸对滚动体运动状态的影响

(a)公转角速度；(b)绕 Z 轴自转速度；(c)滚动体与内滚道间摩擦力；(d)滚动体与外滚道间摩擦力

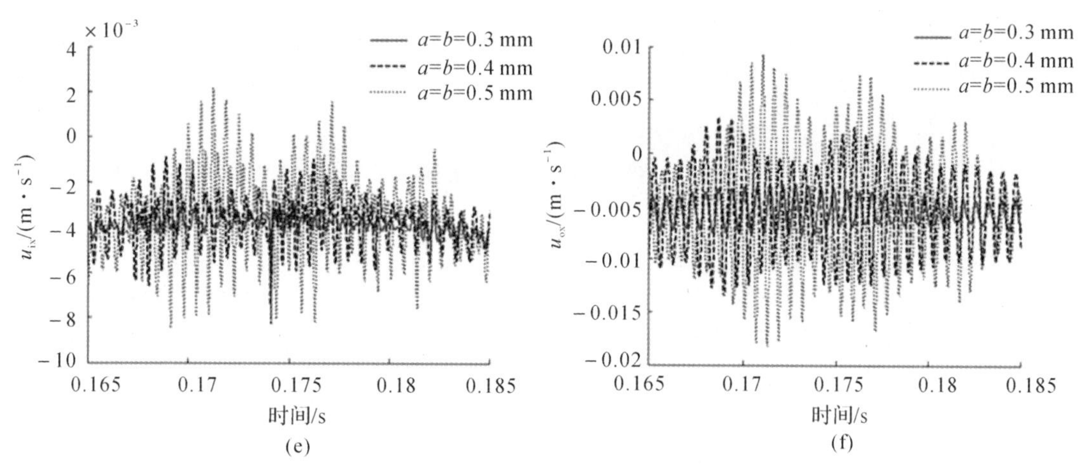

续图 7.15　局部缺陷尺寸对滚动体运动状态的影响

(e)内圈滚道上滑动速度;(f)外圈滚道上滑动速度

7.4　本章小结

本章基于分段函数提出了偏置和偏斜局部缺陷的时变位移激励模型,并将时变位移激励模型耦合到角接触球轴承摩擦振动动力学模型中,建立了偏置/偏斜局部缺陷的角接触球轴承动力学模型。研究了局部缺陷尺寸、偏置距离和偏斜角度对轴承振动特性和滚动体运动特性的影响规律。主要结论如下:

(1)局部缺陷长度会对轴承内圈 Y 方向振动加速度冲击脉冲的波形造成影响。正方形局部缺陷造成的冲击脉冲呈“锥形”衰减形式,而长方形缺陷造成的冲击脉冲呈“正弦”衰减形式。

(2)局部缺陷偏置距离会对轴承内圈 Y 方向振动加速度产生影响。伴随局部缺陷偏置距离的增加,正方形和长方形局部缺陷造成的轴承内圈 Y 方向振动加速冲击脉冲幅值、RMS 值和峰-峰值均呈下降趋势。其中,对于正方形偏置局部缺陷,当局部缺陷偏置距离 $L<a/5$ 时,偏置距离对轴承内圈 Y 方向振动加速冲击脉冲幅值和时域统计值影响较小;对于长方形偏置局部缺陷,当局部缺陷偏置距离 $L<2a/5$ 时,偏置距离对轴承内圈 Y 方向振动加速冲击脉冲幅值和时域统计值影响较小。当偏置距离 $L>a/3$ 时,偏置距离对轴承内圈 Y 方向振动加速冲击脉冲幅值和时域统计值影响较小。

(3)局部缺陷偏斜角度会对轴承内圈 Y 方向振动加速度产生影响。对于含正方形偏斜局部缺陷情况,轴承内圈振动加速度 RMS 值和峰-峰值伴随偏斜角度增加逐渐增加,当偏斜角度 $30°\leqslant\beta<45°$ 时增长幅度最大,当偏斜角度 $\beta=45°(\beta_2)$ 时内圈 Y 方向振动加速度幅值和时域统计值达到最大;对于含长方形偏斜局部缺陷情况,当偏斜角度 $0°\leqslant\beta<26.56°(\beta_2)$ 时,内圈振动加速度 RMS 值和峰-峰值伴随偏斜角度增加逐渐增加,当偏斜角度 $15°\leqslant\beta<\beta_2$ 时增长幅度最大,当偏斜角度 $\beta=26.56°(\beta_2)$ 时内圈 Y 方向振动加速度幅值和时域统计值达到最大,当偏斜角度 $\beta_2\leqslant\beta<90°$ 时,内圈振动加速度 RMS 值和峰-峰值伴随偏斜角度增加逐渐减小,当偏斜角度 $\beta_2\leqslant\beta<60°$ 时减小幅度最大。

(4)局部缺陷会对滚动体运动状态造成影响。伴随局部缺陷尺寸增大,滚动体运动状态稳定性逐渐降低、滚动体与滚道间打滑现象加剧。

参考文献

[1] LIU J,SHAO Y. Overview of dynamic modelling and analysis of rolling element bearings with localized and distributed faults[J]. Nonlinear Dynamics,2018,93:1765-1798.

[2] CUI L,HUANG J,ZHANG F. Quantitative and localization diagnosis of a defective ball bearing based on vertical-horizontal synchronization signal analysis[J]. IEEE Transactions on Industrial Electronics,2017,64(11):8695-8706.

[3] WANG Y,XU G,LUO A,et al. An online tacholess order tracking technique based on generalized demodulation for rolling bearing fault detection[J]. Journal of Sound and Vibration,2016,367:233-249.

[4] LIU J,SHAO Y. An improved analytical model for a lubricated roller bearing including a localized defect with different edge shapes[J]. Journal of Vibration and Control,2018,24(17):3894-3907.

[5] XI S,CAO H,CHEN X,et al. A dynamic modeling approach for spindle bearing system supported by both angular contact ball bearing and floating displacement bearing[J]. Journal of Manufacturing Science and Engineering,2018,140(2):021014.

[6] KOTZALAS M N,HARRIS T A. Fatigue failure progression in ball bearings[J]. Journal of Tribology,2001,123(2):238-242.

[7] MANO H,YOSHIOKA T,KORENAGA A,et al. Relationship between growth of rolling contact fatigue cracks and load distribution[J]. Tribology Transactions,2000,43(3):367-376.

[8] LIU J,SHAO Y,LIM T C. Vibration analysis of ball bearings with a localized defect applying piecewise response function[J]. Mechanism and Machine Theory,2012,56:156-169.

第 8 章　滚动轴承局部缺陷扩展动力学建模与数值仿真

8.1 引　言

滚动轴承滚道表面局部缺陷的初期，局部缺陷的边缘通常是尖锐边缘，轴承的运转导致其缺陷边缘受到滚动体的周期性撞击，缺陷边缘因弹塑性变形，其缺陷边缘的形貌特征不断演变，同时滚动体与缺陷边缘之间的接触关系亦将发生变化，致使局部缺陷诱发的轴承的振动响应特征发生变化，直接影响滚动轴承早期缺陷诊断识别的可靠性和准确性。

针对目前局部缺陷模型无法准确描述局部缺陷边缘形貌特征演变的问题，考虑滚动轴承滚道表面局部缺陷的边缘形貌特征在滚动体的撞击力作用下的变形形态，基于 Hertz 接触理论建立耦合局部缺陷边缘形貌特征演变的滚动轴承局部缺陷动力学模型；根据滚动体直径与局部缺陷最小尺寸的比值以及局部缺陷长度与宽度的比值，构造滚动体与不同演变阶段的局部缺陷边缘之间的接触关系表达式；研究局部缺陷边缘形貌特征演变对滚动体与滚道之间接触刚度及轴承振动响应特征的影响规律。

8.2 局部缺陷边缘形貌特征演变的内部激励机理

滚动轴承滚道表面存在局部缺陷时，如图 8.1 所示，在轴承运行过程中，局部缺陷边缘在滚动体的周期性冲击力作用下，缺陷边缘会发生弹塑性变形或者剥落，引起缺陷边缘的形貌特征发生变化，导致缺陷的面积进一步扩大，如图 8.1(b)所示，缺陷的初始尖锐边 ab 在滚动体的周期性冲击力作用下变形为平面 $a'b'ef$。根据相关文献的分析结果，可将发生弹塑性变形的缺陷边缘假设为光滑平面形貌。

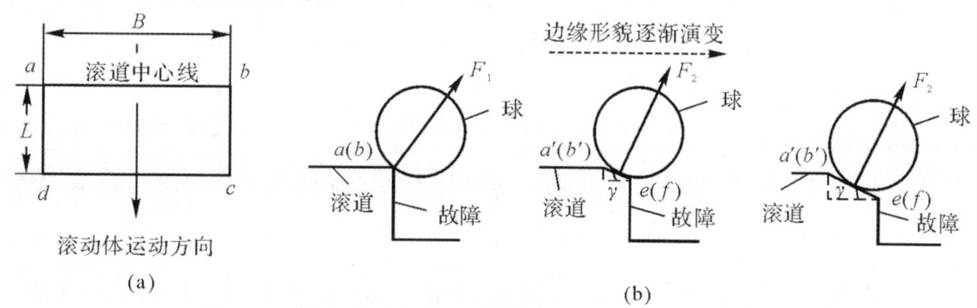

图 8.1　缺陷几何位置与缺陷边缘形貌演变过程示意图

(a)缺陷位置示意图；(b)缺陷边缘形貌演变过程

滚动体与局部缺陷尖锐边缘之间的接触关系示意图如图 8.2 虚线所示；局部缺陷边缘形貌特征发生演变后，滚动体与局部缺陷边缘之间的接触关系如图 8.2 实线所示。局部缺陷边缘为尖锐边缘时，滚动体与球轴承局部缺陷边缘之间的接触类型为球-直线接触类型；圆柱滚子轴承，考虑滚子的长度不大于缺陷的宽度，滚动体与圆柱滚子轴承局部缺陷边缘之间的接触类型为圆柱体-直线接触类型，第 6 章局部缺陷时变位移与时变接触刚度耦合机理建模的研究已对滚动体与尖锐边缘的接触类型进行了详细分析。局部缺陷边缘发生弹塑性变形后，即局部缺陷边缘形貌特征发生演变后，如图 8.2 实线部分，滚动体与球轴承、圆柱滚子轴承局部缺陷边缘之间的接触类型分别变为球-平面接触类型和圆柱体-平面接触类型，其接触刚度取决于以下 3 个参数：局部缺陷的长宽比 η_{d}，滚动体的直径与局部缺陷最小尺寸的比值 η_{bd}，局部缺陷边缘平面的倾斜角 γ。

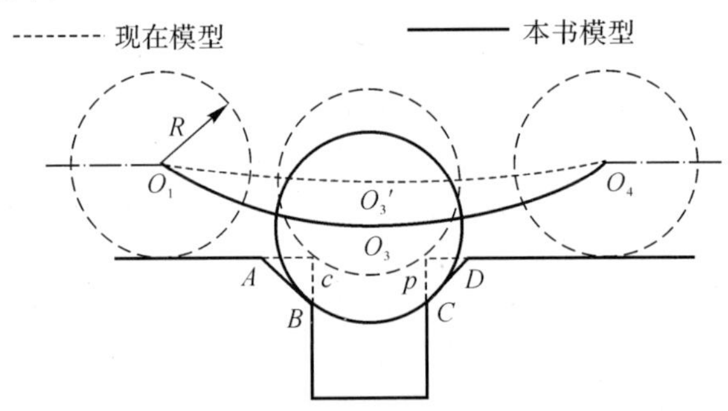

图 8.2 滚动体与滚道之间的接触关系示意图

局部缺陷边缘形貌特征演变过程中，滚动体与局部缺陷边缘之间的接触关系示意图如图 8.3 所示。

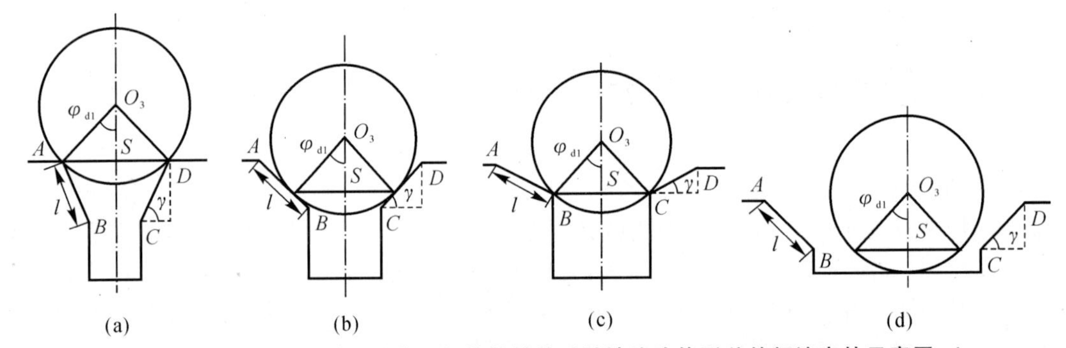

图 8.3 滚动体与缺陷边缘之间的接触关系随缺陷边缘形貌特征演变的示意图

(a)接触工况 1；(b)接触工况 2；(c)接触工况 3；(d)接触工况 4

局部缺陷边缘形貌特征发生演变后，根据局部缺陷的长宽比、滚动体的直径与局部缺陷最小尺寸的比值及局部缺陷边缘形貌特征演变形成的平面的倾斜角 γ 和长度 l，将滚动体与局部缺陷边缘之间的接触类型分为以下 4 种情况：

(1) $\gamma \geqslant \arcsin\dfrac{0.5\min(L,B)}{\sqrt{R^2+l^2}}+\arctan(l/R)$，$\eta_{\mathrm{bd}}>1$，接触类型 1，$R$ 为滚动体半径，滚动体只与缺陷的尖锐边缘发生接触，如图 8.3(a)所示。

(2) $\min(L,B)/(2R) < \gamma \leqslant \arcsin\frac{0.5\min(L,B)}{\sqrt{R^2+l^2}} + \arctan(l/R)$，$\eta_{bd}>1$，接触类型 2，如图 8.3(b)所示，滚动体与球轴承、圆柱滚子轴承的缺陷起始边和结束边的接触类型分别为球-直线接触类型和圆柱体-直线接触类型；滚动体位于点 A 和点 D 之间时，滚动体与球轴承、圆柱滚子轴承的缺陷边缘之间的接触类型分别为球-平面接触类型和圆柱体-平面接触类型。

(3) $\sin\gamma \leqslant \min(L,B)/(2R)$，$\eta_{bd}>1$，接触类型 3，如图 8.3(c)所示，滚动体位于点 A、点 B 与点 D 的中心点及点 D 时，滚动体与球轴承、圆柱滚子轴承的缺陷边缘之间的接触类型分别为球-直线接触类型和圆柱体-直线接触类型；滚动体位于点 A 和点 B、点 C 和点 D 之间时，滚动体与球轴承、圆柱滚子轴承的缺陷边缘之间的接触类型分别为球-平面接触类型和圆柱体-平面接触类型。

(4) $\eta_{bd} \leqslant 1$，接触类型 4，滚动体位于点 A、点 B、点 C 和点 D 时，滚动体与球轴承、圆柱滚子轴承的缺陷边缘之间的接触类型分别为球-直线接触类型和圆柱体-直线接触类型；滚动体位于点 A 和点 B、点 B 和点 C 及点 C 和点 D 之间时，滚动体与球轴承、圆柱滚子的缺陷边缘之间的接触类型分别为球-平面接触类型和圆柱体-平面接触类型。

接触类型 2 和接触类型 3，如图 8.3(b)(c)所示，滚动体通过缺陷过程中，滚动体与局部缺陷边缘之间的接触面数目取决于局部缺陷的类型。球轴承，分为 5 种情况：

(1)缺陷类型 1，如图 8.4 所示，缺陷长度尺寸非常小，忽略缺陷边缘形貌特征演变对球与缺陷边缘接触关系的影响。

(2)缺陷类型 2，如图 8.5(a)所示，球与缺陷边缘之间的接触面数目依次为 1,2 和 1。

(3)缺陷类型 3，如图 8.5(b)所示，球与缺陷边缘之间的接触数目分别为 1,3,4,3 和 1。

(4)缺陷类型 4，球与缺陷边缘之间的接触面数目依次为 1,3,2,3 和 1。

(5)缺陷类型 5，球与缺陷边缘之间的接触面数目始终为 1。

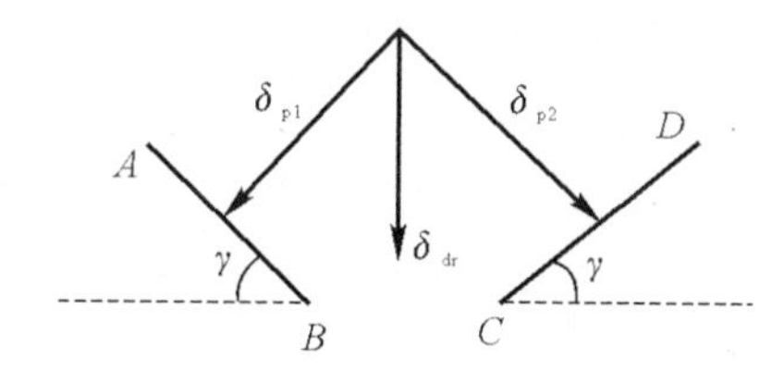

图 8.4　球与缺陷平面边缘之间的接触变形示意图

圆柱滚子轴承，分为 3 种情况：

(1)缺陷类型 1，如图 8.4 所示，缺陷长度尺寸非常小，忽略缺陷边缘形貌特征演变对滚子与缺陷边缘接触关系的影响。

(2)缺陷类型 2，如图 8.5(a)所示，缺陷宽度不小于滚子长度，滚动体与缺陷边缘之间的接触面数目依次为 1,2 和 1。

(3)缺陷类型 5，缺陷宽度不小于滚子长度，滚动体与缺陷边缘之间的接触面数目始终为 1。

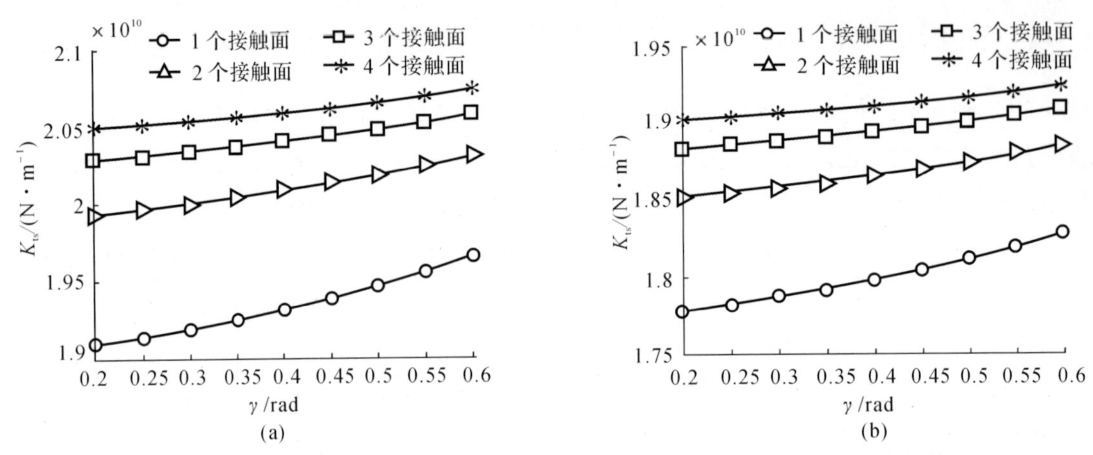

图 8.5 球与正常和缺陷滚道之间的总接触刚度随缺陷边缘平面倾斜角的变化关系

(a)内圈局部缺陷；(b)外圈局部缺陷

8.3 局部缺陷边缘形貌特征演变的动力学模型

8.3.1 局部缺陷边缘形貌特征演变的动力学建模

局部缺陷边缘在滚动体的周期性撞击力作用下，缺陷的尖锐边缘会发生弹塑性变形和剥落，缺陷边缘的形貌特征不断演变，不再为尖锐边缘；可假设缺陷的形貌特征由尖锐边缘扩展为平面形貌；球轴承，球与局部缺陷边缘之间的接触类型由最初的球-直线接触类型变为球-平面接触类型；圆柱滚子轴承，滚子与局部缺陷边缘之间的接触类型由最初的圆柱体-直线接触类型变为圆柱体-平面接触类型。目前的局部缺陷模型不再适用于描述滚动体与局部边缘之间球-平面接触类型和圆柱体-平面接触类型诱发的时变位移激励和时变接触刚度激励。针对这个问题，根据相关文献的分析结果，将局部缺陷边缘形貌发生演变之后形成的平面形貌假设为光滑平面形貌，如图 8.2(b)所示。根据 Hertz 弹性接触理论，滚动体与光滑平面的接触刚度 K_p的表达式为

$$K_p = \begin{cases} K_{bp} & (\text{球轴承}) \\ K_{rp} & (\text{圆柱滚子轴承}) \end{cases} \tag{8.1}$$

式中：K_{bp}的表达式为

$$K_{bp} = \frac{4R^{\frac{1}{2}}}{3\left(\frac{1-\nu_1^2}{E_1} + \frac{1-\nu_2^2}{E_2}\right)} \tag{8.2}$$

K_{rp}的表达式为

$$K_{rp} = \frac{F}{\delta_{rp}} \tag{8.3}$$

式中：滚子与平面之间的接触变形 δ_{rp}的表达式为

$$\delta_{\mathrm{rp}} = (V_1 + V_2)\frac{F}{2L_{\mathrm{c}}}\left\{1 + \ln\left[\frac{16L_{\mathrm{c}}^3}{(V_1 + V_2)FD_{\mathrm{r}}}\right]\right\} \tag{8.4}$$

式中：D_{r} 为滚子直径，V 的表达式为

$$V = \frac{1 - \nu^2}{\pi E} \tag{8.5}$$

式中：E 为接触体材料的弹性模量；ν 为接触体材料的泊松比。

局部缺陷边缘的形貌特征扩展为平面形貌后，Hertz 接触刚度计算方法［见式(2.13)］，不再适用于求解球与缺陷滚道之间的总接触刚度 K_{t}。本章提出了求解滚动体与滚道之间的总接触刚度 K_{t} 的新算法；对于球轴承，其算法的具体步骤如下：

(1)求解球与滚道之间的总接触变形。根据图 8.4 所示的球与局部缺陷边缘之间的接触关系示意图，球与内、外圈滚道之间总接触变形的表达式为

$$\delta_{\mathrm{tr}} = \delta_{\mathrm{hr}} + \delta_{\mathrm{dr}} = \left(\frac{F_{\mathrm{r}}}{K_{\mathrm{h}}}\right)^{2/3} + \left(\frac{F_{\mathrm{r}}\cos\gamma}{n_{\mathrm{s}}K_{\mathrm{p}}}\right)^{2/3}\cos\gamma \quad (n_{\mathrm{s}} = 1,2,3,4) \tag{8.6}$$

式中，δ_{hr} 为球与正常滚道之间的接触变形；δ_{dr} 为球与局部缺陷边缘之间的接触变形；F_{r} 为径向力；n_{s} 为球与局部缺陷边缘之间的接触面数目。

(2)根据步骤(1)建立的载荷-变形的关系式，滚动体与滚道之间的总接触刚度 K_{ts} 可以表示为

$$K_{\mathrm{ts}} = \frac{1}{\left\{\left(\frac{1}{K_{\mathrm{h}}}\right)^{2/3} + \left[\frac{(\cos\gamma)^{5/2}}{n_{\mathrm{s}}K_{\mathrm{p}}}\right]^{2/3}\right\}^{3/2}} \quad (n_{\mathrm{s}} = 1,2,3,4) \tag{8.7}$$

式中：n_{s} 表示球与局部缺陷边缘之间的接触面数目。

缺陷类型 2、缺陷类型 3、缺陷类型 4 和缺陷类型 5，式(8.2)、式(8.6)和式(8.7)适用于求解球与缺陷滚道之间的接触刚度。然而，缺陷类型 1，点和裂纹缺陷，其尺寸非常小且忽略了缺陷边缘扩展的影响，式(8.2)、式(8.6)和式(8.7)不再适用。根据球与不同缺陷工况边缘之间接触关系的分析结果，球与缺陷类型 1 边缘之间的接触刚度可以假设为恒定数值 K_{d1}，则球与正常和局部缺陷滚道之间总接触变形的表达式为

$$\delta_{\mathrm{tr}} = \delta_{\mathrm{hr}} + \delta_{\mathrm{dr}} = \left(\frac{F_{\mathrm{r}}}{K_{\mathrm{h}}}\right)^{2/3} + \left(\frac{F_{\mathrm{r}}}{K_{\mathrm{d1}}}\right)^{1/n_{\mathrm{d1}}} \tag{8.8}$$

式中：n_{d1} 为缺陷类型 1 的载荷-变形指数，其值取决于局部缺陷的形状和尺寸，可采用有限元方法求解。

根据式(8.8)的计算结果，通过数据拟合方法可以求解球与缺陷类型 1 的总接触刚度 K_{t0}。

根据球与局部缺陷扩展边缘之间的接触关系，缺陷类型 1，球与滚道之间的时变接触刚度表示为

$$K_{\mathrm{ke}} = \begin{cases} K_{\mathrm{t0}} & [\,|\mathrm{mod}(\theta_{\mathrm{dj}}, 2\pi) - \theta_0 - \theta_{\mathrm{e}} - 0.5\Delta\theta| \leqslant \theta_{\mathrm{e}} + 0.5\Delta\theta] \\ K & (\text{其他}) \end{cases} \tag{8.9}$$

式中：$\Delta\theta$ 为局部缺陷边缘在圆周方向扩展的弧度量，其表达式为

$$\Delta\theta = \begin{cases} \arcsin\dfrac{2l\cos\gamma}{D_{\mathrm{i}}} & (\text{内圈故障}) \\ \arcsin\dfrac{2l\cos\gamma}{D_{\mathrm{o}}} & (\text{外圈故障}) \end{cases} \tag{8.10}$$

缺陷类型 2,K_{ke}表示为

$$K_{ke}=\begin{cases}K_{t1} & [\theta_0\leqslant \mathrm{mod}(\theta_{dj},2\pi)<0.5\theta_{dk} \text{ 且 } 0.5\theta_{dk}<\mathrm{mod}(\theta_{dj},2\pi)\leqslant\theta_{dk}]\\ K_{t2} & [\mathrm{mod}(\theta_{dj},2\pi)=0.5\theta_{dk}]\\ K & (\text{其他})\end{cases}\tag{8.11}$$

式中:θ_{dk} 为缺陷在圆周方向的弧度量,其表达式为

$$\theta_{dk}=\begin{cases}\theta_0+\arcsin\dfrac{L+2l\cos\gamma}{D_i} & (\text{内圈故障})\\ \theta_0+\arcsin\dfrac{L+2l\cos\gamma}{D_o} & (\text{外圈故障})\end{cases}\tag{8.12}$$

缺陷类型 3,K_{ke}表示为

$$K_{ke}=\begin{cases}K_{t1} & [\theta_0\leqslant \mathrm{mod}(\theta_{dj},2\pi)\leqslant\theta_0 \text{ 且 } \theta_{dk}\leqslant\mathrm{mod}(\theta_{dj},2\pi)\leqslant\theta_{dk}]\\ K_{t3} & [\theta_0<\mathrm{mod}(\theta_{dj},2\pi)<0.5\theta_{dk} \text{ 且 } 0.5\theta_{dk}<\mathrm{mod}(\theta_{dj},2\pi)<0.5\theta_{dk}]\\ K_{t4} & [\mathrm{mod}(\theta_{dj},2\pi)=0.5\theta_{dk}]\\ K & (\text{其他})\end{cases}\tag{8.13}$$

缺陷类型 4,K_{ke}表示为

$$K_{ke}=\begin{cases}K_{t1} & [\mathrm{mod}(\theta_{dj},2\pi)=\theta_0 \text{ 且 } \mathrm{mod}(\theta_{dj},2\pi)=\theta_{dk}]\\ K_{t3} & [\theta_0<\mathrm{mod}(\theta_{dj},2\pi)\leqslant\theta_{k1} \text{ 且 } \theta_{k2}\leqslant\mathrm{mod}(\theta_{dj},2\pi)<\theta_{dk}]\\ K_{t2} & [\theta_{k1}<\mathrm{mod}(\theta_{dj},2\pi)<\theta_{k2}]\\ K & (\text{其他})\end{cases}\tag{8.14}$$

式中:θ_{k1} 的表达式为

$$\theta_{k1}=\begin{cases}\theta_0+\arcsin\dfrac{0.5(B+2l\cos\gamma)}{D_i} & (\text{内圈故障})\\ \theta_0+\arcsin\dfrac{0.5(B+2l\cos\gamma)}{D_o} & (\text{外圈故障})\end{cases}\tag{8.15}$$

θ_{k2} 的表达式为

$$\theta_{k2}=\begin{cases}\theta_{dk}-\arcsin\dfrac{0.5(B+2l\cos\gamma)}{D_i} & (\text{内圈故障})\\ \theta_{dk}-\arcsin\dfrac{0.5(B+2l\cos\gamma)}{D_o} & (\text{外圈故障})\end{cases}\tag{8.16}$$

缺陷类型 5,K_{ke}表示为

$$K_{ke}=\begin{cases}K_{t1} & [\theta_0\leqslant \mathrm{mod}(\theta_{dj},2\pi)<\theta_{kf1} \text{ 且 } \theta_{kf2}<\mathrm{mod}(\theta_{dj},2\pi)\leqslant\theta_{dk}]\\ K_{t5} & [\theta_{kf1}\leqslant\mathrm{mod}(\theta_{dj},2\pi)\leqslant\theta_{kf2}]\\ K & (\text{其他})\end{cases}\tag{8.17}$$

式中:K_{t5} 为球与局部缺陷底面之间的接触刚度,将局部缺陷底面考虑为光滑平面形貌,则其表达式为

$$K_{t5}=\frac{1}{\left[\left(\dfrac{1}{K_h}\right)^{2/3}+\left(\dfrac{1}{K_p}\right)^{2/3}\right]^{3/2}}\tag{8.18}$$

θ_{kf1} 的表达式为

$$\theta_{kf1}=\begin{cases}\arcsin\dfrac{\sqrt{(0.5d)^2-(0.5d-H)^2}}{D_i}+l\cos\gamma & (\text{内圈故障})\\ \arcsin\dfrac{\sqrt{(0.5d)^2-(0.5d-H)^2}}{D_o}+l\cos\gamma & (\text{外圈故障})\end{cases} \tag{8.19}$$

θ_{kf2} 的表达式为

$$\theta_{kf2}=\begin{cases}\theta_d-\arcsin\dfrac{\sqrt{(0.5d)^2-(0.5d-H)^2}}{D_i}-l\cos\gamma & (\text{内圈故障})\\ \theta_d-\arcsin\dfrac{\sqrt{(0.5d)^2-(0.5d-H)^2}}{D_o}-l\cos\gamma & (\text{外圈故障})\end{cases} \tag{8.20}$$

图 8.2 显示，球在通过局部缺陷的过程中，球与局部缺陷边缘之间的接触刚度发生变化的同时，球将落入局部缺陷中，从而产生附加的位移激励，其缺陷引起的附加位移激励取决于 η_d，η_{bd} 和 γ。根据图 8.3 球与局部缺陷边缘之间的接触关系，不同缺陷类型引起的额外位移激励的最大幅值分别表示为

缺陷类型 2：

$$h_{max1}=0.5d-\{(0.5d)^2-[0.5\min(L,B)+l\cos\gamma]^2\}^{0.5} \tag{8.21}$$

缺陷类型 3：

$$\begin{aligned}h_{max2}=0.5d-\{(0.5d)^2-[0.5\min(L,B)]^2\}^{0.5}+\\ [0.5\min(L,B)+l\cos\gamma-0.5d\sin\gamma]\tan\gamma\end{aligned} \tag{8.22}$$

缺陷类型 4：

$$h_{max3}=0.5d-\{(0.5d)^2-[0.5\min(L,B)]^2\}^{0.5}+l\sin\gamma \tag{8.23}$$

缺陷类型 1 和缺陷类型 5：

$$h_{max4}=H \tag{8.24}$$

在第 6 章的尖锐边缘局部缺陷时变位移激励模型的基础上，考虑局部缺陷边缘在球的撞击作用下发生弹塑性变形后的形态，定义边缘形貌特征发生演变后的局部缺陷诱发的时变位移激励模型，其表达式为

$$H_k'=\begin{cases}H_{k1} & (\eta_{bd}\gg 1)\\ H_{k2} & (\eta_{bd}>1\ \text{且}\ \eta_d\leqslant 1)\\ H_{k3} & (\eta_{bd}>1\ \text{且}\ \eta_d>1)\\ H_{k4} & (\eta_{bd}\leqslant 1)\end{cases} \tag{8.25}$$

式中：H_{k1} 表示为

$$H_{k1}=\begin{cases}H & [|\mathrm{mod}(\theta_{dj},2\pi)-\theta_0-\theta_e-0.5\Delta\theta|\leqslant\theta_e+0.5\Delta\theta]\\ 0 & (\text{其他})\end{cases} \tag{8.26}$$

H_{k2} 表示为

$$H_{k2}=\begin{cases}h_{max2}\sin\left\{\dfrac{0.5\pi}{\Delta\theta_{k2}}[\mathrm{mod}(\theta_{dj},2\pi)-\theta_0]\right\} & [\theta_0\leqslant\mathrm{mod}(\theta_{dj},2\pi)\leqslant\theta_0+\Delta\theta_{k2}]\\ 0 & (\text{其他})\end{cases} \tag{8.27}$$

式中：$\Delta\theta_{k2}$ 表示为

$$\Delta\theta_{k2}=\begin{cases}\arcsin\dfrac{L+2l\cos\gamma}{D_o} & (\text{外圈故障})\\ \arcsin\dfrac{L+2l\cos\gamma}{D_i} & (\text{内圈故障})\end{cases}\tag{8.28}$$

H_{k3} 的表达式为

$$H_{k3}=\begin{cases}h_{max3}\sin\left\{\dfrac{0.25\pi}{\Delta\theta_{k1}}\left[\mathrm{mod}(\theta_{dj},2\pi)-\theta_0\right]\right\} & [\theta_0\leqslant\mathrm{mod}(\theta_{dj},2\pi)\leqslant\theta_{k1}]\\ h_{max3} & [\theta_{k1}<\mathrm{mod}(\theta_{dj},2\pi)<\theta_{k3}]\\ h_{max3}\sin\left\{\dfrac{0.25\pi}{\Delta\theta_{k3}}\left[\mathrm{mod}(\theta_{dj},2\pi)-\theta_0\right]\right\} & [\theta_{k3}\leqslant\mathrm{mod}(\theta_{dj},2\pi)\leqslant\theta_{dk}]\\ 0 & (\text{其他})\end{cases}\tag{8.29}$$

式中：$\Delta\theta_{k1}$ 和 $\Delta\theta_{k3}$ 表示为

$$\Delta\theta_{k1}=\Delta\theta_{k3}=\begin{cases}\arcsin\dfrac{0.5B+l\cos\gamma}{D_o} & (\text{外圈故障})\\ \arcsin\dfrac{0.5B+l\cos\gamma}{D_i} & (\text{内圈故障})\end{cases}\tag{8.30}$$

H_{k4} 的表达式为

$$H_{k4}=\begin{cases}h_{max4}\sin\{0.25\pi/\Delta\theta_{k4}\left[\mathrm{mod}(\theta_{dj},2\pi)-\theta_0\right]\} & [\theta_0\leqslant\mathrm{mod}(\theta_{dj},2\pi)<\theta_{kf1}]\\ h_{max4} & [\theta_{kf1}\leqslant\mathrm{mod}(\theta_{dj},2\pi)\leqslant\theta_{kf2}]\\ h_{max4}\sin\{0.25\pi/\Delta\theta_{k4}\left[\mathrm{mod}(\theta_{dj},2\pi)-\theta_0\right]\} & [\theta_{kf2}<\mathrm{mod}(\theta_{dj},2\pi)\leqslant\theta_{dk}]\\ 0 & (\text{其他})\end{cases}\tag{8.31}$$

$\Delta\theta_{k4}$ 的表达式为

$$\Delta\theta_{k4}=\begin{cases}\arcsin\dfrac{\sqrt{(0.5d)^2-(0.5d-H+l\sin\gamma)^2}+l\cos\gamma}{D_o} & (\text{外圈故障})\\ \arcsin\dfrac{\sqrt{(0.5d)^2-(0.5d-H+l\sin\gamma)^2}+l\cos\gamma}{D_i} & (\text{内圈故障})\end{cases}\tag{8.32}$$

式(8.6)～式(8.32)的方法同样适用于描述边缘形貌特征演变后的圆柱滚子轴承局部缺陷诱发的时变位移激励和时变接触刚度激励。

8.3.2 滚动轴承局部缺陷边缘形貌特征演变的动力学方程

考虑缺陷边缘形貌特征演变的影响，建立2自由度的滚动轴承局部缺陷动力学模型，其动力学方程表示为

$$m\ddot{x}+c\dot{x}+\sum_{j=1}^{Z}K_{ke}\zeta_j\ (x\cos\theta_j+y\sin\theta_j-\gamma-H_k')^{n_{ke}}\cos\theta_j=w_x\tag{8.33}$$

$$m\ddot{y}+c\dot{y}+\sum_{j=1}^{Z}K_{ke}\zeta_j\ (x\cos\theta_j+y\sin\theta_j-\gamma-H_k')^{n_{ke}}\sin\theta_j=w_y\tag{8.34}$$

式中：n_{ke} 为载荷-变形系数。

球轴承，缺陷工况1，$n_{ke}=n_{d1}$；缺陷类型2、缺陷类型3、缺陷类型4和缺陷类型5，球与局部缺陷的尖锐边缘接触时，$n_{ke}=n_e$；球与局部缺陷边缘形貌特征演变为平面形貌接触时，n_{ke}

$=1.5$ 。圆柱滚子轴承，缺陷工况 1，$n_{ke}=10/9$；缺陷类型 2、缺陷类型 3、缺陷类型 4 和缺陷类型 5，滚子与局部缺陷的尖锐边缘和平面边缘接触时，采用式(6.33)～式(6.35)描述的方法获取 n_{ke} 的值。

8.4　仿真结果与影响分析

8.4.1　局部缺陷边缘形貌特征演变与球轴承振动响应特征之间的关系

选取深沟球轴承 6308 为例，研究滚道表面局部缺陷边缘形貌特征演变对轴承振动响应特征的影响规律。选取局部缺陷计算工况的几何尺寸参数，见表 8.1。假设 $m=0.6$ kg，$c=200$ N · s/m，$w_x=0$ N，$w_y=20$ N，$N_s=2\,000$ r/min，$x_0=10^{-6}$ m，$y_0=10^{-6}$ m，$\dot{x}_0=0$ m/s，$\dot{y}_0=0$ m/s 和 $\Delta t=5\times10^{-6}$ s，采用定步长四阶龙格库塔方法求解式(8.33)和式(8.34)，获取不同边缘形貌特征的局部缺陷激励下轴承的振动响应特征。

表 8.1　选用的局部缺陷尺寸参数表

缺陷工况	L/mm	B/ mm	H/ mm	η_{bd}	η_d
1	0.1	0.1	0.25	150.81	1
2	0.1	0.4	0.25	150.81	0.25
3	0.4	0.1	0.25	150.81	10

8.4.1.1　局部缺陷边缘形貌特征演变与轴承接触刚度的关系

单个球与存在局部缺陷的内圈和正常外圈，以及与正常内圈和存在局部缺陷的外圈之间的总接触刚度，分别如图 8.5 所示。图 8.5 显示，单个球与正常滚道和存在局部缺陷的滚道之间的总接触刚度值随着球与缺陷边缘之间接触面数目的增加而增大，随着缺陷边缘平面的倾斜角度增大而增大。结果表明：球通过缺陷的过程中，球与滚道之间的接触刚度为时变接触刚度，球与滚道之间的接触刚度取决于球与缺陷边缘之间接触面数目以及缺陷边缘平面的倾斜角。

根据球与正常外圈滚道有限元接触模型建模方法，建立球与平面有限元接触模型，计算球与平面的径向接触变形量。不同径向力作用下，Hertz 接触理论与有限元分析方法计算获得的球与平面的径向接触变形量见表 8.2。

表 8.2　Hertz 接触理论与有限元方法球-平面模型的径向接触变形量计算结果对比

径向力/N	球-平面模型的径向接触变形量/(10^{-7}m)		相对误差/(%)
	Hertz 接触理论	有限元方法	
62.5	28.24	27.93	1.10
125	44.83	44.20	1.41
187.5	58.75	57.94	1.38
250	71.17	70.44	1.03
312.5	82.58	81.53	1.27

表 8.2 显示，Hertz 接触理论与有限元方法计算结果之间的误差小于 2%。球与正常外圈滚道的径向接触变形量和球与平面的径向接触变形量的对比分析结果见表 8.3。表 8.3 显

示，Hertz 接触理论与有限元方法计算获得的球与正常外圈滚道之间的球-球接触类型的径向接触变形量小于球-平面接触类型的径向接触变形量，且其值差异较大。结果表明，球与局部缺陷边缘之间的接触形式的变化将导致球与滚道之间的接触刚度发生变化。

表 8.3　Hertz 接触理论与有限元方法径向接触变形量计算结果对比

径向力/N	径向接触变形量/(10^{-7} m)			
	Hertz 接触理论		有限元方法	
	球-球接触，δ_{hr}	球-平面接触，δ_{dr}	球-球接触，δ_{hr}	球-平面接触，δ_{dr}
62.5	15.59	28.24	15.33	27.93
125	24.75	44.83	24.30	44.20
187.5	32.43	58.75	32.19	57.94
250	39.28	71.17	39.31	70.44
312.5	45.58	82.58	46.00	81.53

8.4.1.2　局部缺陷边缘形貌特征演变与轴承振动响应特征的关系

1. 不同局部缺陷动力学模型计算结果的对比分析

局部缺陷工况 1，角位置为 0°，Rafsanjani 等人的模型、Patel 等人的模型、时变位移激励模型和局部缺陷边缘形貌特征演变动力学模型计算获得的轴承振动加速度响应时域波形及其频谱特征的对比分析结果如图 8.6 所示。Rafsanjani 等人的模型、Patel 等人的模型、时变位移激励模型和局部缺陷边缘形貌特征演变动力学模型的等效建模方法如图 8.7 所示。

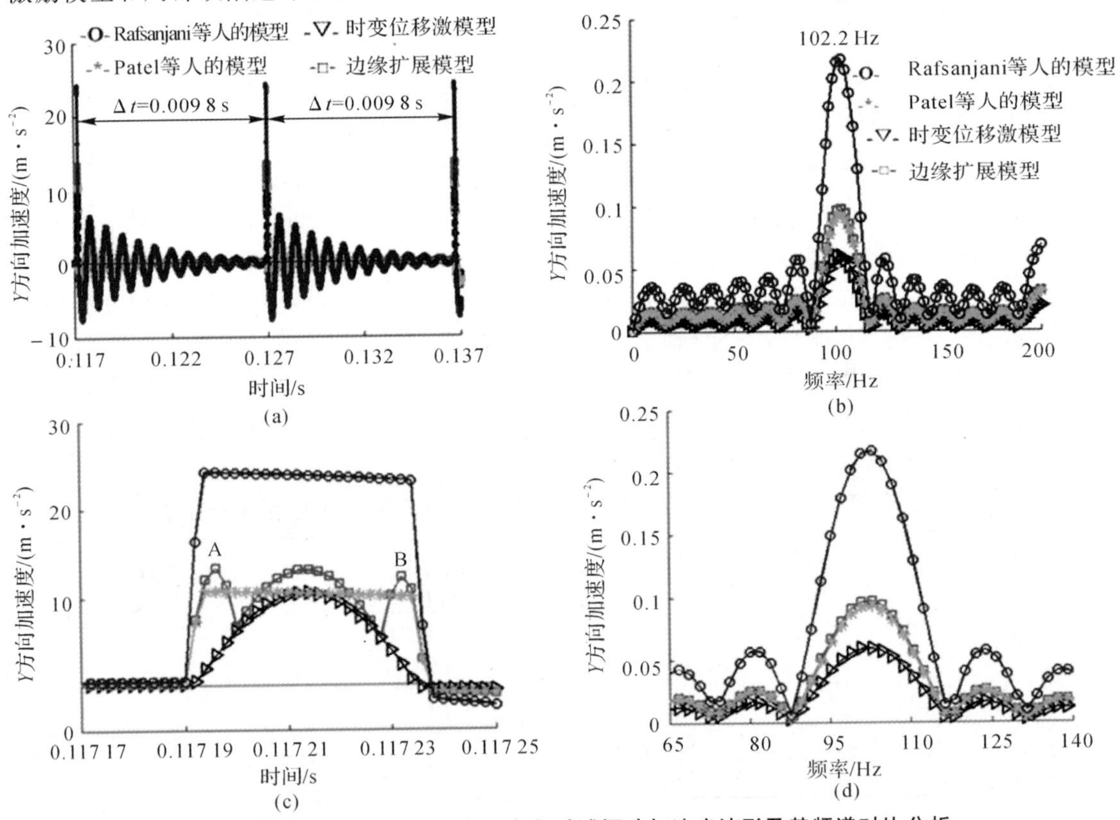

图 8.6　不同缺陷动力学模型 *Y* 方向时域振动加速度波形及其频谱对比分析

(a)振动加速度响应时域波形对比；(b)振动加速度频谱对比；(c)图(a)局部放大图；(d)图(b)局部放大图

图 8.6(a)显示，Rafsanjani 等人的模型、Patel 等人的模型、时变位移激励模型和局部缺陷边缘形貌特征演变动力学模型计算获得的轴承振动加速度时域波形存在较大差异，但局部缺陷诱发的冲击波形的间隔时间相等，其值为 0.009 8 s。球通过缺陷过程中，缺陷诱发的时域冲击波形如图 8.6(c)所示。

图 8.6(c)显示，只有局部缺陷边缘形貌特征演变动力学模型才能准确描述位于点 A 和点 B 处由球与缺陷扩展边缘之间接触刚度变化引起的冲击波形。与 Patel 等人的模型和时变位移激励模型相比，Rafsanjani 等人的模型和缺陷边缘形貌特征演变动力学模型计算获得的轴承振动加速度响应幅值较大。这是因为 Rafsanjani 等人的模型直接将局部缺陷高度作为位移激励的最大幅值，Patel 等人的模型和时变位移激励模型只考虑了局部缺陷引起的时变位移激励且其幅值取决于球与局部缺陷的几何关系，而局部缺陷边缘形貌特征演变动力学模型同时考虑了球通过局部缺陷过程中局部缺陷产生的时变位移激励和时变接触刚度激励。

图 8.6(a)(c)显示，Rafsanjani 等人的模型只能描述局部缺陷引起的时不变冲击激励且没有考虑球与局部缺陷边缘之间的几何关系；Patel 等人的模型虽然考虑了球与局部缺陷边缘之间的几何关系，但是不能描述局部缺陷引起的时变冲击激励；时变位移激励模型虽然考虑了球与局部缺陷边缘之间的几何关系和局部缺陷引起的时变位移激励，但不能描述球与局部缺陷边缘之间接触关系和局部边缘形貌特征演变变化引起的时变接触刚度激励；局部缺陷边缘形貌特征演变动力学模型不仅考虑了局部缺陷引起的时变位移激励，也描述了球与缺陷边缘之间接触关系变化引起的时变接触刚度激励，还考虑了缺陷边缘形貌特征演变的影响。

图 8.6(b)(d)显示，Rafsanjani 等人的模型、Patel 等人的模型、时变位移激励模型和局部缺陷边缘形貌特征演变动力学模型在轴承外圈通过频率(BPFO)102.2 Hz 处存在峰值，但是它们的幅值存在较大的差异，其大小顺序依次为 Rafsanjani 等人的模型、局部缺陷边缘形貌特征演变动力学模型、Patel 等人的模型和时变位移激励模型。图 8.6 的分析结果表明，局部缺陷边缘形貌特征演变动力学模型能更加精确地描述局部缺陷边缘形貌特征演变诱发的时变位移激励和时变接触刚度激励。

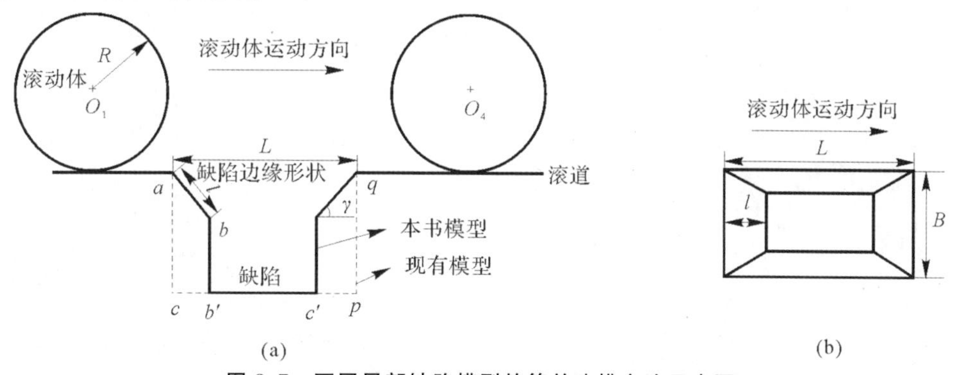

图 8.7　不同局部缺陷模型的等效建模方法示意图

(a)主视图；(b)俯视图

2. 局部缺陷边缘形貌特征演变与轴承振动特征之间的关系

局部缺陷工况 1、局部缺陷工况 2 和局部缺陷工况 3，角位置为 0°，局部缺陷边缘形貌特征演变动力学模型计算获得的轴承振动加速度响应时域波形分别如图 8.8～图 8.10 所示。图

8.8～图 8.10 显示，局部缺陷工况 1、局部缺陷工况 2 和局部缺陷工况 3 诱发的轴承振动加速度冲击波形在点 A、点 B、点 A_1、点 A_2、点 A_3、点 D_1、点 D_2 和点 D_3 存在明显的冲击特征，且冲击波形的幅值与峰-峰值随局部缺陷边缘平面的倾斜角 γ 和长度 l 的增大而增大；点 A_1 和点 B_1 之间、点 A_2 和点 B_2 之间、点 A_3 和点 B_3 之间、点 C_1 和点 D_1 之间、点 C_2 和点 D_2 之间、点 C_3 和点 D_3 之间的冲击波形的峰-峰值也随局部缺陷边缘平面的倾斜角 γ 和长度 l 的增大而增大。

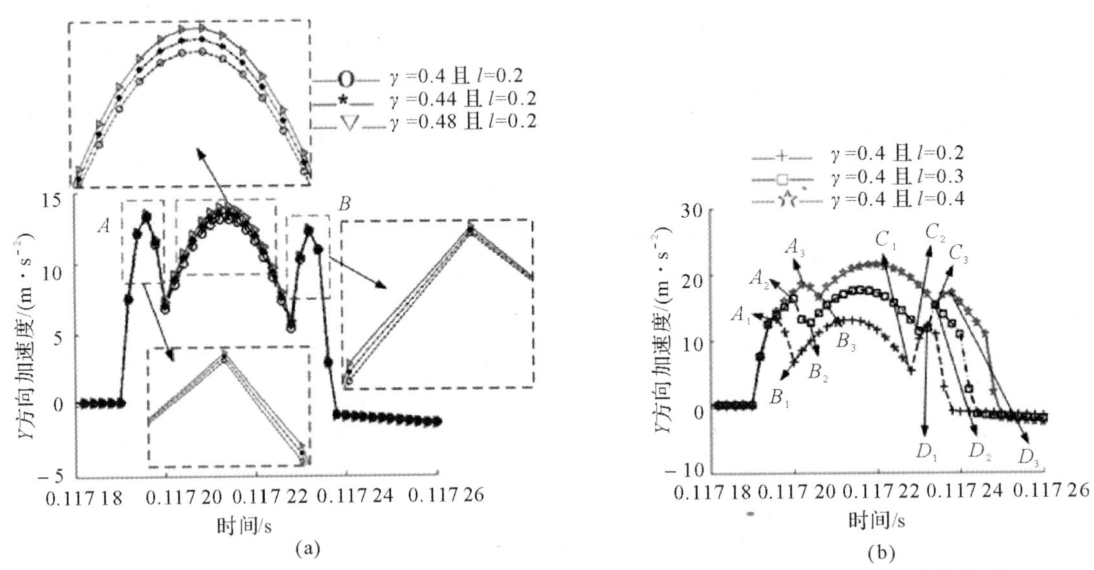

图 8.8　缺陷工况 1 边缘形貌特征演变与轴承 Y 方向振动加速度冲击波形特征之间的关系

(a)倾斜角 γ 的影响；(b)长度 l 的影响

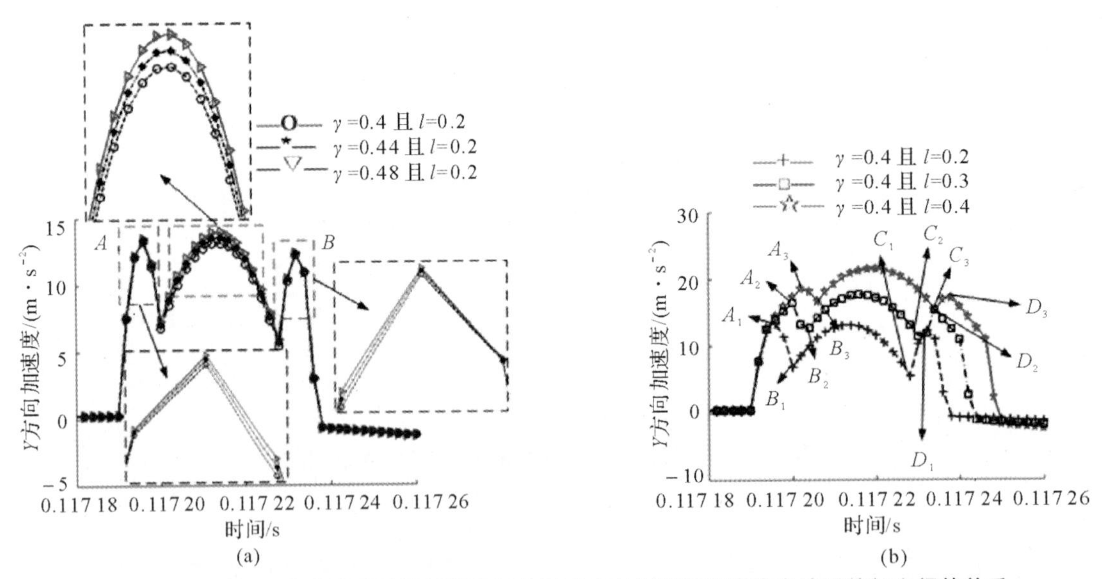

图 8.9　缺陷工况 2 边缘形貌特征演变与轴承 Y 方向振动加速度冲击波形特征之间的关系

(a)倾斜角 γ 的影响；(b)长度 l 的影响

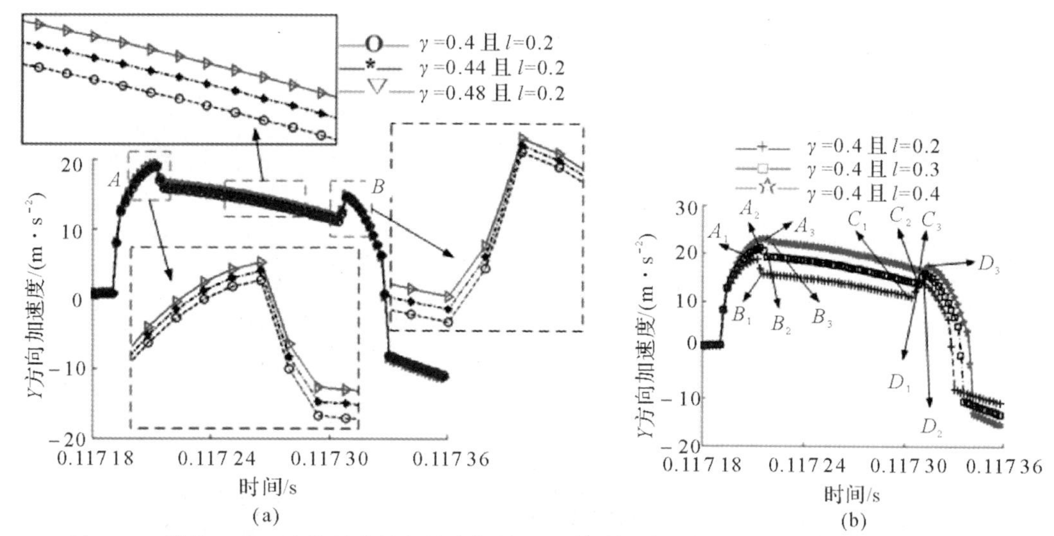

图 8.10　缺陷工况 3 边缘形貌特征演变与轴承 Y 方向振动加速度冲击波形特征之间的关系

(a)倾斜角 γ 的影响；(b)长度 l 的影响

3. 局部缺陷边缘形貌特征演变与轴承振动特征统计参数之间的关系

缺陷工况 1、缺陷工况 2 和缺陷工况 3，轴承在 Y 方向振动加速度响应统计参数值随缺陷边缘形貌特征演变的变化关系曲线如图 8.11～图 8.13 所示。图 8.11(a)(d)、图 8.12(a)(d)和图 8.13(a)(d)显示，缺陷工况 1、缺陷工况 2 和缺陷工况 3，轴承振动加速度响应的 RMS 值均随缺陷边缘平面的长度 l 和倾斜角 γ 的增大而增大，说明轴承的振动水平随着缺陷边缘形貌特征的演变程度的增大而增大。图 8.11(b)(e)、图 8.12(b)(e)和图 8.13(b)(e)显示，缺陷工况 1、缺陷工况 2 和缺陷工况 3，轴承振动加速度响应的峰值指标随缺陷边缘平面长度 l 的增大而减小，随平面倾斜角 γ 的增大而增大；缺陷工况 3，随平面倾斜角 γ 的增大而减小。图 8.11(c)(f)、图 8.12(c)(f)和图 8.13(c)(f)显示，缺陷工况 1、缺陷工况 2 和缺陷工况 3，轴承振动加速度响应的峭度值随缺陷边缘平面的长度 l 的增大而减小，随平面倾斜角 γ 的增大而减小。

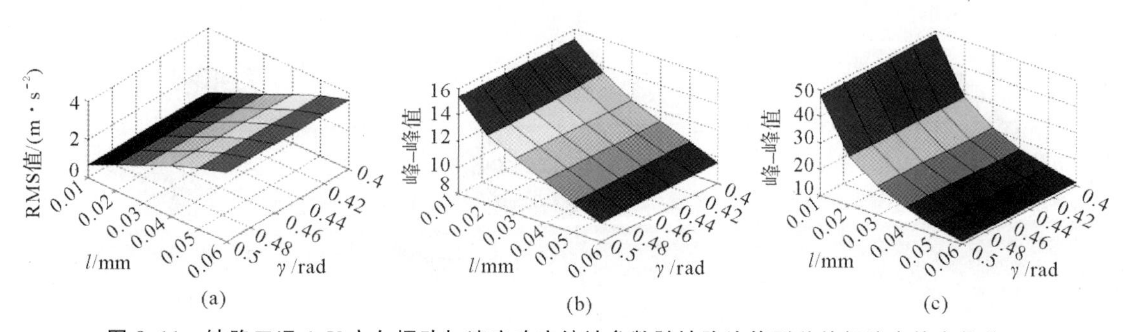

图 8.11　缺陷工况 1,Y 方向振动加速度响应统计参数随缺陷边缘形貌特征演变的变化关系

(a)RMS 值；(b)峰-峰值；(c)峭度值

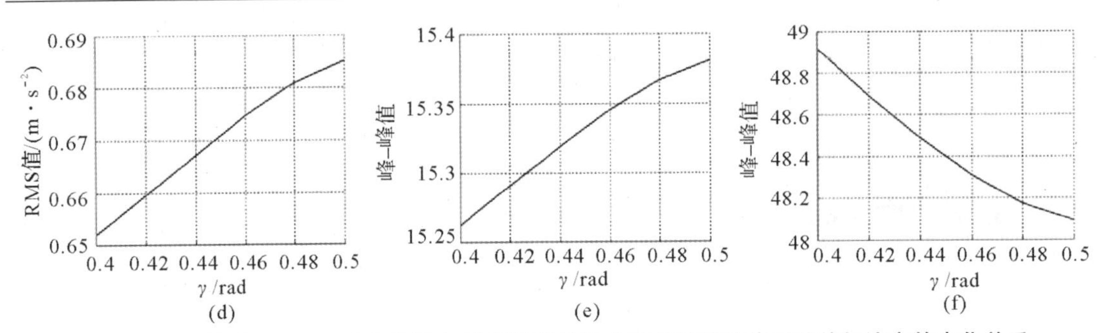

续图 8.11　缺陷工况 1,*Y* 方向振动加速度响应统计参数随缺陷边缘形貌特征演变的变化关系

(d)RMS 值(l=0.1L);(e)峰–峰值(l=0.1L);(f)峭度值(l=0.1L)

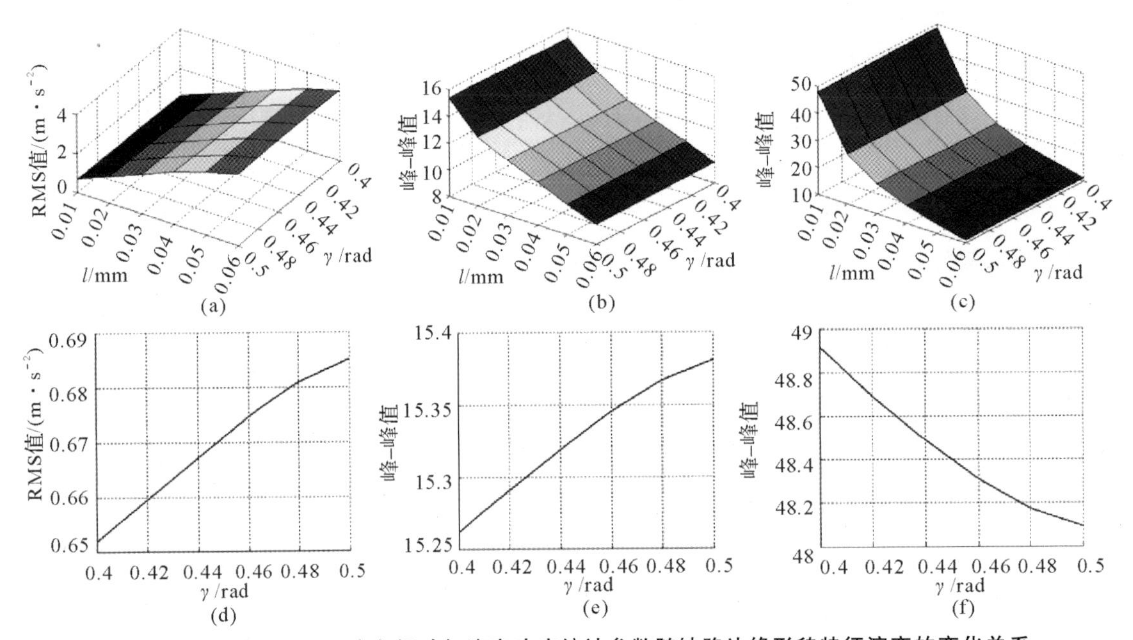

图 8.12　缺陷工况 2,*Y* 方向振动加速度响应统计参数随缺陷边缘形貌特征演变的变化关系

(a)RMS 值;(b)峰–峰值;(c)峭度值;(d)RMS 值(l=0.1L);(e)峰–峰值(l=0.1L);(f)峭度值(l=0.1L)

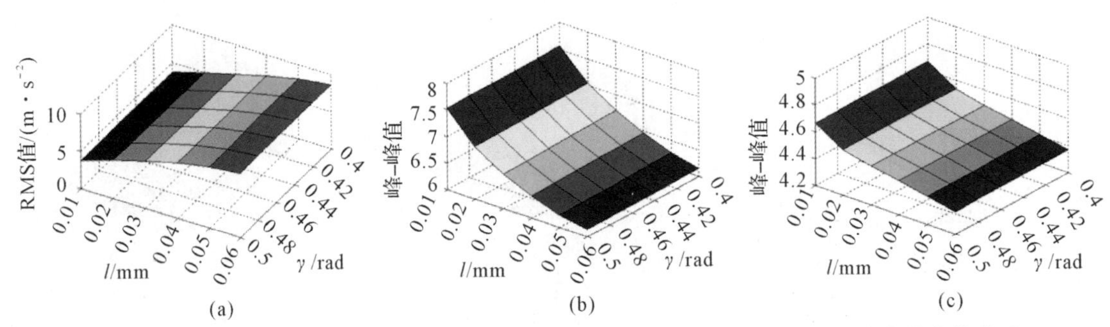

图 8.13　缺陷工况 3,*Y* 方向振动加速度响应统计参数随缺陷边缘形貌特征演变的变化关系

(a)RMS 值;(b)峰–峰值;(c)峭度值

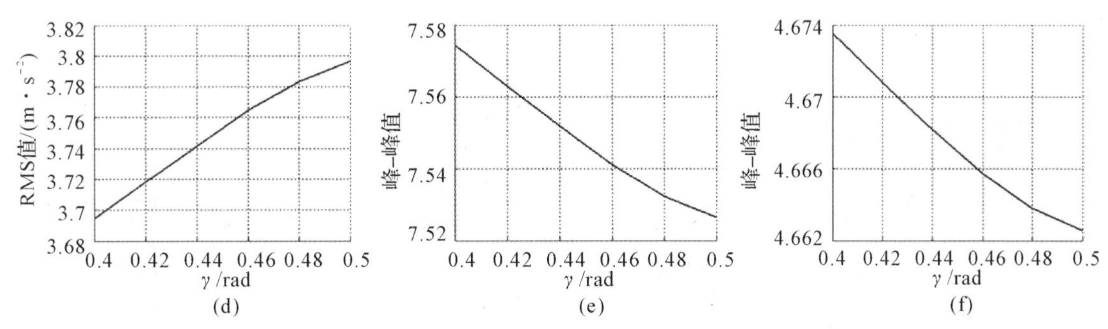

续图 8.13　缺陷工况 3,*Y* 方向振动加速度响应统计参数随缺陷边缘形貌特征演变的变化关系

(d)RMS 值($l=0.1L$);(e)峰-峰值($l=0.1L$);(f)峭度值($l=0.1L$)

8.5　本 章 小 结

本章考虑滚道表面局部缺陷边缘形貌特征在滚动体的周期性撞击力作用下的变形形态,根据滚动体直径与局部缺陷最小尺寸的比值以及局部缺陷长度与宽度的比值,分析了滚动体与不同演变阶段的局部缺陷边缘之间的接触关系,构建了局部缺陷诱发的时变位移激励和时变接触刚度激励与不同演变阶段的缺陷边缘形貌特征之间的关系表达式;基于 Hertz 接触理论建立了耦合缺陷边缘形貌特征演变的滚动轴承局部缺陷动力学模型,研究了局部缺陷边缘形貌特征演变对滚动体与滚道之间接触刚度及轴承振动特征的影响规律。主要结论如下:

(1)局部缺陷边缘形貌特征的演变,因滚动体与局部缺陷边缘之间的接触类型变化,会导致局部缺陷诱发的时变位移激励和时变接触刚度激励随之发生变化,且其值取决于局部缺陷的长度、宽度、高度及缺陷边缘平面沿滚动体运动方向的倾斜角。

(2)滚动体通过局部缺陷的过程中,滚动体与滚道之间的接触刚度为时变接触刚度;滚动体与局部缺陷滚道之间的接触刚度取决于滚动体与局部缺陷边缘之间接触面数目及局部缺陷边缘平面的倾斜角;滚动体与局部缺陷边缘之间的接触刚度随滚动体与局部缺陷边缘之间的接触面数目的增加而增大,随局部缺陷边缘平面沿滚动体运动方向倾斜角的增大而增大。

(3)缺陷工况 1、缺陷工况 2 和缺陷工况 3,轴承振动加速度响应的 RMS 值和峰值指标随局部缺陷边缘形貌特征演变程度的增加而增大;缺陷工况 1 和缺陷工况 2,轴承振动加速度响应的峭度值随局部缺陷边缘形貌特征演变程度的增加而减小;缺陷工况 3,轴承振动加速度响应的峭度值随局部缺陷边缘形貌特征演变程度的增加而增大。

参 考 文 献

[1] 徐秉业. 应用弹塑性力学[M]. 北京:清华大学出版社, 2005.

[2] JOHNSON K L. Contact mechanics[M]. Cambridge: Cambridge University Press, 1985.

第9章　滚动轴承滚道缺陷噪声建模与数值仿真

9.1　引　　言

目前，已有大量学者通过试验手段，针对轴承主要噪声源问题及轴承噪声在缺陷诊断方面的应用问题开展了大量研究。研究表明，轴承噪声是两表面摩擦接触过程中相互运动、相互作用产生的，而且含缺陷情况下粗糙微凸体的接触被认为是噪声产生的最主要方式。本章考虑轴承元件表面粗糙度及滚道缺陷的影响，以角接触球轴承为例，介绍滚动轴承噪声计算方法及轴承元件表面粗糙度和滚道缺陷对轴承元件运动规律、振动特征及噪声特性的影响规律。

9.2　角接触球轴承噪声计算方法

9.2.1　轴承元件粗糙表面建模方法

Greenwood 和 Williamson 为了描述真实表面的随机特性，提出了著名的 GW 模型。该模型对表面粗糙微凸体的特征做出了几点假设：粗糙微凸体顶峰为球体，且半径相等；粗糙微凸体高度按高斯分布规律随机变化；粗糙微凸体按某已知密度均匀分布在粗糙表面上。

粗糙峰高度分布如图 9.1 所示。GW 模型定义粗糙峰的平均高度大于表面平均平面，相距 $\bar{Z}_s$。定义表面粗糙峰高度分布为变量 Z_s，若两粗糙表面参考面间距为 d_a，则仅当 $Z_s > d_a$ 时，粗糙峰产生形变。由于模型假设 Z_s 服从均方差为 σ_s 的高斯概率分布，因此粗糙峰发生变形的概率为

$$P[Z_s > d_a] = \int_{d_a}^{+\infty} f(Z_s)\,\mathrm{d}Z_s \tag{9.1}$$

式中：$f(Z_s)$表示 Z_s 的概率分布密度函数，具体为

$$f(Z_s) = \frac{1}{\sigma_s\sqrt{2\pi}}\exp\left[-\frac{1}{2}\left(\frac{Z_s}{\sigma_s}\right)^2\right] \tag{9.2}$$

式中：σ_s 表示 Z_s 的均方差。

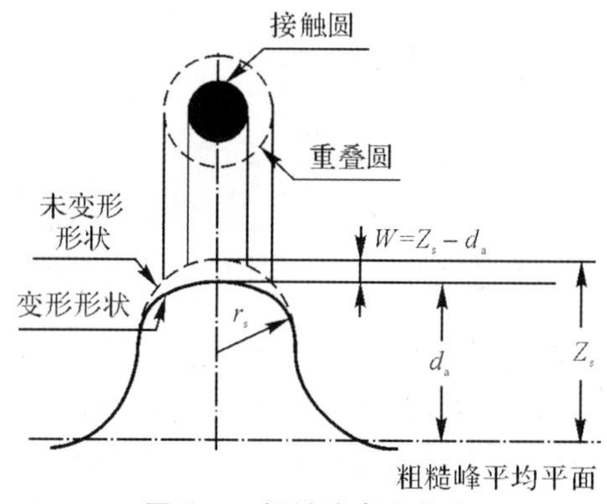

图 9.1　粗糙峰高度分布

由于式(9.1)所示积分只能通过数值积分方法计算，为了减少计算量，将该积分转化为标准正态分布积分形式：

$$P[Z_s > d_a] = \int_{\frac{d_a}{\sigma_s}}^{+\infty} \phi(x)\mathrm{d}x = F_0\left(\frac{d_a}{\sigma_s}\right) \tag{9.3}$$

式中：$F_0(x)$的值可以查表获得。

Bush 等人提出，表面粗糙峰高度分布的均方差值 σ_s 与合成表面高度的均方差值 σ 存在如下关系：

$$\sigma_s^2 = \left(\frac{1-0.896\ 8}{\alpha_s}\right)\sigma^2 \tag{9.4}$$

此外，定义两粗糙表面参考面间距 d_a 为

$$d_a = h_{\min} - \overline{Z_s} \tag{9.5}$$

式中：$\overline{Z}_s$ 表示粗糙峰的平均高度与合成表面平均平面的距离，由下式计算得到

$$\overline{Z_s} = \frac{4}{\sqrt{\pi\alpha_s}} \tag{9.6}$$

因此，根据式(9.4)～式(9.6)可得到 d_a/σ_s 的表达式如下：

$$\frac{d_a}{\sigma_s} = \frac{\dfrac{h_{\min}}{\sigma} - \dfrac{4}{\sqrt{\pi\alpha_s}}}{\left(\dfrac{1-0.896\ 8}{\alpha_s}\right)^{\frac{1}{2}}} \tag{9.7}$$

式中：$h_{\min}$表示接触处最小油膜厚度，由式(9.8)计算得到；σ 表示合成表面高度分布的均方差，由式(9.9)计算得到；α_s 表示带宽参数，由式(9.10)计算得到。

$$h_{\min} = 3.63R_x U^{0.68} G^{0.49} W^{-0.073}(1-\mathrm{e}^{-0.68\kappa}) \tag{9.8}$$

$$\sigma = \sqrt{m_0} \tag{9.9}$$

$$\alpha_s = \frac{m_0 m_4}{m_2^2} \tag{9.10}$$

式(9.8)中参数意义及计算方法可参照式(3.30)处；m_0，m_2 和 m_4 分别表示某物体轮廓的零阶、二阶和四阶谱矩，它们可由轮廓测量仪测量或对输出信号处理得到。

根据参数 m_0，m_2 和 m_4 可以得到粗糙微凸体密度（单位面积上粗糙微凸体的数目）D_s 及粗糙峰顶部半径 r_s，表达式分别为

$$D_s = \frac{m_4}{6\sqrt{3}\,\pi m_2} \tag{9.11}$$

$$r_s = \frac{3}{8}\sqrt{\frac{\pi}{m_4}} \tag{9.12}$$

9.2.2 轴承噪声计算方法

对于噪声建模问题，本章采用了 Sharma 等人提出的深沟球轴承噪声模型。该模型通过假定两接触界面粗糙微凸体接触压缩时储存弹性势能、两接触界面分离后释放弹性势能并经一定程度衰减后转化为噪声能量的方式对噪声进行了定量描述，并且该模型对于噪声影响因素的考虑非常完善，考虑了粗糙接触界面统计参数、接触载荷和缺陷等的影响。更详细的方法介绍读者可参考原文。

Sharma 建模方法简述如下：

当滚动体与滚道接触时，两接触表面的粗糙微凸体会产生弹性变形，如图 9.2 所示。在研究滚动体与滚道接触时，将滚动体表面考虑为绝对光滑的表面，而内、外滚道表面考虑为含滚动体和滚道组合粗糙分布的等效粗糙表面。假设滚道粗糙微凸体高度按照特定统计规则变化，并且所有的粗糙微凸体顶端均考虑为半径相等的球体。

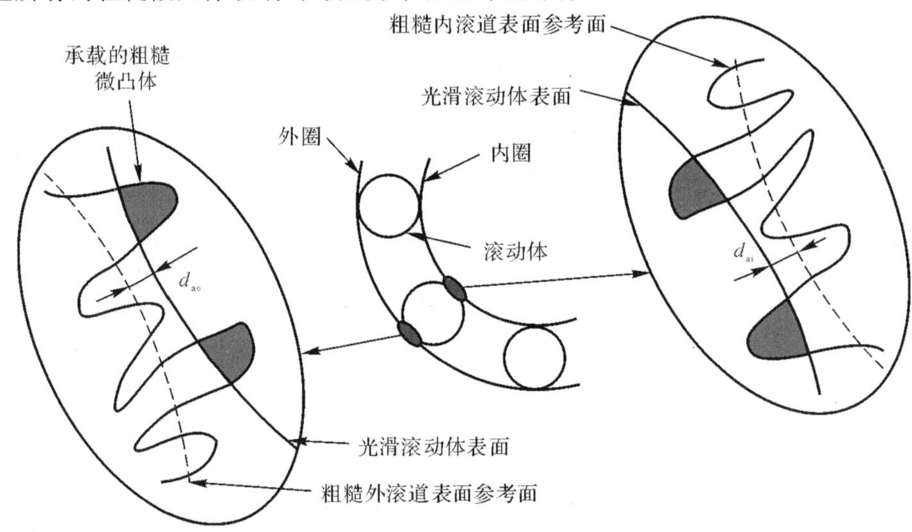

图 9.2 滚动体及滚道接触表面粗糙微凸体变形

当第 j 个滚动体沿滚道滚动至任意角位置 ϕ_{cj} 时，滚动体与内、外圈滚道接触处单个粗糙微凸体变形储存弹性势能表示为

$$E_{ei} = \left(\frac{9}{16}\right)^{1/3} \frac{2}{3E_i^{2/3} r_{ai}^{1/3}} \int F_{ai}^{2/3} \mathrm{d}F_{ai} = \frac{2}{5} F_{ai} \delta_{ai} \tag{9.13}$$

$$E_{eo} = \left(\frac{9}{16}\right)^{1/3} \frac{2}{3E_o^{2/3} r_{ao}^{1/3}} \int F_{ao}^{2/3} \mathrm{d}F_{ao} = \frac{2}{5} F_{ao} \delta_{ao} \tag{9.14}$$

式中：F_{ai} 和 F_{ao} 分别表示滚动体与内、外圈滚道接触处单个粗糙微凸体的承受载荷，由式(9.15)计算得到；E_i 和 E_o 分别表示滚动体与内、外圈滚道等效弹性模量；r_{ai} 和 r_{ao} 分别表示滚动体与内、外圈接触处粗糙微凸体的等效曲率半径，由式(9.16)计算得到。

$$\left.\begin{aligned} F_{ai} &= Q_{ai}/(n_i A_i) \\ F_{ao} &= Q_{ao}/(n_o A_o) \end{aligned}\right\} \tag{9.15}$$

$$\left.\begin{aligned} r_{ai} &= 1/(2/d_b + 1/r_{si}) \\ r_{ao} &= 1/(2/d_b + 1/r_{so}) \end{aligned}\right\} \tag{9.16}$$

式中：Q_{ai}和Q_{ao}分别表示滚动体与内、外圈滚道椭圆接触区域内粗糙微凸体的承受载荷，由式(9.17)计算得到；n_i和n_o分别表示滚动体与内、外圈滚道接触处粗糙微凸体密度；A_i和A_o分别表示滚动体与内、外圈滚道椭圆接触区域面积；r_{si}和r_{so}分别表示内、外圈滚道表面球形粗糙微凸体的等效半径；d_b表示滚动体直径；δ_{ai}和δ_{ao}分别表示滚动体与内、外圈接触处粗糙微凸体变形量，由式(9.18)计算得到。

$$\left.\begin{aligned} Q_{ai} &= \frac{4}{3}E_i r_{ai}^{1/2}\sigma_{si}^{3/2}D_{si}F_{3/2}\left(\frac{d_{ai}}{\sigma_{si}}\right)\pi a_i b_i \\ Q_{ao} &= \frac{4}{3}E_o r_{ao}^{1/2}\sigma_{so}^{3/2}D_{so}F_{3/2}\left(\frac{d_{ao}}{\sigma_{so}}\right)\pi a_o b_o \end{aligned}\right\} \tag{9.17}$$

$$\left.\begin{aligned} \delta_{ai} &= Z_S - d_{ai} \\ \delta_{ao} &= Z_S - d_{ao} \end{aligned}\right\} \tag{9.18}$$

式中：d_{ai}和d_{ao}分别表示滚动体光滑表面与内滚道和外滚道粗糙表面参考面间的间隔。$F_{\frac{3}{2}}\left(\frac{d_a}{\sigma_s}\right)$表示与标准正态分布函数相关复合函数：

$$F_{\frac{3}{2}}\left(\frac{d_a}{\sigma_s}\right) = \int_{\frac{d_a}{\sigma_s}}^{+\infty}\left(x - \frac{d_a}{\sigma_s}\right)^{3/2}\phi(x)\mathrm{d}x \tag{9.19}$$

可见，滚动体与内、外圈接触处粗糙微凸体变形量主要取决于粗糙微凸体高度，而其高度按照统计规律变化。因此，获得内、外圈接触处单个粗糙微凸体储存弹性势能平均值，表达式为

$$\bar{E}_{ei} = \frac{\int_{d_{ai}}^{+\infty}\left(\frac{2}{5}F_{ai}\delta_{ai}\right)f(Z_s)_i\mathrm{d}Z_s}{\int_{d_{ai}}^{+\infty}f(Z_s)_i\mathrm{d}Z_s} = \frac{\frac{2}{5}F_{ai}\int_{d_{ai}}^{+\infty}(Z_s - d_{ai})f(Z_s)_i\mathrm{d}Z_s}{\int_{d_{ai}}^{+\infty}f(Z_s)_i\mathrm{d}Z_s} \tag{9.20}$$

$$\bar{E}_{eo} = \frac{\int_{d_{ao}}^{+\infty}\left(\frac{2}{5}F_{ao}\delta_{ao}\right)f(h_a)_o\mathrm{d}Z_s}{\int_{d_{ao}}^{+\infty}f(h_a)_o\mathrm{d}Z_s} = \frac{\frac{2}{5}F_{ao}\int_{d_{ao}}^{+\infty}(Z_s - d_{ao})f(h_a)_o\mathrm{d}Z_s}{\int_{d_{ao}}^{+\infty}f(h_a)_o\mathrm{d}Z_s} \tag{9.21}$$

因此，滚动体与内、外圈滚道接触处粗糙微凸体储存弹性势能总值表示为

$$E_{Ti} = A_i n_i \bar{E}_{ei} = \frac{\frac{2}{5}Q_{ai}\int_{d_{ai}}^{+\infty}(h_a - d_{ai})f(h_a)_i\mathrm{d}h_a}{\int_{d_{ai}}^{+\infty}f(h_a)_i\mathrm{d}h_a} = \frac{\frac{2}{5}Q_{ai}\sigma_{si}F_1\left(\frac{d_{ai}}{\sigma_{si}}\right)}{F_0\left(\frac{d_{ai}}{\sigma_{si}}\right)} \tag{9.22}$$

$$E_{To} = A_o n_o \bar{E}_{eo} = \frac{\frac{2}{5}Q_{ao}\int_{d_{ao}}^{+\infty}(h_a - d_{ao})f(h_a)_o\mathrm{d}h_a}{\int_{d_{ao}}^{+\infty}f(h_a)_o\mathrm{d}h_a} = \frac{\frac{2}{5}Q_{ao}\sigma_{so}F_1\left(\frac{d_{ao}}{\sigma_{so}}\right)}{F_0\left(\frac{d_{ao}}{\sigma_{so}}\right)} \tag{9.23}$$

式中：$F_1\left(\frac{d_a}{\sigma_s}\right)$表示与标准正态分布函数相关的复合函数，其表达式为

$$F_1\left(\frac{d_a}{\sigma_s}\right) = \int_{\frac{d_a}{\sigma_s}}^{+\infty}\left(x - \frac{d_a}{\sigma_s}\right)\phi(x)\mathrm{d}x \tag{9.24}$$

由于滚动体及粗糙微凸体均为球体，根据 Hertaz 接触理论可知接触区域为圆形，粗糙微

凸体变形及释放过程如图 9.3 所示。根据滚动体表面与内、外圈表面相对速度，定义内、外圈接触处粗糙微凸体变形和释放变形的时间如下：

$$t_i' = \frac{a_{ai}}{\Delta u_i} \tag{9.25}$$

$$t_o' = \frac{a_{ao}}{\Delta u_o} \tag{9.26}$$

式中：Δu_i 和 Δu_o 分别表示滚动体与内、外圈接触处相对滑动速度；a_{ai} 和 a_{ao} 分别表示内、外圈接触处粗糙微凸体与滚动体形成的圆形 Hertz 接触区域的半径，表示为

$$a_{ai} = \left(\frac{3F_{ai}r_{ai}}{4E_i}\right)^{1/3} = (r_{ai}\delta_{ai})^{1/2} \tag{9.27}$$

$$a_{ao} = \left(\frac{3F_{ao}r_{ao}}{4E_o}\right)^{1/3} = (r_{ao}\delta_{ao})^{1/2} \tag{9.28}$$

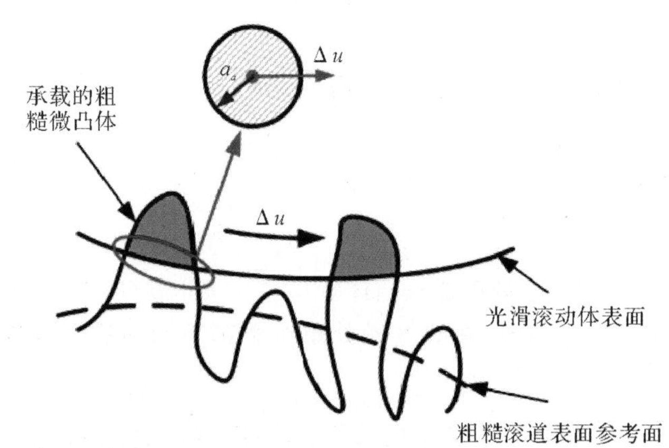

图 9.3　粗糙微凸体变形及释放过程

可见，滚动体与内、外圈接触处粗糙微凸体与滚动体形成 Hertz 接触区域的半径主要取决于粗糙微凸体变形量，而其变形量是由粗糙微凸体高度决定且按照高斯统计规律变化的。因此，结合式(9.18)和式(9.25)～式(9.28)，可知内、外圈接触处粗糙微凸体变形和释放变形的平均时间为

$$\bar{t}_i' = \frac{r_{ai}^{1/2}\int_{d_{ai}}^{+\infty}(Z_s - d_{ai})^{1/2} f(Z_s)_i \mathrm{d}Z_s}{\Delta u_i \int_{d_{ai}}^{+\infty} f(Z_s)_i \mathrm{d}Z_s} = \frac{(r_{ai}\sigma_{si})^{1/2} F_{1/2}\left(\frac{d_{ai}}{\sigma_{si}}\right)}{\Delta u_i F_0\left(\frac{d_{ai}}{\sigma_{si}}\right)} \tag{9.29}$$

$$\bar{t}_o' = \frac{r_{ao}^{1/2}\int_{d_{ao}}^{+\infty}(Z_s - d_{ao}) f(Z_s)_o \mathrm{d}Z_s}{\Delta u_o \int_{d_{ao}}^{+\infty} f(Z_s)_o \mathrm{d}Z_s} = \frac{(r_{ao}\sigma_{so})^{1/2} F_{1/2}\left(\frac{d_{ao}}{\sigma_{so}}\right)}{\Delta u_o F_0\left(\frac{d_{ao}}{\sigma_{so}}\right)} \tag{9.30}$$

因此，可得内、外圈滚道接触处粗糙微凸体恢复变形后释放的弹性应变总功率为

$$E_T = \sum_{j=1}^{N_b}\left(\frac{E_{Ti}}{\bar{t}_i'} + \frac{E_{To}}{\bar{t}_o'}\right) \tag{9.31}$$

但是，考虑到粗糙微凸体弹性应变势能转化为噪声时的能量损失以及噪声测试仪器接收到的能量存在损失，得到最终被接收到的噪声功率为

$$E_{AE} = C_e C_m E_T \tag{9.32}$$

式中：C_e 表示由弹性应变势能转化为噪声能量的比例；C_m 表示噪声能量被设备接收的比例。

根据声强级定义，假定噪声传播范围为以轴承为中心的球体，得到半径为 1 m 处轴承噪声声强级为

$$\text{SIL(dB)} = 10\lg\left(\frac{E_{AE}}{S_{AE}10^{-12}}\right) = 10\lg\left(\frac{E_{AE}}{4\pi 10^{-12}}\right) \tag{9.33}$$

式中：S_{AE}表示半径为 1 m 的球体的表面积；10^{-12}表示参考声强值。

9.3　仿真结果与影响分析

9.3.1　载荷对轴承噪声的影响规律分析

按照表 9.1 设置轴承内、外圈滚道表面参数及轴承参数，改变轴向力 F_z 分别为 100 N，200 N，300 N，400 N 和 500 N，改变内圈转速 N_s 分别为 1 000 r/min，2 000 r/min，3 000 r/min，4 000 r/min 和 5 000 r/min，基于角接触球轴承声-振耦合动力学模型，获得不同内圈转速工况下轴向载荷对轴承噪声声强级的影响，如图 9.4 所示。

表 9.1　内、外圈滚道表面参数

参数	数值	参数	数值
弹性应变势能转化为噪声能量的比例(C_e)	0.95	噪声能量被设备接收到的比例(C_m)	0.95
内圈合成表面高度分布的均方差(σ_i)	0.201 7 μm	外圈合成表面高度分布的均方差(σ_o)	0.175 7 μm
内圈粗糙峰高度分布的均方差(σ_{si})	0.175 8 μm	外圈粗糙峰高度分布的均方差(σ_{so})	0.144 5 μm
内圈带宽参数(α_{si})	3.726 7	外圈带宽参数(α_{so})	2.772 5
内圈粗糙峰顶部半径(r_{si})	29.52 μm	外圈粗糙峰顶部半径(r_{so})	30.15 μm
内圈粗糙微凸体密度(D_{si})	$6.6\times10^9\ \text{m}^{-2}$	外圈粗糙微凸体密度(D_{si})	$6.4\times10^9\ \text{m}^{-2}$
内圈粗糙峰平均高度与合成表面平均平面的距离($\overline{Z_{sI}}$)	0.235 8 μm	外圈粗糙峰平均高度与合成表面平均平面的距离($\overline{Z_{so}}$)	0.238 1 μm

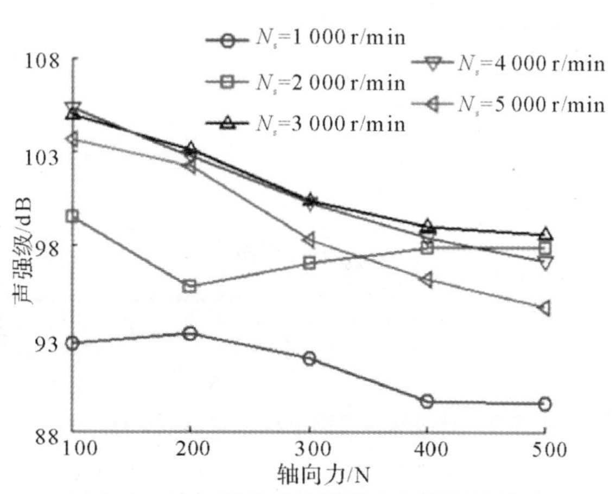

图 9.4　轴向载荷对轴承噪声声强级的影响

图 9.4 显示，除内圈转速 $N_s=2\ 000$ r/min 工况之外，其余转速工况下，轴承噪声声强级均伴随轴向载荷的增加呈下降趋势。尤其对于内圈转速 $N_s\geqslant 3\ 000$ r/min 的高转工况，轴承噪声声强级伴随轴向载荷增加而下降的趋势更加明显，并且伴随内圈转速的增加轴承噪声声强级下降幅度也逐渐增大。但伴随轴向载荷持续增大，轴承噪声声强级下降的速度逐渐降低。

为了进一步研究轴向载荷对轴承噪声的影响规律，获得轴向载荷对第一个滚动体与内、外圈接触特性的影响，如图 9.5 所示。图 9.5(a)(b)显示，轴向载荷会对滚动体与内、外圈接触处卷吸速度造成影响。对于内圈转速 $N_s<3\ 000$ r/min 的低转速工况，内、外圈接触处卷吸速度伴随轴向载荷变化波动很小；但对于内圈转速 $N_s\geqslant 3\ 000$ r/min 的高转速工况，内、外圈接触处卷吸速度伴随轴向载荷变化明显：对于内圈转速 $N_s=3\ 000$ r/min 和 $N_s=4\ 000$ r/min 的工况，当轴向载荷 $F_z\leqslant 200$ N 时，内、外圈接触处卷吸速度伴随轴向载荷增大持续增大，而当轴向载荷 $F_z>200$ N 时，卷吸速度几乎不随轴向载荷变化而变化；对于内圈转速 $N_s=5\ 000$ r/min 的工况，当轴向载荷 $F_z\leqslant 300$ N 时，内、外圈接触处卷吸速度伴随轴向载荷增大持续增大且增幅逐渐减小，而当轴向载荷 $F_z>300$ N 时，卷吸速度几乎不随轴向载荷变化而变化。

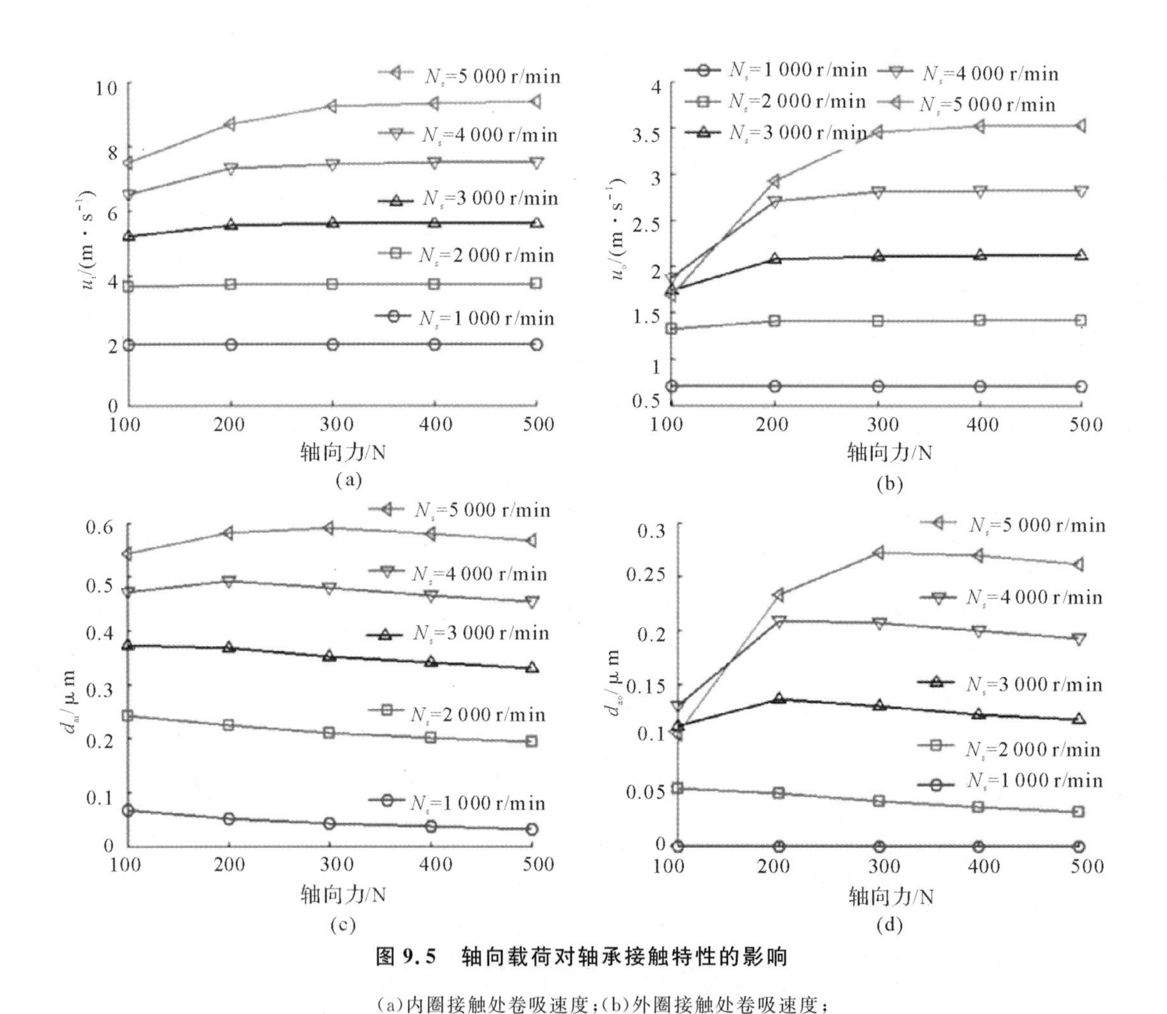

图 9.5　轴向载荷对轴承接触特性的影响

(a)内圈接触处卷吸速度；(b)外圈接触处卷吸速度；

(c)内圈滚道表面与滚动体表面间隔；(d)外圈滚道表面与滚动体表面间隔

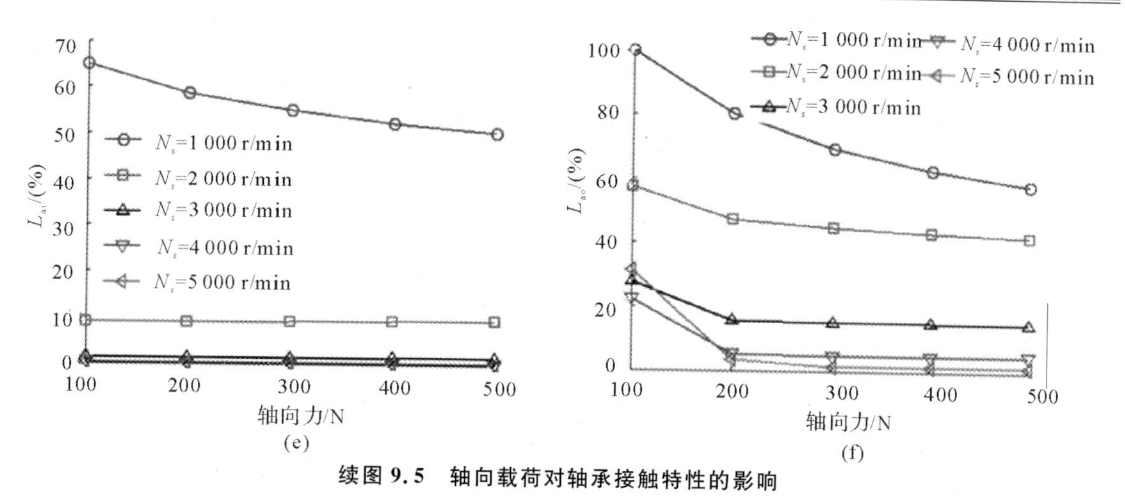

续图 9.5　轴向载荷对轴承接触特性的影响

(e)内圈粗糙微凸体承载比例;(f)外圈粗糙微凸体承载比例

其原因为,对于内圈转速 N_s=1 000 r/min 和 2 000 r/min 的低转速工况,滚动体与内、外圈接触处润滑油卷吸效应较差,润滑油膜厚度很小,导致内、外圈滚道表面与滚动体表面间隔很小,如图 9.5(c)(d)所示。此时,内、外圈接触处润滑形式以边界润滑和混合润滑为主,粗糙峰承担着接触处绝大部分载荷,如图 9.5(e)(f)所示。而此时,虽然滚动体与内、外圈接触处打滑运动伴随轴向载荷增大受到一定抑制,导致接触处卷吸速度有细微增大,但其程度不足以弥补轴向载荷增大造成的润滑油侧泄,接触处润滑情况仍然较差。接触处粗糙峰承受载荷伴随轴向载荷增加而增加,从而导致图 9.4 所示内圈转速 N_s=2 000 r/min 工况,轴承噪声声强级伴随轴向载荷增加而增大的现象。

对于内圈转速 $N_s \geqslant$3 000 r/min 的高转速工况,滚动体与内、外圈接触处润滑油卷吸效应良好,接触处润滑油量充足,导致内、外圈滚道表面与滚动体表面间隔较大,如图 9.5(c)(d)所示。此时,润滑油承担着接触处绝大部分载荷,如图 9.5(e)(f)所示。伴随轴向载荷的增大,接触处打滑被抑制,接触处润滑情况得到进一步改善,粗糙峰承受载荷逐渐减小,轴承噪声声强级伴随轴向载荷增加而降低。但当轴向载荷 F_z>200N 时,内圈转速 N_s=3 000 r/min 和 4 000 r/min 的工况,轴承打滑被基本抑制;当轴向载荷 F_z>300 N 时,内圈转速 N_s=5 000 r/min 的工况,轴承打滑被基本抑制。此时继续增大轴向载荷,会导致润滑油侧泄现象加剧,接触处润滑油膜厚度减小,导致内、外圈滚道表面与滚动体表面间隔略微减小,如图 9.5(c)(d)所示;导致接触处粗糙峰承载比例减小速度变缓,如图 9.5(e)(f)所示,从而导致图 9.4 所示轴承噪声声强级伴随轴向载荷持续增加而减小速度变缓的现象。

9.3.2　转速对轴承噪声的影响规律分析

改变内圈转速 N_s 分别为 1 000 r/min,2 000 r/min,3 000 r/min,4 000 r/min 和 5 000 r/min,改变轴向力 F_z 分别为 100 N,200 N,300 N,400 N 和 500 N,基于角接触球轴承声-振耦合动力学模型,获得不同轴向载荷工况下,内圈转速对轴承噪声声强级的影响,如图 9.6 所示。图9.6显示,当内圈转速 N_s<3 000 r/min 时,各轴向载荷工况下轴承噪声声强级伴随内圈转速的增加而增大;当内圈转速 $N_s \geqslant$3 000 r/min 时,轴承噪声声强级伴随内圈转速的增加而逐渐减小。

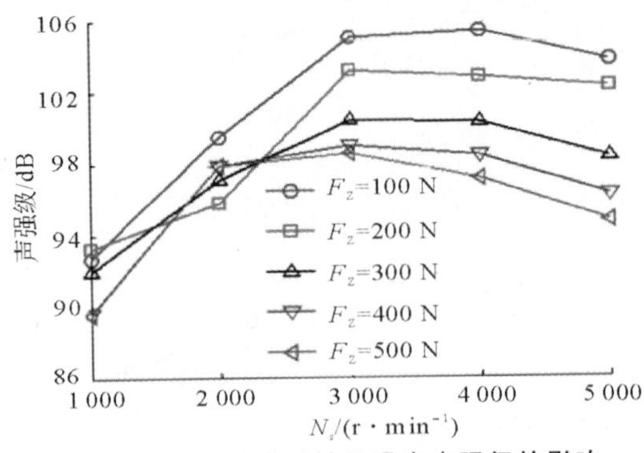

图 9.6　内圈转速对轴承噪声声强级的影响

为了进一步研究内圈转速对轴承噪声的影响规律，获得内圈转速对第一个滚动体与内、外圈接触特性的影响，如图 9.7 所示。图 9.7(a)(b)显示，内圈转速会对滚动体与内、外圈接触处卷吸速度造成影响。对于轴向载荷 $F_z \geqslant 300$ N 的重载工况，内、外圈接触处卷吸速度伴随内圈转速的增大而逐渐增大；但对于轴向载荷 $F_z < 300$ N 的轻载工况，内、外圈接触处卷吸速度不随内圈转速增大而严格递增：当内圈转速 $N_s < 3\ 000$ r/min 时，内、外圈接触处卷吸速度伴随内圈转速的增大而逐渐增大；但伴随内圈转速继续增大至 $N_s \geqslant 3\ 000$ r/min 时，内、外圈接触处卷吸速度伴随内圈转速的增大而增大的速度逐渐放缓，尤其当轴向载荷 $F_z = 100$ N 工况时，外圈接触处卷吸速度几乎不随内圈转速的增大而变化。

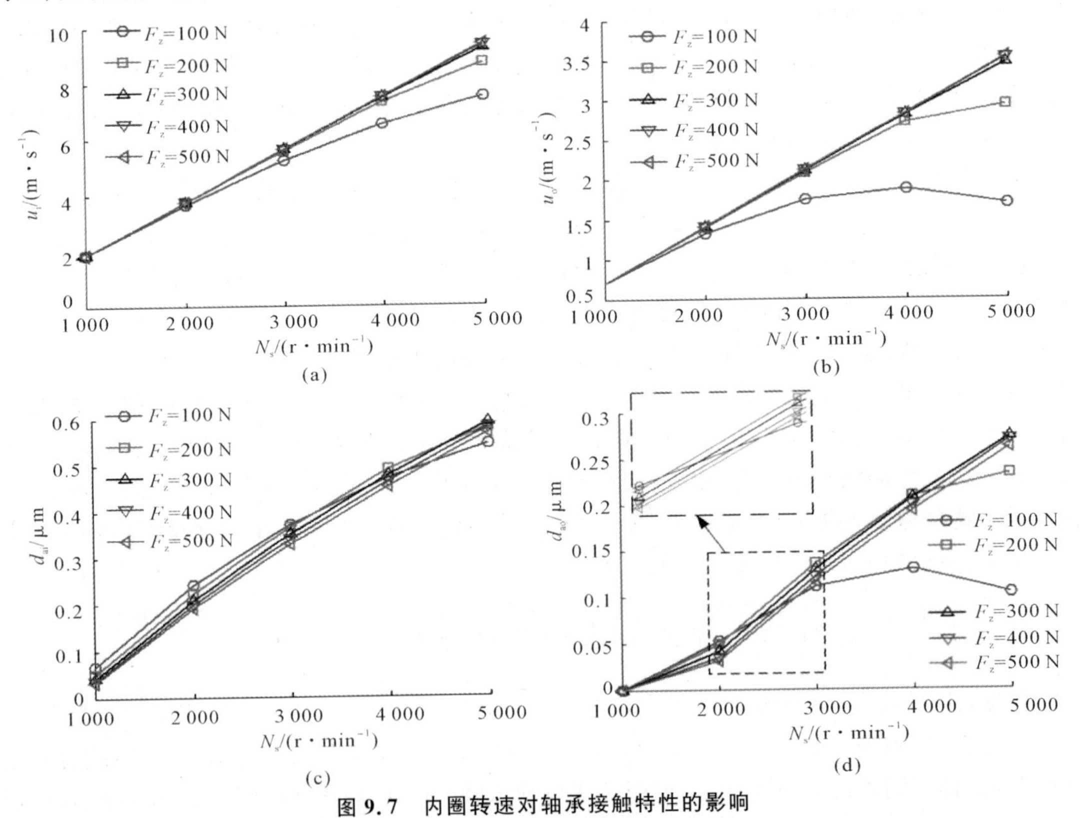

图 9.7　内圈转速对轴承接触特性的影响

(a)内圈接触处卷吸速度；(b)外圈接触处卷吸速度；

(c)内圈滚道表面与滚动体表面间隔；(d)外圈滚道表面与滚动体表面间隔

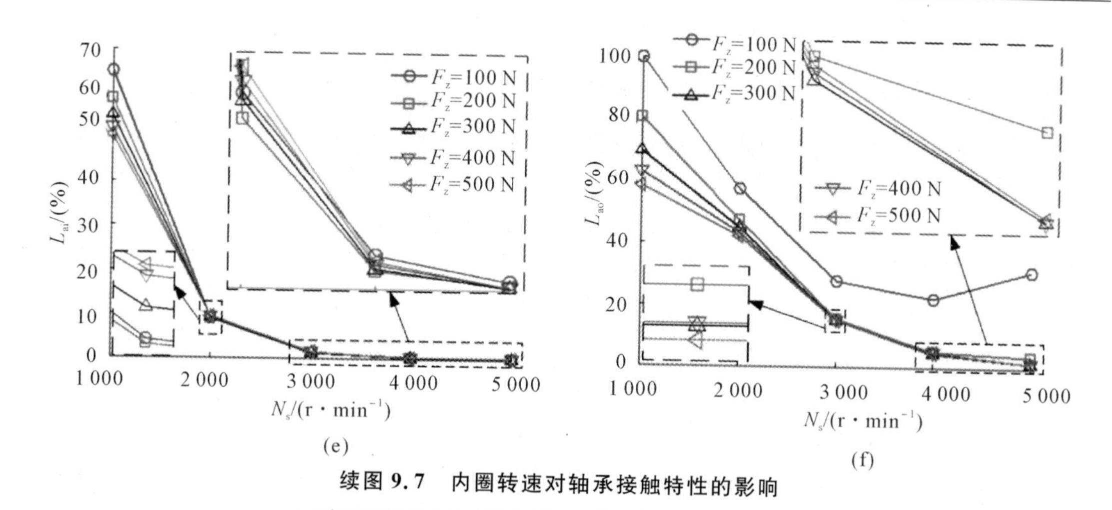

续图 9.7　内圈转速对轴承接触特性的影响

(e)内圈粗糙微凸体承载比例；(f)外圈粗糙微凸体承载比例

这是由于，对于轴向载荷 $F_z \geqslant 300$N 的重载工况，内圈转速 N_s 在 1 000～5 000 r/min 区间时，滚动体与内、外圈接触处打滑运动基本被抑制。因此，伴随内圈转速的增大，内、外圈接触处卷吸速度也相应增大，接触处润滑油膜厚度增大，从而导致内、外圈滚道表面与滚动体表面间隔逐渐增加，如图 9.7(c)(d)所示，进而导致接触处粗糙峰承载比例伴随内圈转速的增加而持续减小，如图 9.7(e)(f)所示。

对于轴向载荷 $F_z < 300$N 的轻载工况，当内圈转速 $N_s < 3\ 000$ r/min 时，滚动体与内、外圈接触处打滑运动不明显，此时内、外圈接触处卷吸速度伴随内圈转速增大而增大，接触处润滑特性得到改善，内、外圈滚道表面与滚动体表面间隔逐渐增加，接触处粗糙峰承载比例逐渐降低；但伴随内圈转速继续增大至 $N_s \geqslant 3\ 000$ r/min 时，轴向载荷不足以抑制滚动体与滚道间的打滑运动，导致外圈接触处卷吸速度几乎不随内圈转速的变化而变化，进而导致外圈滚道表面与滚动体表面间隔几乎不随内圈转速增大而增大，如图 9.7(c)(d)所示。接触处粗糙峰承载比例也几乎不随内圈转速增大而增大，如图 9.7(e)(f)所示。

因此，当内圈转速 $N_s < 3\ 000$ r/min 时，虽然接触处润滑特性伴随内圈转速的增大得到一定改善，但轴承内部润滑特性仍然较差，内、外圈接触处粗糙峰承载比例较高，如图 9.7(e)(f)所示。此时，接触处相对滑动速度伴随内圈转速的提高而增大，导致粗糙峰弹性变形释放时间缩短，进而导致粗糙微凸体恢复变形后释放的弹性应变总功率提升，最终造成轴承噪声声强级伴随内圈转速增大而增大的现象；但内圈转速 $N_s \geqslant 3\ 000$ r/min 时，轴承内部润滑状况良好，内、外圈接触处粗糙峰承载比例很低，尽管此时接触处相对滑动速度伴随内圈转速的提高而增大，但伴随内圈转速的提升接触处润滑特性也逐渐优化，最终导致轴承噪声声强级伴随内圈转速增大而减小的现象，如图 9.6 所示。

9.3.3　局部缺陷对轴承噪声的影响规律分析

保持内圈转速 $N_s = 2\ 000$ r/min，设定轴向载荷 $F_z = 500$ N，径向载荷 $F_r = 100$ N，局部缺陷深度 $H = 0.2$ mm，考虑到第 4 章研究获得正方形和长方形局部缺陷偏置距离、偏斜角度对轴承振动特性影响的相似性，为了避免结果重复，本节仅对正方形局部缺陷偏置距离和偏斜角度对轴承振动噪声声强级的影响规律开展研究。

9.3.3.1　局部缺陷偏置距离对轴承噪声的影响规律分析

本节共设置 3 种尺寸局部缺陷，每种局部缺陷对应 4 种不同偏置距离工况，具体情况见表 9.2。

表 9.2　局部缺陷尺寸及偏置距离

缺陷尺寸/mm	偏置距离 L/mm	缺陷尺寸/mm	偏置距离 L/mm	缺陷尺寸/mm	偏置距离 L/mm
$a=1.6$ $b=1.6$	0	$a=1.8$ $b=1.8$	0	$a=2$ $b=2$	0
	0.2		0.225		0.25
	0.4		0.45		0.5
	0.6		0.675		0.75

基于角接触球轴承声-振耦合动力学模型，统计不同局部缺陷尺寸及偏置距离工况下轴承噪声声强级最大值，获得局部缺陷偏置距离对轴承噪声声强级的影响，如图 9.8 所示。图 9.8 显示，对于 3 种不同尺寸的局部缺陷，轴承噪声声强级均伴随局部缺陷偏置距离的增加逐渐降低。除此之外，尽管 3 组局部缺陷的尺寸差异较小，但轴承噪声声强级伴随局部缺陷尺寸的增加而明显提高，说明了本章模型可以敏感感知早期局部缺陷，可以为局部缺陷的早期监测诊断提供有效参考。

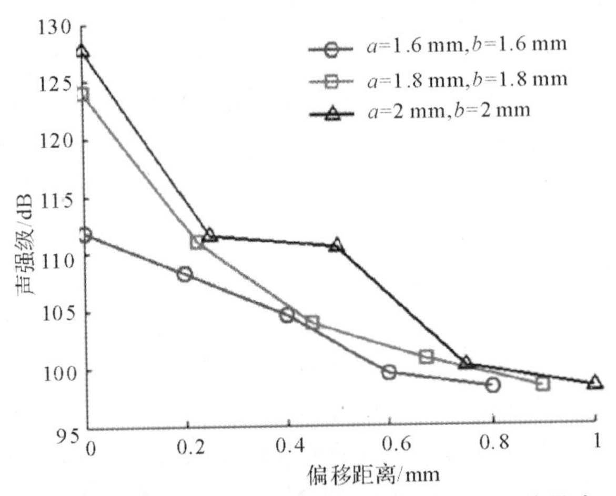

图 9.8　局部缺陷偏置距离对轴承噪声声强级的影响

为了进一步研究造成上述现象的原因，以尺寸为 $a=b=1.6$ mm 的局部缺陷为例(其他两组局部缺陷结果类似，此处为了避免篇幅过多，故省略)，获得局部缺陷偏置距离对第一个滚动体与内、外圈接触处粗糙峰承受载荷的影响，如图 9.9 所示。图 9.9 显示，当滚动体通过局部缺陷过程中，滚动体与内、外圈接触处粗糙峰承受载荷出现明显冲击脉冲，粗糙峰承受载荷明显增大。此外，伴随局部缺陷偏置距离的增加，滚动体与内、外圈接触处粗糙峰承受载荷逐渐降低，进而导致粗糙微凸体恢复变形后释放的弹性应变总功率降低，最终造成轴承噪声声强级伴随局部缺陷偏置距离增大而降低的现象，如图 9.8 所示。

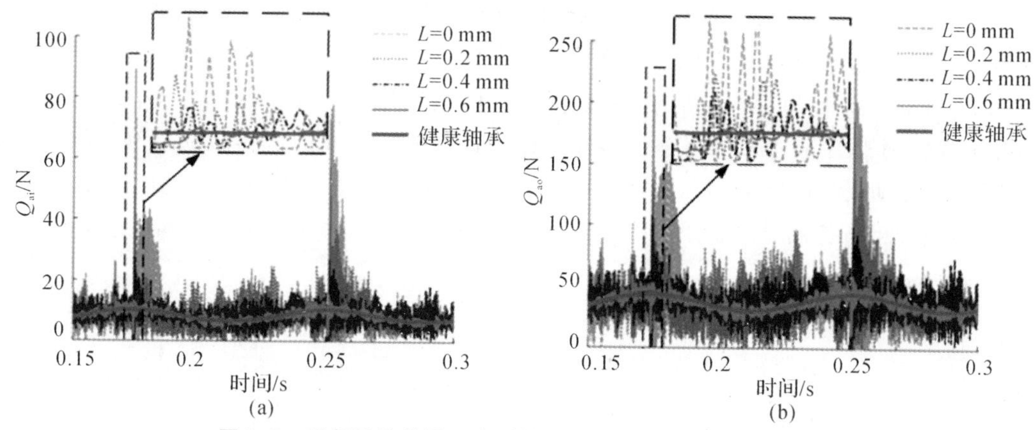

图 9.9　局部缺陷偏置距离对接触处粗糙峰承受载荷的影响

(a)滚动体与内圈接触处;(b)滚动体与外圈接触处

9.3.3.2　局部缺陷偏斜角度对轴承噪声的影响规律分析

局部缺陷尺寸及对应偏斜角度设置,见表 9.3。

表 9.3　局部缺陷尺寸及偏斜角度

缺陷尺寸/mm	偏斜角度/(°)
a=1.6,b=1.6	α=0 α=15 α=30 α=45
a=1.8,b=1.8	
a=2,b=2	

基于角接触球轴承声-振耦合动力学模型,统计不同局部缺陷尺寸及偏斜角度工况下轴承噪声声强级最大值,获得局部缺陷偏斜角度对轴承噪声声强级的影响,如图 9.10 所示。图 9.10 显示,对于 3 种不同尺寸的局部缺陷,轴承噪声声强级均伴随局部缺陷偏斜角度的增加逐渐降低。

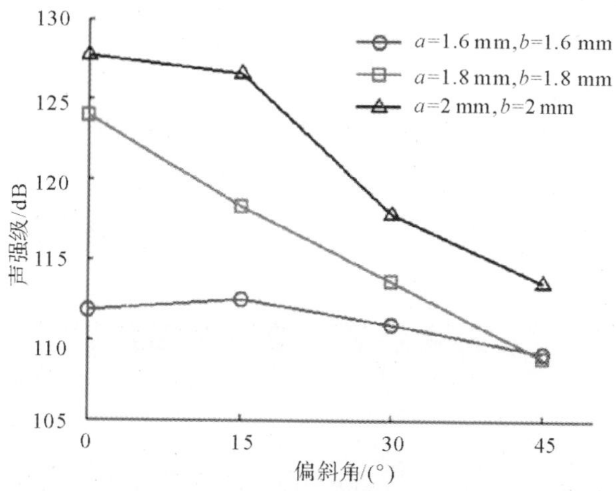

图 9.10　局部缺陷偏斜角度对轴承噪声声强级的影响

以尺寸为 $a=b=1.6$ mm 的局部缺陷为例(其他两组局部缺陷结果类似,此处为了避免篇幅过多,故省略),获得局部缺陷偏斜角度对第一个滚动体与内、外圈接触处接触特性的影响,如图 9.11 所示。图 9.11(a)(b)显示,伴随局部缺陷偏斜角度变化,滚动体与内、外圈接触处粗糙峰承载变化较小,这是由于偏斜角度不会改变局部缺陷造成的位移激励幅值。但图 9.11(c)(d)显示,伴随局部缺陷偏斜角度增大,滚动体与滚道间接触处相对滑动速度减小,接触处打滑运动得到改善,从而导致轴承噪声声强级均伴随局部缺陷偏斜角度的增加逐渐降低,如图 9.10 所示。

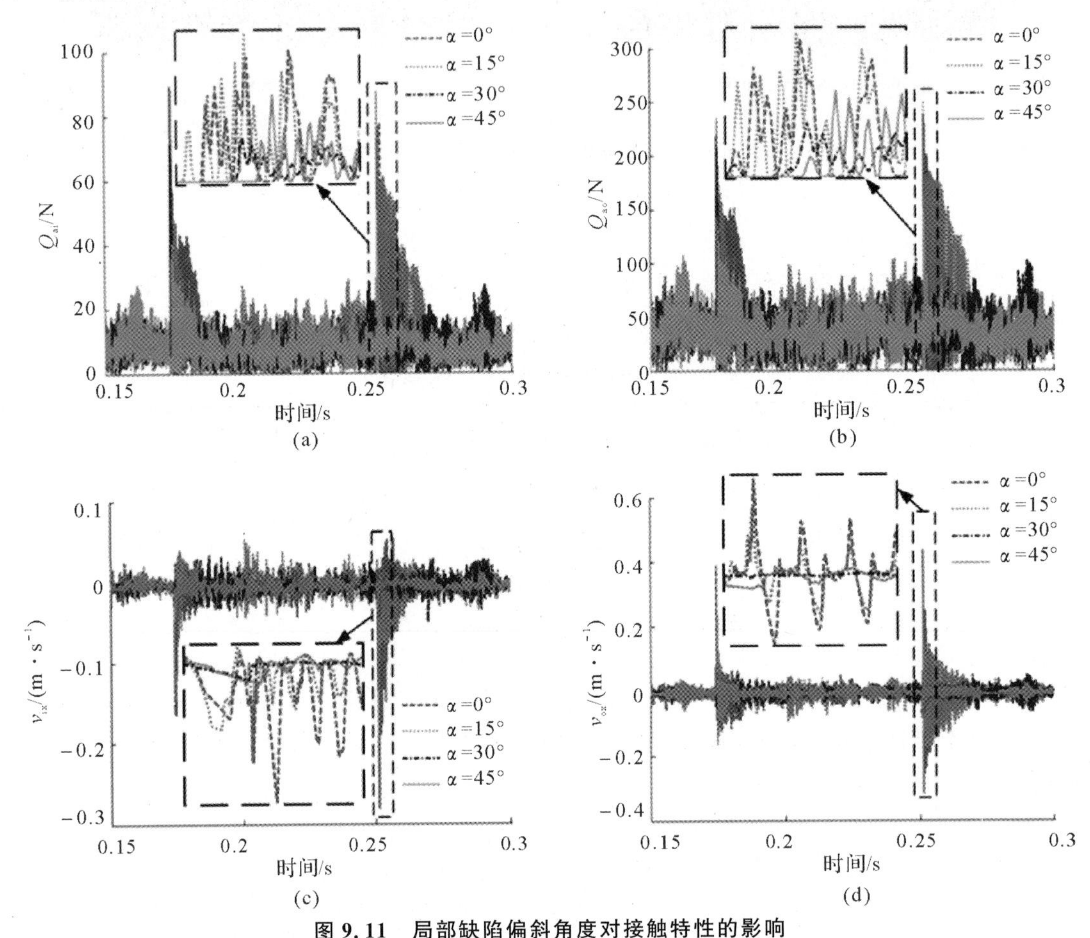

图 9.11 局部缺陷偏斜角度对接触特性的影响

(a)滚动体与内圈接触处粗糙峰载荷;(b)滚动体与外圈接触处粗糙峰载荷

(c)滚动体与内圈接触处相对滑动速度;(d)滚动体与外圈接触处相对滑动速度

9.4 本章小结

本章耦合了角接触球轴承摩擦振动动力学模型和声发射模型,建立了角接触球轴承声-振耦合动力学模型,基于模型对比分析了不同载荷和转速下轴承噪声声强级,研究了工况参数对轴承噪声的影响规律;建立了缺陷角接触球轴承声-振耦合动力学模型,研究了局部缺陷对轴承噪声水平的影响规律。主要结论如下：

(1)轴向载荷会对轴承噪声水平造成影响。对于低速工况，滚动体与内、外圈接触处润滑油卷吸效应较差，粗糙峰承载比例大，伴随轴承载荷增大，虽然滚动体与内、外圈接触处打滑伴随轴向载荷增大受到一定抑制，导致接触处卷吸速度有细微增大，但其程度不足以弥补轴向载荷增大造成的润滑油侧泄，接触处润滑情况仍然较差，轴承噪声水平伴随轴向载荷增加而提高；对于高转速工况，滚动体与内、外圈接触处润滑油卷吸效应良好，润滑油承载荷比例更大。当轴向载荷低于消除打滑所需最小临界载荷时，伴随轴向载荷的增大，接触处打滑被抑制，接触处润滑情况得到进一步改善，轴承噪声声强级伴随轴向载荷增加而降低。当轴向载荷达到消除打滑所需最小临界载荷时，滚动体打滑运动被基本抑制，伴随轴向载荷持续增大，润滑油侧泄现象加剧，轴承噪声声强级伴随轴向载荷增加而减小的速度变缓。

(2)内圈转速会对轴承噪声水平造成影响。轴向载荷一定时，当内圈转速低于保证轴承内部润滑特性的最低转速时，轴承内部润滑特性仍然较差，接触处粗糙峰承载比例大，伴随内圈转速的增加，接触处相对滑动速度增大，粗糙微凸体恢复变形后释放的弹性应变总功率提升，轴承噪声水平伴随内圈转速增大而增大；当内圈转速达到保证轴承内部润滑特性的最低转速时，轴承内部润滑状况良好，伴随内圈转速的持续增加，接触处润滑特性进一步优化，接触处粗糙峰承载比例逐渐减小，轴承噪声水平伴随内圈转速增大而减小。

(3)局部缺陷会对轴承噪声水平造成影响。局部缺陷轴承的噪声水平明显高于正常轴承，伴随局部缺陷尺寸的增加，局部缺陷轴承的噪声水平逐渐提高；局部缺陷偏置距离、偏斜角度会对轴承噪声水平产生较明显的影响，伴随局部缺陷偏置距离和偏斜角度增大，轴承噪声水平逐渐下降。

参考文献

[1] MORHAIN A, MBA D. Bearing defect diagnosis and acousticemission[J]. Journal of Engineering Tribology, 2003, 217(4): 257 - 272.

[2] AL-GHAMDA M, MBA D. A comparative experimental study on the use of acoustic emission and vibration analysis for bearing defect identification and estimation of defect size[J]. Mechanical Systems and Signal Processing, 2006, 20(7): 1537 - 1571.

[3] GREENWOOD J A, WILLIAMSON J B P, BOWDEN F P. Contact of nominally flatsurfaces[J]. Proc. R. Soc. Lond. A, 1997, 295: 300 - 319.

[4] MCCOOL J I. Comparison of models for the contact of roughsurfaces[J]. Wear, 1986, 107(1): 37 - 60.

[5] BUSH A W, GIBSON R D, KEOGH G P. Strongly anisotropic roughsurfaces[J]. Journal of Lubrication Technology, 1979, 101(1): 15 - 20.

[6] SHARMA R B, PAREY A. Modelling of acoustic emission generated in rolling element-bearing[J]. Applied Acoustics, 2019, 144: 96 - 112.